Atelier sur Flore, Végétation et Biodiversité au Sahel

Edité par A. T. Bâ, J. E. Madsen, et B. Sambou

1998

AAU REPORTS 39

Département de Systématique Botanique, Université de Aarhus

Ce volume a été elaboré en collaboration avec:

Département de Biologie Végétal, Université Cheikh Anta Diop, Dakar &
Institut des Sciences de l'Environnement, Université Cheikh Anta Diop, Dakar

EDITEURS

Amadou Tidiane BÂ. Né en 1944; DEA, 1972 et Doctorat de 3ème Cycle, 1974 en Botanique tropicale à l'Université Paris VI; Doctorat d'État, 1983 en Botanique tropicale à l'Université de Dakar; Professeur Titulaire à l'Université de Dakar; Directeur de l'Institut des Sciences de l'Environnement depuis 1982; Chef du Département de Biologie Végétale depuis 1984; Membre du Comité Consultatif du Centre International pour l'Ecologie Tropicale; Membre de la Commission Ecologique de IUCN; Membre de la Société Américane pour la Physiologie Végétale; Conseiller Technique Principal du Réseau Africain de Biosciences; Membre du Comité d'évaluation de IGBP. Adresse: Institut des Sciences de l'Environnement, Faculté des Sciences et Techniques, Université Cheikh Anta Diop, Dakar, Sénégal. Tél.: (+221)8248001; Tél./Fax: (+221)8242104; Fax: (+221)8243714;
email: ise@telecomplus.sn

Jens Elgaard MADSEN. Né en 1959; MSc, 1987 et PhD, 1992 en Botanique tropicale au Département de Systématique botanique, Institut des Sciences Biologiques, Université de Aarhus; Chercheur basé à Isla Puná et Loja, Equateur (1987—1989) et à Dakar, Sénégal (1993—1995). Chercheur Associé au Département de Systématique Botanique, Université de Aarhus, depuis 1996 dans le cadre du projet SEREIN basé au Burkina Faso. Adresse: Institute of Biological Sciences, 68 Nordlandsvej, DK-8240 Risskov, Denmark. Tel.: (+45)89424711; Fax: (+45) 89424747;
email: jens.madsen@biology.aau.dk

Bienvenu SAMBOU. Né en 1956; DEA, 1985 et Doctorat de 3ème Cycle, 1989 en Botanique tropicale à l'Université de Dakar; Maître-Assistant à l'Institut des Sciences de l'Environnement; Coordonnateur sénégalais depuis 1992 du projet de collaboration en matière de formation et de recherche entre l'Université de Aarhus (Danemark), l'Université Cheikh Anta Diop de Dakar (Sénégal), l'Université de Ouagadougou (Burkina Faso), financé par le gouvernement du Royaume du Danemark. Adresse: Institut des Sciences de l'Environnement, Faculté des Sciences et Techniques, Université Cheikh Anta Diop, Dakar, Sénégal. Tél.: (+221)8254821; Fax: (+221)8243714;
email: enrecada@telecomplus.sn

REMERCIEMENTS

Cet atelier a été organisé grâce au financement Danida du projet ENRECA numéro 104.Dan.8.L/203. Nos vifs remerciements s'adressent donc tout d'abord à Danida. Nous n'oublions pas le Professeur Guy Khalem du Laboratoire de Biochimie et Biologie Végétale de l'université d'Orléans qui a bien voulu relire certains articles, de même que le personnel des institutions universitaires danoises, burkinabè et sénégalaises impliquées dans ce projet Enreca. Nos remerciements s'adressent particulièrement à Monsieur Flemming Nøgaard, université de Aarhus, qui a aidé à la mise en page des graphiques présentés dans ce document.

Dakar, Août 1998

Les éditeurs

PRÉFACE

Danida a parrainé depuis près de six ans au Sénégal et au Burkina Faso un projet de renforcement des capacités en matière de recherche intitulé "Homme, plantes et environnement de la partie Ouest du Sahel". Ce projet de co-opération entre les universités de Dakar, Ouagadougou et Aarhus a pour objectif la formation de jeunes chercheurs dans les domaines de la flore et la végétation, de l'environnement, et de l'utilisation durable des fragiles écosystèmes de la zone du Sahel.

L'atelier organisé à Toubacouta (Sénégal) en octobre 1995 a fait l'état des lieux des recherches dans différents thèmes de la botanique dans les pays du Sahel. Les principaux résultats du projet ont été présentés. Il ressort de cet atelier que les problèmes environnementaux, de même que ceux relatifs à la conservation et à l'utilisation durable des ressources végétales sont des problèmes transnationaux qui sont mieux pris en compte dans les réseaux internationaux de recherche.

Le but principal du programme ENRECA est de créer une capacité nationale de recherche dans les pays du Sud, de sorte que ces pays en voie de développement ne soient pas toujours dépendants des pays industrialisés en matière de recherche.

C'est pour moi un réel plaisir de noter que le programme de renforcement des capacités de recherches (ENRECA) a joué un important rôle de catalyseur dans le projet de formation et de recherche regroupant des scientifiques du Sénégal, du Burkina Faso, et du Danemark. Le présent ouvrage qui renferme 25 articles témoigne que ce projet est en train d'atteindre les objectifs du programme.

La qualité de ce volume est un témoignage du laborieux travail des trois éditeurs, A. T. Bâ, J. E. Madsen et B. Sambou, qui sont ici félicités pour la réussite de l'atelier et pour le caractère combien instructif du document qui représente les actes de cette rencontre.

Aarhus, Août 1998

Ivan Nielsen

Directeur de l'Institut des Sciences Biologiques, Université de Aarhus

CONTRIBUTEURS

Aké Assi Laurent, Centre National de Floristique, 08 BP 172, Abidjan 08, Côte d'Ivoire.

Akpo Léonard-Elie, Département de Biologie Végétale, Faculté des Sciences et Techniques, Université Cheikh Anta Diop, Dakar, Sénégal.

Bâ Amadou Tidiane, Département de Biologie Végétale, Faculté des Sciences et Techniques, Université Cheikh Anta Diop, Dakar, Sénégal.

Bélem/Ouédraogo Mamounata, Institut de Recherche en Biologie et Ecologie Tropicale / CNRST, 03 B.P. 7047, Ouagadougou 03, Burkina Faso.

Bognounou Ouétian, Institut de Recherche en Biologie et Ecologie Tropicale / CNRST, 03 B.P. 7047, Ouagadougou 03, Burkina Faso.

Boussim Joseph Issaka, Laboratoire de Biologie et d'Ecologie Végétale, Faculté des Sciences et Techniques, Université de Ouagadougou, 03 BP 7021, Ouagadougou 03, Burkina Faso.

Diédhiou Ibrahima, Institut des Sciences de l'Environnement, Faculté des Sciences et Techniques, Université Cheikh Anta Diop, Dakar, Sénégal.

Dione Dibor, Département de Biologie Végétale, Faculté des Sciences et Techniques, Université Cheikh Anta Diop, Dakar, Sénégal.

Ganaba Souleymane, Institut de Recherche en Biologie et Ecologie Tropicale / CNRST, 03 B.P. 7047, Ouagadougou 03, Burkina Faso.

Goudiaby Assane, Institut des Sciences de l'Environnement, Faculté des Sciences et Techniques, Université Cheikh Anta Diop, Dakar, Sénégal.

Grouzis Michel, ORSTOM, Laboratoire Ecologie, BP 1386, Dakar, Sénégal [adresse actuel: Mission ORSTOM, BP 434, Antananarivo, Madagascar].

Guinko Sita, Laboratoire de Biologie et d'Ecologie Végétale, Faculté des Sciences et Techniques, Université de Ouagadougou, 03 BP 7021, Ouagadougou 03, Burkina Faso.

Ilboudo Jean Baptiste, Institut du Développement Rural, Faculté des Sciences et Techniques, Université de Ouagadougou, 03 BP 7021, Ouagadougou 03, Burkina Faso.

Lægaard Simon, Biological Institute, Department of Systematic Botany, University of Aarhus, Nordlandsvej 68, DK-8240 Risskov, Denmark [present address: Herbarium LOJA, UNL, Casilla 11-01-249, Loja, Ecuador].

Madsen Jens Elgaard, Biological Institute, Department of Systematic Botany, University of Aarhus, Nordlandsvej 68, DK-8240 Risskov, Denmark.

Millogo-Rasolodimby Jeanne, Laboratoire de Biologie et d'Ecologie Végétale, Faculté des Sciences et Techniques, Université de Ouagadougou, 03 BP 7021, Ouagadougou 03, Burkina Faso.

Noba Kandioura, Département de Biologie Végétale, Faculté des Sciences et Techniques, Université Cheikh Anta Diop, Dakar, Sénégal.

Ouédraogo Louis R., Institut de Recherche en Biologie et Ecologie Tropicale / CNRST, 03 B.P. 7047, Ouagadougou 03, Burkina Faso.

Sambou Bienvenu ,Institut des Sciences de l'Environnement, Faculté des Sciences et Techniques, Université Cheikh Anta Diop, Dakar, Sénégal.

Sonko Ibrahima, Institut des Sciences de l'Environnement, Faculté des Sciences et Techniques, Université Cheikh Anta Diop, Dakar, Sénégal.

Taïta Paulette, Laboratoire de Biologie et d'Ecologie Végétale, Faculté des Sciences et Techniques, Université de Ouagadougou, 03 BP 7021, Ouagadougou 03, Burkina Faso.
Thiam Abou, Institut des Sciences de l'Environnement, Faculté des Sciences et Techniques, Université Cheikh Anta Diop, Dakar, Sénégal.
Thiombiano Adjima, Laboratoire de Biologie et d'Ecologie Végétale, Faculté des Sciences et Techniques, Université de Ouagadougou, 03 BP 7021, Ouagadougou 03, Burkina Faso.
Traoré Sobèrè Augustin, Laboratoire de Biologie et d'Ecologie Végétale, Faculté des Sciences et Techniques, Université de Ouagadougou, 03 BP 7021, Ouagadougou 03, Burkina Faso.
Vanden Berghen C., Jardin Botanique National de Belgique, Domaine de Bouchout, B - 1860, Meise (Belgique).

SOMMAIRE

Ecologie

Analyse de végétation

Régénération naturelle et reboisement.

INTRODUCTION

En Octobre 1995 se tenait à Toubacouta au Sénégal un atelier sur le thème "Flore, Végétation et Biodiversité au Sahel". Cet atelier avait pour objectif de jeter un regard prospectif sur l'état de la biodiversité et de noter par des exemples l'impact de cet état sur la flore et la végétation au Sahel. En effet, l'action combinée de la sécheresse récurrente et de l'exploitation effrénée des ressources végétales ont des conséquences désastreuses sur la végétation, la flore et la diversité biologique au Sahel. Il y a cependant peu de monde pour s'en rendre compte tant les besoins à satisfaire paraissent justifiés et urgents. On a assisté et on assiste encore à une destruction massive de ressources considérées à tort comme inépuisables.

C'est pour d'abord faire le point sur ce qui reste encore et attirer l'attention de tous sur la nécessité de mieux gérer ce que la sécheresse et la désertification nous laissent après avoir prélevé son tribu estimé à 80 000 hectares chaque année. Mais comment mieux gérer quand on ne sait pas ce dont on dispose ni en qualité ni en quantité? C'est pour aider à répondre à cette question que l'atelier de Toubacouta a été organisé.

Tous les pays de la zone du Sahel n'étaient pas présents. Mais il n'en fallait pas tant pour avoir un regard prospectif. A la satisfaction des initiateurs et des organisateurs de cet atelier, l'importance de ces assises n'a pas échappé aux éminents botanistes de la sous région ou spécialistes du Sahel. En effet, la présence des professeurs Sita Guinko, Vanden Berghen C., Aké Assi Laurent, Simon Laegaard et celle du docteur Michel Grouzis ont permis de couvrir toutes les zones et tous les aspects de la flore et de la végétation au Sahel.

Le professeur Sita Guinko de l'Université de Ouagadougou est auteur de plusieurs publications sur la flore et la végétation du Sahel dont notamment la carte de la végétation du Burkina Faso. Le professeur Vanden Berghen, Professeur émérite à l'Université Catholique de Louvain-La-Neuve est bien connu pour ses importants travaux sur la flore et la végétation de la Casamance, mais surtout pour avoir réalisé après la mort du Révérend Père Bérhaut le tome IX de la Flore Illustrée du Sénégal portant sur les Monocotylédones. Le professeur Aké Assi dont les travaux sont bien connus est certainement le plus grand botaniste de l'Afrique. Sa contribution à la connaissance de la flore de la Côte d'Ivoire est inestimable mais il est surtout avec le professeur Adjanohoun les pionniers et maîtres de la botanique en Afrique de l'Ouest au moins. Le docteur Michel Grouzis Directeur de recherche à l'ORSTOM pour avoir servi pendant longtemps en Afrique de l'Ouest est devenu un spécialiste de la flore du Sahel. Au cours de cet atelier les exposés magistraux de Monsieur Bognounou sur les jardins botaniques en Afrique de l'Ouest et du professeur Aké Assi sur la flore, les herbiers et les jardins botaniques au Sahel ont balisé les débats et les communications dont la haute qualité a permis d'arriver à des conclusions qui ont été approuvées et soutenues par le Ministre de l'Environnement et de la Protection de la Nature lors de l'audience qu'il a accordée à une délégation de participants à l'atelier. Il a dit combien les objectifs de l'atelier recoupaient les préoccupations du gouvernement sénégalais notamment en ce qui concerne la parution de tous les volumes de la Flore Illustrée du Sénégal.

Les recommandations de l'atelier ont porté sur trois points majeurs: les jardins botaniques, les flores et les herbiers pour permettre de mieux connaître, de mieux conserver et de mieux utiliser notre patrimoine de ressources biologiques végétales. C'est là un des objectifs majeurs de la Convention sur la Diversité Biologique dont tous les pays sahéliens sont Parties. Au nom des autorités sénégalaises et de tous les participants il nous plaît de remercier la coopération danoise qui a apporté le soutien financier et technique nécessaire.

Dakar, Août 1998

Amadou Tidiane Bâ

SUR LA FLORE, LES HERBIERS ET LES JARDINS BOTANIQUES AU SAHEL

Laurent AKE ASSI

Résumé

Ake Assi, L. 1998. Sur la Flore, les herbiers et les jardins botaniques au Sahel. *AAU Reports* **39**: 1—13. — Le domaine sahélien forme la transition entre le Sahara et la savane soudanienne ou forêt claire. La saison des pluies, courte, de Juin à Septembre, donne de 250 à 500 mm de pluie. C'est un paysage de steppes comportant des arbustes et petits arbres épars, ordinairement épineux. La flore comportent quelques éléments méditerranéens comme *Cressa cretica*, (Convolvulaceae), *Farsetia ramossisma* (Brassicaceae), *Reseda villosa* (Resedaceae), *Tamarix senegalensis* (Tamaricaceae), etc. La très grande majorité des plantes sont de la zone soudanienne, avec de nombreuses espèces d'*Acacia* (*A. albida, A. dudgeoni, A. sieberiana, A. senegal, A. seyal*, etc.), auxquelles s'associent d'autres végétaux épineux comme *Balanites aegyptiaca* (Balanitaceae), *Combretum aculeatum* (Combretaceae), *Ziziphus mauritiana* (Rhamnaceae). *Euphorbia balsamifera, E. sudanica* (Euphorbiaceae), *Calotropis procera, Caralluma retrospiciens, Leptadenia pyrotechnica* (Asclepiadaceae), etc. font partie du cortège floristique de cette végétation. Les peuplements du palmier Doum, *Hyphaena thebaica* signalent les endroits où l'eau est à faible profondeur. Pendant la saison des pluies les sols se couvrent de nombreuses espèces de Poaceae annuelles et de Légumineuses herbacées qui se dessèchent ensuite. Le Baobab, *Adansonia digitata* (Bombacaceae) indique les voisinages des lieux habités. Jusqu'à l'indépendance des pays de l'Afrique de l'Ouest, seul l'Institut Français d'Afrique Noire, l'actuel Institut Fondamental d'Afrique Noire (I.F.A.N.) de Dakar gérait l'Herbier de la région sahélienne: Sénégal, Soudan Français (actuel Mali), Haute Volta (Burkina Faso) et Niger. En 1964, cet Herbier, créé en 1946, comptait 100.000 specimens de plantes vasculaires. C'est à partir de 1965, après les indépendances, que chacun des nouveaux Etats du Sahel de l'Afrique occidentale a décidé de la création de son propre Herbier National. Quant aux Jardins Botaniques, à l'exception du Sénégal (Jardin Botanique de Hann), aucun des autres pays de la sous-région n'en possède.

Généralités

Formant la transition entre la végétation désertique saharienne et la végétation soudanienne ou brousse-parc, la zone sahélienne encore appelée zone des steppes sahéliennes ou zone des épineux s'étend de l'Ouest à l'Est, de la Côte du Sud-Ouest mauritanien à la Côte de la Mer Rouge au Soudan. Elle forme une bande assez étroite, dont la largeur est comprise entre 200 et 400 Km, s'élargissant, cependant, au niveau des zones côtières du Soudan.

La grande originalité de ce paysage réside dans la faible densité des ligneux, la richesse des épineux, la rareté du recouvrement herbacé et surtout dans la diversité des faciès sur des distances extrêmement réduites.

La saison humide s'étend sur environ 5 mois de l'année. Les précipitations annuelles sont de l'ordre de 250 à 500 mm. La température moyenne annuelle est de 26 à 30° centigrades. C'est une zone plate ou faiblement ondulée, de moins de 600 m d'altitude. De larges surfaces sont couvertes d'argile ou de sable; d'autres types lithologiques apparaissent à la faveur des pointements de surface réduite.

Le sol est constitué par des collines rocheuses portant une végétation xérophile, des dunes mortes arasées, hébergeant, généralement, des plantes épineuses, notamment des Mimosaceae. Enfin on y trouve de larges vallées et des dépressions étendues avec fond argilo-sablonneux imperméable ou à sol alluvionnaire, inondées une partie de l'année par suite de l'apport des eaux de crues ou par manque d'écoulement des eaux de pluie en saison humide. Ces dépressions servent d'asile, pendant l'inondation, à des hélophytes ou à des plantes aquatiques flottantes.

Pendant la saison des pluies, les sols des steppes sahéliennes se couvrent de nombreuses espèces de Poaceae annuelles et de Légumineuses herbacées qui se dessèchent ensuite.

La flore, plutôt pauvre, évaluée à environ 1500 espèces, comporte quelques éléments méditerranéens, comme *Cressa cretica* (Convolvulaceae), *Farsetia ramosissima* (Brassicaceae), *Reseda villosa* (Resedaceae), *Tamarix senegalensis* (Tamaricaceae), etc.. La très grande majorité des plantes sont de la zone soudanienne, avec de nombreuses espèces d'Acacia (*A. albida, A. dudgeoni, A. sieberiana, A. senegal, A. seyal* etc.), auxquelles s'associent d'autres végétaux épineux tels que *Balanites aegyptiaca* (Balanitaceae), *Combretum aculeatum* (Combretaceae), *Ziziphus mauritiana, Z. mucronata* (Rhamnaceae).

Font partie du cortège floristique de cette zone, les espèces caractéristiques exclusives suivantes: *Adenium obesum* (Apocynaceae), *Calotropis procera, Caralluma retrospiciens, Leptadenia pyrotechnica* (Asclepiadaceae), *Euphorbia balsamifera, E. paganorum, E. sudanica* (Euphorbiaceae), *Commiphora africana, C. quadricincta* (Burseraceae), *Tephrosia obcordata* (Fabaceae), *Trichoneura mollis* (Poaceae), *Guiera senegalensis* (Combretaceae), *Cyperus conglomeratus* (Cyperaceae) etc. Les peuplements du Palmier Doum, *Hyphaene thebaica* (Arecaceae) signalent les endroits où l'eau est à faible profondeur. Le Baobab, *Adansonia digitata* (Bombacaceae) indique généralement les voisinages des lieux habités.

1. La flore

Le sahel est caractérisé par une végétation clairsemée, ouverte, limitant ainsi la propagation des feux de brousse. Le couvert végétal comprend surtout, des arbustes, à la fois dispersés, rabougris, dont la dimension est comprise entre quatre et sept mètres de hauteur, souvent épineux, à couronne étalée en parasol, à feuilles caduques. Les principales espèces sont présentées dans le tableau 1.

La persistance de la saison sèche oblige, chaque année, les végétaux à une longue période de repos. La chute des feuilles est un signe d'une mise en sommeil de l'ensemble de l'appareil végétatif. Tous les arbustes perdent leurs feuilles, excepté *Acacia albida,* dont le cycle est inversé. La floraison et la feuillaison de cette plante s'effectuent en contre saison: elle perd ses feuilles en saison des pluies; elle les renouvelle, en même temps que la floraison, en saison sèche. D'autres espèces rares, comme *Boscia angustifolia* et *B. senegalensis,* restent feuillées durant la saison sèche.

Le tapis herbacé, discontinu, croît rapidement avec les premières pluies, en même temps que les arbustes verdissent. Spécifiquement pauvre, il comprend aussi bien des Dicotylédones que des Monocotylédones. Les premières, en majorité des Thérophytes, sont grégaires; les secondes comprennent, entre autres, des Cyperaceae et des Poaceae annuelles ou à souches

Tableau. 1. Espèces principales de la zone sahélienne.

LIGNEUSES:

Anacardiaceae
- *Lannea microcarpa*
- *Sclerocarya birrea*

Annonaceae
- *Hexalobus monopetalus*

Arecaceae
- *Hyphaene thebaica*

Asclepiadaceae
- *Calotropis procera*

Balanitaceae
- *Balanites aegyptiaca*

Bignoniaceae
- *Stereospermum kunthianum*

Bombacaceae
- *Adansonia digitata*
- *Bombax costatum*

Caesalpiniaceae
- *Bauhinia rufescens*
- *Cassia italica*
- *Cassia sieberiana*
- *Cordyla pinnata*

Caesalpiniaceae
- *Detarium microcarpum*
- *Piliostigma reticulatum*
- *Tamarindus indica*

Capparidaceae
- *Boscia senegalensis*
- *Boscia angustifolia*
- *Cadaba farinosa*
- *Maerua angolensis*
- *Maerua crassifolia*

Combretaceae
- *Anogeissus leiocarpus*
- *Combretum collinum*
- *Combretum fragrans*
- *Combretum glutinosum*

Euphorbiaceae
- *Euphorbia sudanica*

Fabaceae
- *Dalbergia melanoxylon*

Loranthaceae
- *Berhautia senegalensis*

Meliaceae
- *Khaya senegalensis*

Mimosaceae
- *Acacia albida*
- *Acacia nilotica*
- *Acacia sieberiana*

Moraceae
- *Ficus iteophylla*

Rhamnaceae
- *Ziziphus mauritiana*
- *Ziziphus mucronata*

Salvadoraceae
- *Salvadora persica*

Sterculiaceae
- *Sterculia setigera*

Tamaricaceae
- *Tamarix senegalensis*

Tiliaceae
- *Grewia bicolor*

Ulmaceae
- *Celtis integrifolia*

LIANESCENTES:

Apocynaceae
- *Saba senegalensis*

Aristolochiaceae
- *Aristolochia albida*
- *Aristolochia bracteolata*

Asclepiadaceae
- *Leptadenia hastata*
- *Pergularia tomentosa*

Combretaceae
- *Combretum micranthum*

Cucurbitaceae
- *Momordica balsamina*

Dioscoreaceae
- *Dioscorea abyssinica*

Menispermaceae
- *Tinospora bakis*

Mimosaceae
- *Acacia pennata*

Tiliaceae
- *Grewia flavescens*
- *Grewia lasiodiscus*

Vitaceae
- *Cissus quadrangularis*

HERBACEES:

Acanthaceae
- *Peristrophe bicalyculata*

Amaranthaceae
- *Amaranthus graecizans*

Amaranthaceae
- *Pupalia lappacea*

Asclepiadaceae
- *Caralluma dalzielii*

Asteraceae
- *Blainvillea gayana*
- *Centaurea senegalensis*
- *Pulicaria undulata*
- *Vernonia pumila*

Capparidaceae
- *Cleome monophylla*

Chenopodiaceae
- *Salsola baryosma*

Cochlospermaceae
- *Cochlospermum tinctorium*

Crassulaceae
- *Kalanchoë lanceolata*

Cucurbitaceae
- *Citrullus colocynthis*

Elatinaceae
- *Bergia ammannioides*

Euphorbiaceae
- *Acalypha ciliata*
- *Chrozophora brocchiana*

Fabaceae
- *Crotalaria microcarpa*
- *Indigofera argentea*
- *Indigofera cordifolia*
- *Indigofera distincta*
- *Indigofera senegalensis*
- *Rothia hirsuta*
- *Tephrosia lupinifolia*
- *Tephrosia uniflora*

Geraniaceae
- *Monsonia senegalensis*

Liliaceae
- *Aloë buettneri*

Lobeliaceae
- *Lobelia senegalensis*

Molluginaceae
- *Limeum pterocarpum*

Nyctaginaceae
- *Boerhavia diffusa*
- *Boerhavia repens*

Pedaliaceae
- *Rogeria adenophylla*

Poaceae
- *Brachiaria deflexa*
- *Brachiaria xantholeuca*
- *Cenchrus biflorus*
- *Chloris prieurii*
- *Eragrostis elegantissima*
- *Panicum subalbidum*
- *Schoenefeldia gracilis*

Scrophulariaceae
- *Striga hermontheca*

Violaceae
- *Hybanthus thesiifolius*

pérennes. Les espèces les plus fréquentes de même que certaines espèces caractéristiques sont mentionnées dans le tableau 1.

Le long des rares ruisseaux se trouve une végétation d'un type particulier dont l'existence est liée aux cours d'eau et aux nappes phréatiques, créées par ceux-ci. Il s'agit, en saison pluvieuse, d'un rideau plus ou moins important de forêt dense. On y relève les espèces présentées dans le tableau 2.

Tableau 2. Espèces caractéristiques des vallées et dépressions

Anacardiaceae	**Dioscoreaceae**	**Rubiaceae**
Spondias mombin	*Dioscorea abyssinica*	*Feretia apodanthera*
Apocynaceae	**Fabaceae**	**Salicaceae**
Carissa edulis	*Andira inermis*	*Salix coluteoides*
Saba senegalensis	**Liliaceae**	**Sterculiaceae**
Asteraceae	*Gloriosa simplex*	*Cola cordifolia*
Epaltes alata	**Meliaceae**	*Cola laurifolia*
Porphyrostemma chevalieri	*Khaya senegalensis*	**Verbenaceae**
Bombacaceae	**Moraceae**	*Vitex chrysocarpa*
Ceiba pentandra	*Ficus gnaphalocarpa*	*Vitex doniana*
Clusiaceae	**Periplocaceae**	
Garcinia livingstonii	*Tacazzea apiculata*	
Combretaceae	**Rhamnaceae**	
Combretum paniculatum	*Ziziphus spina-christi*	

La steppe sahélienne est aussi remarquable par l'existence de larges vallées et de dépressions étendues, avec fond argilo-sablonneux imperméable ou à sol alluvionnaire, inondées une partie de l'année par suite de l'apport des eaux de crues ou par manque d'écoulement des eaux de pluie à la saison pluvieuse. Ces dépressions servent d'asile, pendant l'inondation, à des hélophytes et à des plantes aquatiques flottantes dont les principales sont mentionnées dans le tableau 3.

Sur substrats rocheux on observe des associations végétales spécifiques biologiquement intéressantes mais d'importance spatiale relativement moindre. Il s'agit de formations saxicoles des bowé et des dômes rocheux. Sur les bowé ou dalles latéritiques recouvertes d'une mince couche de terre d'apport, saturée d'eau en saison des pluies, existe partout, en période de végétation, une pelouse ou savane herbeuse à *Loudetia spp.* Sur bowé comme sur dôme rocheux non latéritique, s'observent de petites associations hydrophytiques à *Sporobolus pectinellus* et *Cyanotis lanata.*

Tableau 3. Espèces caractéristiques des steppes.

Adiantaceae	**Euphorbiaceae**	**Nymphaeaceae**
Ceratopteris cornuta	*Caperonia palustris*	*Nymphaea guineensis*
Amaranthaceae	*Caperonia senegalensis*	*Nymphaea lotus*
Centrostachys aquatica	**Fabaceae**	*Nymphaea maculata*
Araceae	*Aeschynomene afraspera*	**Onagraceae**
Pistia stratiotes	*Aeschynomene crassicaulis*	*Ludwigia stolonifera*
Azollaceae	*Aeschynomene indica*	**Poaceae**
Azolla africana	**Lemnaceae**	*Echinochloa stagnina*
Boraginaceae	*Lemna aequinoctialis*	*Oryza longistaminata*
Coldenia procumbens	**Marsileaceae**	*Vetiveria nigritana*
Ceratophyllaceae	*Marsilea diffusa*	**Trapaceae**
Ceratophyllum demersum	**Menyanthaceae**	*Trapa natans*
Convolvulaceae	*Nymphoides ezannoi*	var. *bispinosa*
Ipomoea aquatica	**Najadaceae**	**Typhaceae**
Cyperaceae	*Najas liberiensis*	*Typha australis*
Schoenoplectus corymbosus		

Suivant la profondeur des flaques, on relève dans ces milieux les plantes mentionnées dans le tableau 4.

Tableau 4. Espèces caractéristiques des flaques.

Alismataceae	**Fabaceae**	**Poaceae**
Sagitaria guayanensis	*Desmodium linearifolium*	*Paspalidium geminatum*
subsp. *lappula*	**Lythraceae**	**Pontederiaceae**
Amaranthaceae	*Rotada decussata*	*Heteranthera callifolia*
Alternanthera nodiflora	**Marsileaceae**	*Monochoria brevipetioiata*
Commelinaceae	*Marsilea polycarpa*	**Scrophulariaceae**
Cyanotis lanata	**Onagraceae**	*Dopatrium longidens*
Cyperaceae	*Ludwigia erecta*	*Ilysanthes erecta*
Cyperus iria	**Poaceae**	*Rhamphicarpa fistulosa*
Cyperus podocarpus	*Echinochloa colona*	
Cyperus pustulatus	*Eragrostis atrovirens*	
Mariscus squarrosus	*Oryza barthii*	

Tableau 5. Principales espèces de Poaceae.

Acrachne racemosa	*Diplachne fusca*	*Sorghum virgatum*
Andropogon pinguipes	*Echinochloa obtusiflora*	*Sporobolus helvolus*
Aristida funiculata	*Enteropogon rupestris*	*Sporobolus spicatus*
Aristida sieberiana	*Eremopogon foveolatus*	*Stipagrostis plumosa*
Aristida stipoides	*Hemarthria altissima*	*Stipagrostis uniplumis*
Brachiaria humidicola	*Lasiurus hirsutus*	*Tetrapogon cenchriformis*
Brachiaria ramosa	*Loxederus letermannii*	*Trachypogon chevalieri*
Brachiaria serrifolia	*Panicum coloratum*	*Tragus berteronianus*
Cenchrus ciliaris	*Panicum nigeriense*	*Tragus racemosus*
Cenchrus prieuri	*Panicum turgidum*	*Trichoneura mollis*
Chrysopogon aucheri	*Pennisetum fallax*	*Triraphis pumilio*
var. *quinqueplumis*	*Pennisetum setaceum*	*Urochloa trichopus*
Dichanthium annulatum	*Pennisetum stenostachyum*	
Dinebra retroflexa	*Sehima ischaemoides*	

Les Poaceae caracteristiques des régions sahéliennes sont mentionnées dans le tableau 5.

L'estimation du nombre des taxons pour chacun des pays est présentée par le tableau 6.

Tableau 6. Estimation du nombre de taxons dans les différents pays du Sahel.

PAYS	TAXA	TROIS FAMILLES IMPORTANTES
Sénégal	2200 espèces	
Mali	1739 espèces	Poaceae (214 espèces)
	687 genres	Fabaceae (207 espèces)
	155 familles	Cyperaceae (137 espèces)
Burkina Faso	1203 espèces	Poaceae (211 espèces)
	577 genres	Fabaceae (134 espèces)
	130 familles	Cyperaceae (100 espèces)
Niger	1045 espèces	Poaceae (192 espèces)
	527 genres	Fabaceae (113 espèces)
	114 familles	Cyperaceae (77 espèces)

Huit espèces sont endémiques. Ce sont:

- *Acridocarpus monodii*(Malpighiaceae)
- *Brachystelma medusanthemum* (Asclepiadaceae)
- *Elatine fauquei* (Elatinaceae)
- *Gilletiodendron glandulosum* (Caesalpiniaceae)
- *Hibiscus pseudohirsutus* (Malvaceae)
- *Maerua dewaillyi* (Capparidaceae)
- *Pandanus raynalii* (Pandanaceae)
- *Pteleopsis habeensis* (Combretaceae)

Une nomenclature est nouvelle pour le Mali: *Aspilia elegans* (C.D.Adams) Lebrun et Storck (Asteraceae).

A l'exception du Sénégal qui possède deux flores élaborées par le R.P.J. Bérhaut ("La Flore du Sénégal" et "Flore Illustrée du Sénégal"), le Mali, le Burkina Faso et le Niger doivent se contenter de catalogues des plantes vasculaires de leurs pays respectifs, édités par l'Institut d'Elevage et de Médecine Vétérinaire des Pays Tropicaux (I.E.M.V.T.) de Maison-Alfort.

2. Les herbiers

Les pays sahéliens ont fait l'objet de nombreuses prospections botaniques qui ont permis d'enrichir les herbiers d'autres pays tels que la France, la Belgique, l'Angleterre, la Hollande, l'Allemangne, etc.

La France possède la plus importante collection des plantes récoltées en Afrique de l'Ouest. En effet, les récoltes des éminents botanistes comme Chevalier, Monod, Jacques-Felix, Roberty, Adam, Trochain, Raynal, Boudet, Audru, etc., se trouvent dans le grand herbier du Laboratoire de Phanérogamie du Muséum National d'Histoire Naturelle de Paris.

Mais c'est l'Institut d'Elevage et de Médecine Vétérinaire des Pays Tropicaux (I.E.M.V.T.) de Maison-Alfort qui détient probablement, à l'heure actuelle, la plus importante collection des plantes vasculaires en provenance de l'Afrique sahélo-soudanienne.

Mais, malheureusement, rares sont les botanistes étrangers qui laissent, à nos institutions sur place, les doubles de leurs récoltes.

Dans la sous-région, les Etats possédant des herbiers ne sont pas nombreux.

Le Sénégal possède, à Dakar, deux herbiers universellement reconnus. Ce sont:

- L'herbier de l'Institut Fondamental de l'Afrique Noire (I.F.A.N.). Créé en 1942, cet herbier renferme 110.000 specimens. Son matricule international est IFAN.

- L'herbier du Département de Biologie Végétale de la Faculté des Sciences de l'Université CheiKh Anta Diop de Dakar. Créé en 1960, il comprend 8 000 spécimens. Il a pour matricule international DAKAR.

Le Burkina Faso compte trois herbiers non reconnus mondialement. Il s'agit de:

- l'herbier de l'Institut pour la Recherche en Biologie et Ecologie Tropicales (IRBET). Fondé en 1955, cet herbier compte 2 000 spécimens (1250 espèces).

- l'herbier du Département de Biologie Végétale de la Faculté des Sciences et Techniques de l'Université de Ouagadougou. Créé en 1975, il compte 5 000 spécimens (2500 espèces).

- l'herbier de l'ORSTOM de Ouagadougou, créé en Janvier 1977.

L'herbier du Niger, portant le matricule international ESN, appartient au Département de Biologie Végétale de l'Université Abdou Moumouni. Creé en 1974, il renferme 2 000 spécimens (1309 espèces).

Le Mali ne possède pas d'herbier. Cependant, les locaux du Département de Médecine Traditionnelle de l'Institut National de Recherche en Santé Publique de Bamako abrite une importante collection de remèdes traditionnels comprenant divers organes végétaux (feuilles, racines, écorces, fruits, graines, etc.).

L'herbier du Centre National de Floristique d'Abidjan (Côte d'Ivoire), créé en 1973, renferme 60 000 spécimens de plantes ouest-africaines, y compris une importante collection d'espèces provenant de l'ensemble de la région sahélienne. Ce qui confère à cet herbier, un statut d'herbier de référence de la sous-région ouest-africaine.

3. Les jardins botaniques

3.1. JARDIN DE RICHARD-TOLL (SÉNÉGAL)

La création des Jardins d'essais des Colonies françaises d'Afrique commence en 1816, avec celui de Richard-Toll, au Bas-Sénégal, par Claude Richard, au confluent du fleuve Sénégal et de la Taouey, en amont de l'estuaire du fleuve et à environ 75 km de Saint-Louis. Ce fut à l'origine une plantation modèle, destinée à renseigner les Colons. C'est le plus ancien Jardin des Colonies françaises. Depuis sa fondation, il est passé par des vicissitudes très diverses sans avoir jamais donné de bons résultats. Supprimé après l'échec des essais culturaux en 1829, il fut rétabli en 1856 par Faidherbe. Après les tentatives d'un autre technicien, Lecard, il fut de nouveau abandonné à lui-même. Aussi, lorsque le Gouverneur Général Chaudie songea à reconstituer un service de l'Agriculture au Sénégal, il ne restait à peu près rien des anciennes plantations. Le résultat a été de conserver vivants quelques grands arbres

d'avenues, quelques touffes de bambous et quelques arbres fruitiers.
Des causes nombreuses ont conduit à ces mauvais résultats, notamment l'influence asséchante du vent d'Est, l'aridité d'un sol argileux très difficile à modifier, les difficultés que l'on éprouvait pour obtenir de l'eau douce pour l'irrigation pendant deux ou trois mois de l'année.

3.2. JARDIN DE SOR (SÉNÉGAL)
C'est en 1898 que fut créé, par Enfantin, dans l'Ile de Sor, aux environs de Saint-Louis, un autre Jardin, à proximité de Jardins privés. En effet, dans cette localité, quelques colons sont arrivés, dans la culture des légumes, de plantes d'agrément et d'arbres fruitiers, à des résultats encourageants.

En 1899, Perruchot parvint à multiplier, à Sor, un certain nombre d'arbres d'avenues, des cocotiers, des plantes à caoutchouc, enfin des bulbilles de *Furcraea* et d'Agaves reçues du Jardin de Nogent. En 1902, en dehors de ces plantes à fibres et des arbres anciens parvenus à un âge avancé, il ne restait plus rien des semis tentés. La sécheresse et l'aridité du terrain formé exclusivement de sable avaient suffi à amener ce désastre.

3.3. JARDIN DE HANN (SÉNÉGAL)
Le Gouvernement Général de l'Afrique Occidentale, par un arrêté en date du 8 Juillet 1903, a affecté les terrains de Hann, renfermant les nappes d'eau servant à l'alimentation de la ville de Dakar, à la création d'un jardin public et de pépinières pour le reboisement, avec une division d'essais de cultures générales et de cultures fruitières et d'acclimatation de plantes exotiques. Ce Jardin situé près de Dakar était placé sous la direction de Yves Henri, Inspecteur de l'Agriculture de l'Afrique Occidentale Française.

Mentionnons que les stations culturales de Tivaouane, de Kaolack, de Sédhiou, la ferme-école de Bambey et le haras de Diourbel, créés pendant le passage de Perruchot au service de l'Agriculture du Sénégal n'ont eu qu'une existence éphémère.

3.4. JARDIN DU PÉNITENCIER DE THIÈS (SÉNÉGAL)
Cet établissement dirigé par des missionnaires catholiques, a été installé sur la ligne du chemin de fer de Dakar à Saint-Louis. Les cultures ont donné, de 1898 à 1902, les plus belles espérances;

elles ont porté l'empreinte donnée par le directeur d'alors, le R.P. Sebire qui joignait à ses connaissances sur la flore du Sénégal un goût passionné pour l'introduction de plantes utiles nouvelles. Par ses relations avec Maxime Cornu, Professeur de cultures au Muséum National d'Histoire Naturelle, et grâce à ses correspondants des Antilles, il était parvenu à cultiver un grand nombre de végétaux intéressants, jusqu'alors inconnus partout ailleurs en Afrique Occidentale. Il avait entrepris quelques essais en grand, en particulier sur le caoutchouc de Céara (*Manihot glaziovii*) et constitué quelques pépinières d'arbres fruitiers et d'essences de reboisement. On trouvera la liste des plantes qu'il cultivait dans le petit livre qu'il publia à cette époque, intitulé: "Les Plantes utiles du Sénégal", Paris (1899).

Malheureusement, ce jardin, à la fois botanique et agricole, qui était plus riche que tous les autres par le nombre des espèces et la beauté des exemplaires, n'a pas survécu après le départ de son fondateur.

3.5. JARDIN DE KATI (MALI)

Fondé en 1897, par le Colonel De Trentinian, le Jardin de Kati était la plus ancienne station d'essais du Soudan français d'alors. Les vétérinaires Cazalbou et Blot en furent les premiers organisateurs. Ils s'attachèrent d'abord à cultiver des plantes potagères pour l'alimentation des troupes du poste et constituèrent les premières pépinières d'arbres fruitiers. Au début de l'année 1899, Jacquey, Ingénieur agronome, appelé en mission par le Général De Trentinian, leur succède et entreprend quelques semis de cotonniers, d'indigotiers, de plantes à caoutchouc (Céara et *Landolphia.*). Son collaborateur Martret apporte du Muséum National d'Histoire Naturelle de Paris deux serres contenant une trentaine d'espèces de plantes utiles vivantes dont la culture débuta à Kati, à 15 Km des rives du moyen Niger. C'était la première fois que des plantes vivantes étaient transportées en serres dans l'intérieur du continent africain. Un an après, il fut donné de constater le travail accompli par Jacquey et Martret. Les plantes du Muséum avaient été multipliées en grand nombre par bouturage ou marcottage; le jardin avait été considérablement étendu. Des jeunes plants d'arbres fruitiers avaient été distribués à tous les services publics et à quelques particuliers. Depuis, Kati a cessé d'être le siège de la station agronomique du Soudan français.

3.6. JARDIN DE KOULIKORO (MALI)
Un ingénieur agronome, Vuillet, succéda, en 1900, à Jacquey comme directeur de la station agronomique du Soudan. Sur sa proposition, Merlaud-Ponty, Lieutenant-Gouverneur des territoires du Haut-Sénégal et Niger, transféra, en 1902, la résidence de l'ingénieur agronome sur le bord même du Niger, à Koulikoro.

Devenu parc botanique et zoologique, le Jardin de Koulikoro est l'un des Jardins des colonies du sahel qui ont subsisté; très beau, il faisait la fierté de Bamako à l'époque coloniale. Après la décolonisation, dans le Mali indépendant, le parc de Koulikoro est à l'agonie, faute de moyen d'entretien.

Au Burkina Faso, il n'y a pas de Jardin Botanique. Mais à Ouagadougou, existent deux parcs importants en superficie, susceptibles d'être aménagés en Jardins Botaniques.

Le premier, dénommé "Parc de l'I.R.B.E.T." (Institut pour la Recherche en Biologie et Ecologie Tropicale contient les locaux de cet Institut. Le second, dénommé "Bois de Ouagadougou", est plus grand et plus naturel. Malheureusement, attenant à la ville, il est à présent très saccagé.

Conclusion et propositions
Dans les pays en voie de développement en général, et en Afrique noire en particulier, la nature n'est pas respectée. Les espaces naturels s'amoindrissent constamment du fait de leur exploitation anarchique et irrationnelle. Les défrichements et les feux de brousse intempestifs font disparaître, tous les ans, un nombre considérable d'espèces végétales.

Face à une démographie toujours croissante dans nos régions, et à un manque criard de politiques d'éducation et de sensibilisation visant au respect scrupuleux de la nature, la destruction ébauchée de notre patrimoine floristique, depuis une trentaine d'années est irréversible. C'est pourquoi, il apparaît urgent et indispensable d'envisager des stratégies adéquates visant à permettre la préservation, *in situ* ou *ex situ*, des espèces végétales en danger d'extinction. Pourquoi ne pas, par exemple préconiser la création d'herbiers, de parcs nationaux, de réserves et Jardins botaniques?

Ces derniers pouvant à juste titre être considérés à la fois comme un conservatoire et un renouveau. En effet, ce fleuron de connaissances mieux qu'un joyau d'archives est aussi et surtout une école. Il enseigne, inspire, rappelle, prépare. Par ses collections mortes, il est le précieux dépôt du passé ouvert aux déterminations, aux comparaisons, aux contrôles, mais aussi aux fluctuations et aux mutations, dont la composition du manteau végétal porte les reflets, pièces et preuves, qui devenues inertes méritent d'être conservées. En outre, le jardin botanique réunit aussi par ses collections vivantes, les matériaux dont les physiologistes, les biochimistes, les cytogénéticiens, les pharmaciens, les taxonomistes, etc. ont besoin.

L'herbier, dépôt mort mais sacré d'un monde vivant, est un relevé constamment prêt à servir par la morphologie, à l'édification des flores et de leurs variations. Il est à la base statique et chronologique de l'inventaire, qui, quoique inanimé est mortel. Il suffit d'un incendie pour détruire à jamais un dépôt vieux de plusieurs décennies et un squelette d'espèces disparues. C'est pourquoi il nécessite une attention à tout instant.

Références bibliographiques

A.C.C.T. 1980. Médecine traditionnelle et Pharmacopée. Contribution aux études ethnobotaniques et floristiques au Niger, 248 p.

A.C.C.T. 1985. Médecine traditionnelle et Pharmacopée. Contribution aux études ethnobotaniques et floristiques au Mali, 249 p.

Ake Assi, L. 1971. Etude de quelques paysages végétaux du Mali. Bulletin de liaison n°2 du C.U.R.D., Université d'Abidjan, p. 21—24.

Aubreville, A. 1949. Climats, forêts et désertification de l'Afrique tropicale. Soc. Ed. Géogr., Marit. et Col., Paris, 351 p.

Aubreville, A. 1950. Flore forestière soudano-guinéenne. A.O.F., Cameroun, A.E.F. Soc. Ed. Géogr., Marit. et Col., Paris, 523 p.

Aubreville, A. 1962. Comptes rendus de la 4e réunion plénière de I'A.E.T.F.A.T., Coimbra, 16—23 Septembre 1960.

Berhaut, J. 1967. La Flore du Sénégal. Ed. Clairafrique, Dakar, 485 p.

Berhaut, J. 1971—1991. Flore illustrée du Sénégal. Ed. Clairafrique, Dakar, 7 tomes.

Boudet, G. et Lebrun, J.-P. 1986. Catalogue des plantes vasculaires du Mali. Etudes et synthèses de l'I.E.M.V.T. n°16, Maison - Alfort, 480 p.

DE QUELQUES JARDINS, PARCS BOTANIQUES ET BIOLOGIQUES DE L'OUEST AFRICAIN: HISTORIQUE, ÉTAT ET AVENIR

Ouétian BOGNOUNOU

Résumé

Bognounou, O. 1998. De quelques jardins, parcs botaniques et biologiques de l'Ouest Africain: historique, état et avenir. *AAU Reports* **39**: 15—25. — Après un bref aperçu historico-bibliographique sur quelques types d'aires protégées particulières (jardins ou parcs botaniques, parcs biologiques, etc.) de l'ouest africain, sera présenté le cas particulier du parc et jardin botanique du CNRST à Ouagadougou. L'organisation et la gestion de ce type d'aire protégée intra-urbain posent de nombreux problèmes. A travers notre communication sera abordée en fait la problématique de la sauvegarde de ces aires protégées dont l'intérêt scientifique et éducatif n'est plus à démontrer.

Introduction

En matière de protection de la nature et de conservation des ressources naturelles l'accent a été souvent mis sur certains types d'aires protégées que sont les forêts classées, les parcs nationaux et réserves de faune. Curieusement, malgré l'importance qu'ils se devaient d'avoir tant sur le plan scientifique qu'éducatif, l'ouest africain dispose de peu de jardins botaniques dignes de ce nom, celui de Hann à Dakar restant une exception.

Les causes de ce manque d'intérêt pour les jardins botaniques sont multiples. A la faiblesse de la communauté scientifique, il faut signaler le manque d'audace de la politique de conservation pendant toute l'époque coloniale.

Après la prise tardive de décrets forestiers (1937) définissant et donnant un statut aux différentes aires protégées, il fallu attendre la fin de la deuxième guerre mondiale pour voir s'esquisser une politique de développement des jardins botaniques, jardins biologiques, réserves intégrales.

A cet effet il convient de noter le rôle prépondérant joué par l'IFAN[1] sous l'impulsion du Professeur Monod et celui politique, du Comité français de libération dirigé par le général Charles De Gaule, sans oublier celui souvent ignoré de Guy Roberty qui créa en 1933 (près de Ségou au Mali) à Soninkoura le premier jardin botanique de la zone soudano-sahélienne.

En choisissant dans le cas du présent atelier le thème que nous allons développer, nous avons eu présent à l'esprit cette projection dans l'avenir d'un grand savant allemand du XV ème siècle, Leonhart Fuchs docteur en médecine, agrégé de l'Académie de Tubingen, botaniste. "je n'ai pas voulu, écrit-il (en classant les plantes d'Allemagne), qu'il arrive à nos descendants l'inconvénient dont nous avons tous été si évidemment victimes avec les auteurs de l'Antiquité, à savoir que les espèces qui sont aujourd'hui connues de tout le monde ne leur deviennent bientôt obscures."

Mais avant que de continuer qu'entend on par jardin botanique? Selon notre acception c'est un espace défini, intégralement protégé, aménagé, où se trouve réunie une collection de plantes (tout groupe taxonomique confondu) tant ligneuses qu'herbacées, autochtones et allochtones et sur des biotopes variés.

Outre leur intérêt scientifique, éducatif et paysager, un des buts essentiels qu'on peut leur assigner est la constitution de collections de plantes locales où à introduire en vue d'étudier les possibilités d'accroître les ressources agro-pastorales et forestières en étudiant toutes les possibilités d'acclimatation encore existantes.

1. Jardin d'acclimatation / précurseurs des jardins botaniques
Aborder l'histoire de l'acclimatation en Afrique oblige à analyser les rapports entre elle et les pays du Nord et d'autres parties du monde.

Si l'Asie et l'Amérique furent privilégiées, il fallu attendre le XVIIIème siècle pour qu'on s'intéresse à l'Afrique. Comme le note Marguerite Duval dans son célèbre ouvrage " La Planète des Fleurs"," en Afrique, au XVIIIème siècle il n' y a pas foule".

---

[1] IFAN : Institut Français d'Afrique Noire devenu Institut Fondamentale d'Afrique Noire

Mais le 24 avril 1749, débarque à Saint Louis du Sénégal un jeune botaniste du nom de Adanson Michel qui laissa son nom au Baobab (*Adansonia digitata*). Cette originalité du monde tropical, curieusement Adanson, malgré sa remarquable contribution à la connaissance de la flore du Sénégal et même des langues parlées par les sénégalais, ne contribua pas à la création d'un jardin d'acclimatation (à notre connaissance).

C'est à Richard Toll que revient l'honneur d'être pionnier au Sénégal en matière de création de jardin d'acclimatation.

2. Historique de l'acclimatation des plantes dans l'Ouest africain

Créer un jardin botanique, si on recherche une certaine biodiversité, commande un effort d'introduction et d'acclimatation d'espèces exotiques (allochtones). Cela nous amène à faire une historique des précurseurs des jardins botaniques en Afrique que furent les jardins d'essai ou jardins d'acclimatation.

Si l'Afrique, dans le cadre de l'échange de matériel végétal a donné à d'autres parties du monde, elle a également beaucoup reçu en retour.

Indépendamment de ce que les caravaniers Arabes et Berbères, lors des transactions commerciales transsahariennes ont pu apporter au sud du Sahara (Citronnier, Dattier en particulier), les premières grandes introductions de plantes en Afrique au sud du Sahara remonte au XV ème siècle. Si une certaine impulsion leur a été donnée par la présence portugaise voire danoise et par l'action des grandes compagnies intéressées par l'Afrique (Compagnie des Indes etc.) au XVII ème et XVIII ème siècle, la systématisation des introductions avec la création de ce qu'on appelait jadis (Chevalier, 1905) Jardins d'essais ou Jardins d'acclimatation, date du XIX ème et XX ème siècle.

En nous limitant à l'Afrique occidentale et centrale, anciennement sous domination française, nous citerons pour mémoire en s'en tenant aux plus remarquables:

- le Jardin de Richard-Toll (Bas - Sénégal) fondé en 1816;
- le Jardin de Sor près de Saint-Louis du Sénégal - 1898;
- le Jardin de Hann, près de Dakar - 1903 (Jardin public et pépinière pour le reboisement);

- le Jardin du pénitencier de Thiès (Sénégal) animé par le Révérend Père Sebire qui selon le Professeur Chevalier "joignait à ses connaissances sur la flore du Sénégal un goût passionné pour l'introduction de plantes utiles nouvelles";
- le Jardin de Kati (Moyen Niger - Mali actuel) créé en 1902;
- le Jardin de Koulikoro (Moyen Niger - Mali actuel) créé en 1902;
- le jardin de Bobo-Dioulasso et Ecoles indigènes du Soudan pour la récolte et la préparation du caoutchouc; c'est aux environs de Bobo-Dioulasso, ville de l'actuel Burkina Faso, que fut créée vers 1898 une station pour l'étude et la multiplication des lianes à caoutchouc (*Landolphia heudelotii*);
- le jardin de Camayenne près de Conakry en Guinée, fondé en 1897;
- le jardin de Dabou (Côte d'Ivoire) - 1896;
- le jardin de Bingerville (Côte d'Ivoire) - 1900;
- le jardin de Porto-Novo (Bénin) créé en 1901;
- le jardin de Libreville (Gabon) - 1887;
- le jardin de Brazzaville (Congo) - 1901;
- le jardin de Krébedjé (Fort-Sibut) (République Centre Africaine) - 1902.

A ces nombreux jardins, il convient d'ajouter les jardins des Missions religieuses où se constituèrent d'importantes collections de plantes utiles et faisant d'eux d'importants centres de propagation et de diffusion de nombreuses espèces notamment fruitières et vivrières (cas de la mission catholique de Kita au Mali).

Quelques postes militaires à la conquête coloniale (notamment celui de Kati près de Bamako) jouèrent un rôle non négligeable. Pour l'alimentation des troupes de l'Infanterie de Marine (Marsouins et Bigorres) et plus tard des Tirailleurs Sénégalais, y furent introduites de nombreuses espèces potagères des régions tempérées aujourd'hui bien acclimatées et à la base du progrès des cultures maraîchères des légumes et de primeurs en zone soudano-sahélienne.

A la phase des jardins d'essais et d'acclimatations, devait succéder celle des champs d'expérimentation de diverses institutions de recherche à objectifs limités et obéissant à des impératifs de productions végétales orientées vers le commerce international. On peut citer à cet égard les différents essais de l'IRHO, l'IRCT, l'IRAT, le CTFT, l'IRFA, l'ORSTOM etc. et ceux plus récents d'institutions internationales telles l'ICRISAT, l'ADRAO, le SAFGRAD pour les plus connues, diverses ONG n'étant nullement en reste.

On notera comme original, en tant qu'expériences de protection d'écosystèmes particuliers d'intérêt scientifique et servant de cadre pour la sensibilisation et la formation pour la protection de la flore et de l'environnement les heureuses initiatives de l'IFAN sous l'impulsion du Professeur Monod. C'est ainsi que fut créée en 1944 la première réserve biologique intégrale de l'Ouest Africain au Mont Nimba en Guinée. Devait suivre la création d'un certain nombre d'aires protégées dont:

- le Parc biologique de Bamako;
- le Jardin IFAN de Dakar;
- le Jardin Botanique de Soninkoura près de Ségou au Mali à l'aménagement duquel a beaucoup contribué Guy Roberty, botaniste de l'ORSTOM;
- le Jardin IFAN de Ouagadougou.

Avec le développement des universités africaines, divers jardins sont créés dont notamment celui de l'Université d'Abidjan.

Ces différentes structures sont elles véritablement fonctionnelles aujourd'hui et jouent elles encore le rôle originel qui leur était assigné? la question mérite d'être posée. Toutes les possibilités d'introductions d'espèces nouvelles dans la sous-région ont elles été explorées?

3. Etat de développement des jardins botaniques

Le Professeur Auguste Chevalier, dans une réflexion sur le rôle des jardins botaniques modernes (Chevalier, 1950b) notait avec une certaine amertume que les jardins botaniques des pays tropicaux sont souvent négligés et "où n'y figurent même pas le plus souvent soit des plantes sauvages de la région les plus ornementales soit des arbustes exotiques d'ornementation qui sont à répandre et parmi ceux qui sont déjà cultivés la plupart du temps ces plantes sont sans étiquette et le public en ignore le nom...".

Un demi siècle après la situation a -t -elle changé? il est difficile d'y répondre en raison d'un déficit d'informations sur les jardins botaniques africains, ce qui limite les possibilités de diagnostic.

Nous dirons simplement sur la base de deux que nous connaissons (celui faisant partie du jardin biologique de Bamako et celui du CNRST à Ouagadougou, deux jardins créés par Dénis Winkoun Hien, agent technique de l'IFAN) que leur état actuel est déplorable.

A travers le cas particulier du jardin botanique du CNRST dont nous avons suivi l'évolution depuis 1968, des leçons peuvent être tirées. C'est une étude de cas que je propose dans le présent atelier.

En faisant l'économie de deux publications (Nongonierma, 1968; Bognounou, 1971) consacrées à ce jardin, nous allons le présenter (histoire, caractéristiques du site, nature des collections) avant de soulever les problèmes divers qu'il connaît dans son aménagement et sa gestion.

Le jardin a été créé en 1950 -1952 en même temps que le Centre IFAN de Haute-Volta dont le premier directeur fut Guy Le Moal. Son aménagement se vit confier à Dénis Winkoun Hien, un grand botaniste aujourd'hui disparu. Avec le sérieux, la détermination que tous ceux qui l'ont connu lui reconnaissent, Hien sous la direction de Guy Le Moal allait transformer ce qui était un champ de culture et un cimetière en un îlot de verdure. Cet îlot de verdure jouxtant l'Hôpital de Ouagadougou est aujourd'hui un des espaces verts les plus importants (outre la forêt classée du barrage) de la ville de Ouagadougou.

Ces quelques lignes extraites d'un rapport d'activité de Hien attestent de l'effort mené par les bâtisseurs de ce jardin et parc. "En cinq ans, au rythme moyen de 1720 arbres par an, nous avons planté 8525 arbres ou arbustes et plusieurs espèces d'ornement..."

Cet effort devait s'accroître avec le concours de Antoine Nongonierma de l'IFAN de Dakar à partir de 1965. De 20 hectares au départ, la superficie s'est vue réduite de 6 hectares au profit de l'EIER et du CIEH, institutions situées côté sud. Le parc et le jardin ont été l'objet de nombreuses convoitises foncières.

Les caractéristiques du site sont résumées dans les tableaux 1 et 2.

Tableau 1. Localisation et caractéristiques du site du parc et jardin botanique du CNRST à Ouagadougou (Burkina Faso).

Date de création:	1950—1952
Latitude:	12° 22' Nord
Longitude:	1° 31' Ouest
Altitude:	296 m
Superficie:	14 hectares
Climat:	tropical - semi aride (soudanien et sahélien)
Nature des sols:	ferrugineux tropicaux

Tableau 2. Données climatologiques de Ouagadougou (base 65 années), d'après les données de l'ASECNA et de l'ICRISAT.

Moyennes des paramètres climatologiques	Nombre de jour de pluie	Précipitations en mm	Températures max en °c	Températures min en °c	Humidité relative de l'air en %	Insolation annuelle (heures)
janv	0,1	0,1	34	16,4	24	
fev.	0,3	1,7	36,5	18	21	
mars	0,8	5,6	38,5	23,3	23	
avr.	2,8	20,5	38,9	25,8	36	
mai	7,6	73,4	37	25,3	52	
juin	10	114,8	33,9	23,5	65	
juil.	13,4	187,8	31,7	22,4	72	
août	17,6	261,7	34,6	21,8	79	
sept	13,3	150	31,9	21,8	76	
oct.	4,5	36,2	35,5	22,5	59	
nov	0,4	2,4	36	19,5	39	
dec.	0	0,4	33,9	16,9	28	
An.	70,8	854,6				2918,6

4. Nature des collections

Outre la flore autochtone (espèces soudano-zambéziennes et guinéo-congolaises reparties en 60 familles botaniques) le jardin et parc botanique (sur la base de l'état des lieux en 1975) contient environ 100 espèces exotiques et allochtones reparties en plusieurs familles. On notera l'importance de l'avifaune et des reptiles (ophidiens, etc.).

Son intérêt est multiple. En nous limitant aux points les plus marquants, nous noterons:

- que du point de vue de la conservation et de la protection, le parc est le plus important espace vert intra-urbain de la ville de Ouagadougou outre la forêt classée du barrage. La fonction de "poumon vert" et "d'arrêt poussière" de cet ensemble boisé jouxtant l'hôpital national Yalgado Ouédraogo est à souligner au passage.

- l'intérêt esthétique et paysager. Abritant discrètement d'importantes infrastructures de recherche de quelques instituts (IRSSH, IRBET/CTFT), les bâtiments des services centraux (Direction Générale de la Recherche Scientifique ; Direction de l'information scientifique avec sa riche bibliothèque), le parc botanique constitue une sorte de "coupure verte" avec la partie de la forêt classée du barrage qui le prolonge à l'est, coupure verte à l'intérêt paysager certain et contribuant à l'embellissement de la ville de Ouagadougou.

- l'importance scientifique: il abrite la plus riche collection vivante de plantes phanérogames rassemblées en un seul lieu au Burkina Faso (plus de 200 espèces appartenant à plus de 60 familles botaniques reparties en autant de locales que d'introduites).

  Par son jardin d'acclimatation, il fut le point de départ et de diffusion au Burkina Faso voir dans les pays limitrophes de nombreuses espèces exotiques.

  Nous noterons l'existence d'une parcelle de culture de plantes médicinales avec une collection d'espèces objet de recherches phytochimiques et pharmacologiques au niveau de l'IRSN (Institut de Recherche sur les Substances Naturelles).

Le matériel végétal rassemblé sur une surface proche des laboratoires de recherche permet de nombreuses observations directes sur la biologie et la phénologie de nombreuses espèces. En plus de l'intérêt botanique, le parc en abritant une riche avifaune, de nombreux reptiles offre également un intérêt zoologique.

- C'est un cadre d'éducation/formation, d'initiation à la botanique et à l'Ecologie pour différents ordres d'enseignement notamment secondaire et supérieur. Il sert de terrain pour les travaux pratiques de botanique forestière pour les étudiants de l'Institut des Sciences Naturelles (ISN) et de l'Institut du Développement Rural (IDR) de l'Université de Ouagadougou.

- Le parc est un cadre de repos et de détente fréquenté par le public et par les riverains de différents établissements d'enseignement.

Aujourd'hui, cet espace protégé est plus ou moins menacé pour diverses raisons dont certaines sont liées à l'urbanisation de Ouagadougou. Au nombre des problèmes rencontrés on relèvera les coupes clandestines de bois, les prélèvements de plantes médicinales, les actes de vandalisme et le fait qu'en raison des problèmes de gardiennage, le parc est devenu un lieu de défécation des riverains de l'hôpital proche. De plus on note en rapport avec la dégradation des conditions écologiques un dépérissement de nombreuses espèces dont les causes profondes restent à êtres identifiées.

Outre le classique manque de moyens tant humain que matériel (personnel d'entretien en constante baisse ou détourné de ses fonctions initiales), outre les problèmes de compétition entre espèces sensibles et celles plus rustiques et à fort pouvoir de dissémination tel *Azadirachta indica* (le neem), *Albizia lebbeck, Grewia bicolor* etc, le parc est aujourd'hui confronté à un grave problème d'eau, problème limitant les possibilités de réhabilitation et d'aménagement.

A l'origine, la zone d'implantation du parc était partiellement marécageuse. Les premiers puits ayant servis à l'arrosage des plants sont tous taris par un abaissement de la nappe phréatique et une déviation, liée à l'urbanisation, de nombreux ruisseaux qui jadis convergeaient vers la zone.

Le réseau d'adduction d'eau du CNRST, un des plus anciens de Ouagadougou est devenu obsolescent, entraînant de graves pénuries d'eau préjudiciables, non seulement au fonctionnement des divers laboratoires et services du CNRST situés dans l'enceinte du parc, mais mettant surtout en péril de nombreuses espèces exotiques des zones humides tropicales d'intérêt scientifique et ornemental, espèces recevant difficilement le nécessaire apport d'eau pendant les mois écologiquement secs.

On ne saurait parler des problèmes que rencontre ce jardin sans évoquer celui du suivi scientifique. Sur ce plan, l'insuffisance de techniciens compétents, la mobilité et/ou l'absence des chercheurs a eu pour conséquence des ruptures dans les observations scientifiques. Le maintien des collections reste problématique.

Conclusion

Après un relevé des problèmes divers que connaît ce jardin et des contraintes diverses, on est tenté d'être pessimiste quant à son avenir.

L'utilité des jardins botaniques est-elle vraiment bien perçue? Quelque soit la passion des botanistes, il est évident que leur avenir ne peut être garanti sans le soutien et l'implication de certaines catégories au nombre de huit en se référant à celle dégagées par Franz Verdoorn en 1948 lors de l'élaboration du programme de travail du nouvel arboretum de Los Angeles (Nongonierma, 1968 op. cit.). Ce sont:

1. les professeurs et leurs étudiants (Sciences Naturelles, Pharmacie, Médecine, Art etc.);
2. le public en général;
3. les agriculteurs, éleveurs, forestiers, horticulteurs professionnels et amateurs (plantes de grande culture, plantes fourragères, arbres et arbustes ornementaux);
4. les propriétaires de grands jardins aussi bien que les personnes disposant seulement d'un jardinet;
5. les producteurs commerciaux (horticulteurs, paysagistes etc.);

6. les jardiniers employés chez les producteurs ou chargés de l'entretien d'un domaine ou de jardins;
7. les services publics d'horticulture;
8. les administrations municipales et leur personnel spécialisé auxquels il faut ajouter tous les organismes chargés de recherches scientifiques et techniques ayant des rapports avec les plantes.

Il est peut être temps de conscientiser et mobiliser ces diverses catégories qui ne peuvent que tirer profit de l'existence d'un jardin botanique et qui du moins, pour le cas de celui de Ouagadougou, ont bénéficié des résultats scientifiques acquis sans peut être souvent le reconnaître.

Références bibliographiques

Adjanohoun, E. 1969. Les jardins botaniques africains, Boissiera 14 : 71—75.

Barthelemy, G. 1979. Les jardiniers du Roy - Petite histoire du jardin des plantes de Paris Ed. Le pelican, Paris.

Bognounou, O. 1971. Le parc botanique du CNRST. Notes et Documents Voltaïques 5 (1) : 39—52.

Chevalier, A. 1905. Les végétaux utiles de l'Afrique tropicale française. Etudes Scientifiques et Agronomiques Vol. I fascicule I Paris.

Chevalier, A. 1950 a. La protection de la Nature et les parcs réserves de l'Afrique Occidentale Française. Rev. Int. Bot. Appl. n° 333—334, p. 365—368.

Chevalier, A. 1950 b. Le rôle des jardins botaniques modernes. Rev. Int. Bot. Appl. n° 335—336, p. 537—538.

Chevalier, A. 1950 c. Sur les bois sacrés des anciens fétichistes du Soudan français. Rev. Int. Bot. Appl. n° 329—330, p. 239—240.

Dekeyser, P. L. 1956. L'intérêt des parcs biologiques. PN/XVII, 6 p. ronéo. IFAN/Dakar.

Duval, M. 1977. La planète des fleurs Ed. R. Laffant/Seghers Paris.

Fauque, J. 1951. Jardins botaniques et acclimatation. C.R. 1 ère Conf. Int. des Africanistes de l'ouest - Dakar Im 2, pp. 44—46.

Monod, T. 1951. La protection de la Nature en Afrique Occidentale Française. C.R.
1 ère Conf. Africanistes de l'ouest. Tome II, pp. 538—544.

Nongonierma, A. 1968. Le jardin botanique du CVRS. Notes et Documents Voltaïques 1 (2) janv —mars 1968 pp. 19—23.

Roberty, S. 19XX. Le jardin botanique de Soninkoura en décembre 1950, Notes Africaines n° 51 : 75—78 IFAN, Dakar.

Schnell, R. 1956. Le jardin d'essais de Camayenne et son rôle dans le développement agricole de la Guinée française. Notes Africaines n° 72, p. 106—110.

Flore et biodiversité au Sénégal

Amadou Tidiane BÂ et Kandioura NOBA

Résumé
Bâ, A. T. et K. Noba. 1998. Flore et biodiversité au Sénégal. *AAU Reports* **39**: 27—42. — Ce travail constitue la synthèse d'une analyse de la flore ligneuse du Sénégal. Dans une première étape, il fait le point sur l'inventaire de cette flore en partant des documents de base que sont la flore de Bérhaut (1967) et la liste énumérative des plantes vasculaires du Sénégal de Lebrun (1973) ainsi que les inventaires ponctuels récents effectués par Vanden Berghen (1979) notamment et d'autres chercheurs. A partir des données de l'inventaire, il est effectué une analyse dont le résultat donne des indications sur le spectre taxonomique et la consistance de la flore du Sénégal. Sans insister sur la végétation, l'étude donne la structure générale de la flore et établit la première étude chorologique pour chacune des régions du Sénégal. La densité spécifique révélée par l'étude chorologique fait apparaître comme dans le cas de la végétation un gradient décroissant du Nord au Sud du pays. Mis à part la flore ligneuse, l'étude fait apparaître et souligne l'insuffisance des travaux sur tous les autres embranchements du règne végétal en particulier sur celui des Bryophytes sur lequel il n'existe aucune information à côté de ceux des Lichens, Bactéries et Ptéridophytes pour lesquels les informations disponibles sont rares, anciennes, insuffisantes et souvent fragmentaires. Les espèces rares et/ou endémiques sont mentionnées avec la signification de leur statut.

Introduction
Si au plan des inventaires floristiques beaucoup de choses ont été faites, la flore ligneuse connue a fait l'objet de peu d'analyse. C'est ainsi qu'on ne peut trouver dans aucun document publié la taille et l'importance des familles par exemple. Il n'y a non plus pas d'indications sur la chorologie des espèces ni sur la richesse floristique des différents régions, zones écologiques et autres biotopes spécifiques mis à part le Parc National du Niokolo-Koba dont on sait qu'il renferme environ 1500 des 2500 espèces composant la flore du Sénégal.

Par ailleurs, hormis les Phanérogames, les autres composantes de la flore du Sénégal ont fait l'objet de peu d'attention. A l'exception de l'excellent travail de Dangeard (1952) sur les algues marines, les autres groupes n'ont pratiquement pas été étudiés. Les champignons microscopiques parasites de plantes cultivées ont aussi été considérés mais ils sont si peu nombreux à côté de l'importante flore mycologique du pays.

Cette contribution envisage de combler en partie ces lacunes ci-dessus mentionnées en soulignant leur intérêt, leur importance et l'urgence qu'il y a à les considérer maintenant.

1. Contexte géographique
Le Sénégal est un pays sahélien avec une superficie comprise entre 195 et 200.000 km2. L'altitude moyenne est de 40 mètres et atteint son maximum (500 mètres environ) à l'extrême Sud-Est aux contreforts du Fouta Djallon. Le Climat est déterminé pour l'essentiel par les vents, les températures et surtout la pluviométrie. Le pays est sous l'influence de trois grandes masses d'air:

- l'alizé boréal engendré par l'anticyclone des Açores, humide, frais, localisé au niveau du littoral et ne provoquant pas de pluies;
- l'harmattan ou alizé continental du Sahara, vent chaud et sec mais qui ne provoque non plus pas de pluies;
- la mousson provoquée par l'anticyclone de Saint Hélène et qui apporte la pluie.

Les températures sont généralement élevées mais varient dans le temps comme dans l'espace et surtout selon la proximité ou l'éloignement de la mer, qui atténue le caractère sahélien du pays. La pluviométrie a connu depuis plus de vingt ans maintenant une baisse sensible et généralisée avec des conséquences dramatiques résultant de cette sécheresse. En moyenne le Sénégal reçoit près de 100 milliards de m3 d'eau de pluie dont 0,6 % seulement alimentent les différentes nappes. L'essentiel de ces ressources potentielles en eau est perdu soit dans l'Océan, soit par évapotranspiration qui est de 1700 mm sur le littoral (Dakar) et de 3.200 mm au Nord-Est (Dagana -Matam).

2. Matériel et méthode
Le matériel utilisé est constitué essentiellement de document d'information dont le principal a été la flore du Sénégal de Bérhaut (1967). Des compléments d'information ont été pris dans

les travaux de Lebrun (1993), de Vanden Berghen (1979), de Raynal et Raynal (1968) et de Dangeard (1952).

Toutes les espèces mentionnées dans la Flore du Sénégal de Bérhaut (1967) ont été introduites dans un ordinateur à l'intérieur d'un fichier dont la structure comprend des indications sur les classes (Monocotylédones, Dicotylédones), les familles, les genres et les espèces. En outre le fichier indique la région où l'espèce a été récoltée par Bérhaut donc où on pourrait la retrouver. Pour cela, les 10 régions du Sénégal ont été numérotées de 1 à 10 et les espèces communes à toutes ou plusieurs régions sont numérotées 0 pour leur localisation géographique. Dans le même fichier, des indications écologiques sont données mais étant donné la dégradation importante et continue des conditions écologiques, cet aspect n'a pas été pris en compte pour les analyses qui ont été effectuées ultérieurement.

A partir des données relevées, la richesse spécifique de chaque région a été déterminée de façon arithmétique. La taille de la flore dans les 3 zones écologiques a été calculée en procédant à une addition du nombre d'espèces dans les régions dont plus de la moitié de la superficie est située à l'intérieur de la limite des zones écologiques telles que délimitées sur les cartes. L'ensemble des données ont été reprises et traitées par ordinateur avec le logiciel D-Base qui a permis l'analyse après classement des familles, genres et espèces et de déterminer le spectre taxonomique de la flore du Sénégal.

3. Résultats

L'embranchement des Spermaphytes est le seul qui soit relativement bien connu. Il comprend environ 2500 espèces selon les informations disponibles. Il ne reste plus que quelques rares zones géographiques (Sud et Sud - Est) qui restent encore à être prospectées de façon plus approfondie car on y a découvert récemment des espèces nouvelles pour le Sénégal en 1995.

Tous les autres embranchements sont relativement mal connus. Les mieux connus sont ceux comprenant des espèces présentant un intérêt économique généralement. C'est le cas par exemple des espèces du genre *Rhizobium* (bactéries) fixateurs d'azote atmosphérique et des champignons pathogènes. Dans cet embranchement des champignons, même les espèces comestibles n'ont jamais été ni inventoriées ni étudiées au Sénégal.

Dans la partie connue de la flore, les Spermaphytes constituent le groupe le plus important et le plus diversifié. Cependant, il n'est pas à exclure que le nombre d'espèces de virus, de bactéries et de champignons puisse être beaucoup plus important que ne l'indique le tableau 1 qui présente la biodiversité végétale au Sénégal. Dans le genre *Rhizobium* par exemple, 3 genres nouveaux (*Sinorhizobium, Bradirhizobium* et *Azorhizobium*) ainsi que 5 espèces nouvelles ont été découverts au Sénégal au cours des 10 dernières années. Dans ces nouveaux complexes taxonomiques, près de 1800 individus ayant au moins valeur de souche ont été identifiés et sont en cours de caractérisation et de détermination. La valeur taxonomique mal connue de ces souches laisserait croire que certaines pourraient être élevées au rang d'espèces.

Tableau 1. Biodiversité végétale au Sénégal

	Nombre de familles	Nombre de genres	Nombre d'espèces	Nombre d'espèces endémiques	Nombre d'espèces menacées
Virus (1)					
sur animaux	4		18		
sur végétaux	13		26		
Bactéries (2)	indéterminé	39	indéterminé		
Cyanophycées (3)	6	12	18		
Algues (4)					
vertes	12	33	66		
brunes	indéterminé	56	249		
rouges	20	44	73		
Total		133	388		
Champignons (5)	indéterminé				
parasites		60	126		
mycorhises		4	11		
Total			137		
Lichens (6)	6	7	7		
Bryophytes (7)					
Ptéridophytes (8)	17	22	38		
Spermaphytes (9)					
gymnospermes	3	3	4		
angiospermes	162	997	2457	31	50
Total	165	1000	2461		
Total calculé du nombre d'espèces	3089				

Commentaires sur le tableau

1) Ces chiffres ne prennent en compte que les virus pathogènes pour l'homme et les végétaux. Les virus pathogènes comprennent les HIV ou Rétrovirus, les Myxovirus et les Arborivurs. Toutes les plantes cultivées peuvent présenter des

viroses avec une prédominace des *Tomato-virus, Potato-virus, Cucumber-virus,* et *Maize-virus.*

2) 35 genres ont été isolés en médecine humaine (Institut Pasteur et CHU) avec plus de 6000 souches. 4 genres ont été isolés du sol (*Rhizobium - Azorhizobium - Bradyrhizobium - Sinorhizobium*) à l'ORSTOM et à l'ISRA avec environ 1800 souches identifiées.
3) La famille des *Oscillatoriae* est la plus importante. Les genres *Lyngbia* et *Dermocarpa* sont les plus représentatifs. Les travaux scientifiques qui sont nécessaires sont très limités; cette liste pourrait être améliorée.
4) Le plus grand nombre d'espèces a été rencontré chez les algues brunes qui sont essentiellement microscopiques. Certaines phéophycées macroscopiques sont exploitées industriellement. Les espèces les plus exploitées se rencontrent chez les algues rouges; c'est le groupe le plus étudié à cause de son importance économique. Elles font déjà l'objet d'un prélèvement suffisamment important pour être reglementé. Il reste encore beaucoup de choses à faire sur les algues qui pourraient faire l'objet d'une exportation industrielle plus poussée.
5) Ces chiffres ne prennent en compte que les champignons parasites de plantes cultivées et les champignons mycorhiziens. Chez les champignons parasites de plantes cultivées, la classe des Deuteromycètes est la plus importante. Les genres *Cercospora* et *Furarium* sont les plus représentés dans la flore mycologique connue. Les champignons mycorhiziens appartiennent aux genres *Glomus* (6) *Ggaspera* (2), *Acaulospora* (1), et *Scutellospora* (2). Il n'y a pas de travaux scientifiques sur les champignons supérieurs à carpophore, mais la présence de certaines espèces appartenant aux familles des Boléatacées, Agariacées, Polyporacées, et des Gastromycètes est reconnue.
6) La liste est incomplète faute de travaux scientifiques. Tout est à faire.
7) Il n'existe pas de travaux scientifiques significatifs connus sur le groupe des Bryophytes qui sont présents mais très peu nombreux.
8) Le groupe des Ptéridophytes est relativement bien circonscrit dans les zones humides. Les familles des Adiantaceae, Marsileaceae, et Thelipteridaceae sont les plus importantes. Les genres *Marsilea* et *Cyclosorus* sont les plus représentatifs.
9) Les Gymnospermes peu nombreuses sont représentées uniquement par des espèces introduites regroupées dans les familles des Abiataceae (1 espèce), Cycadaceae (2 espèces) et

Cupressaceae (1 espèce). Les Angiospermes forment 98,3% de la flore vasculaire. Les familles les plus importantes sont les Gramineae, Papilionaceae, Cyperaceae, Rubiaceae, Compositae et Euphorbiaceae. Les genres *indigofera, Cyperus, Ipomoea, Crotalaria, Ficus, Tephrosia,* et *Hibiscus* sont les plus riches en espèces.

3.1. Les plantes vasculaires

Les plantes vasculaires (Ptéridophytes et Spermaphytes) constituent le groupe le plus important avec 165 familles regroupant environ 1000 genres et 2500 espèces sur les 3500 connues dans ce règne du Sénégal. Il est possible que la flore microbienne et cryptogamique soit plus importante, mais elle reste encore très mal connue. Il est évident que les autres Embranchements du règne végétal jouent des rôles importants dans l'importance et le rôle de la biodiversité. C'est pourquoi des efforts importants et soutenus devraient être développés pour mieux les connaître.

Le tableau 2 donne des indications sur la consistance de la flore et fait apparaître que les Ptéridophytes et les Gymnospermes sont représentés par 44 taxa (soit 1,7 % de l'effectif), les Dicotylédones 1737 taxa (soit 69,5 %) et les Monocotylodones 720 taxa (soit 28,8 %).

Tableau 2. Consistance de la flore du Sénégal

	Espèces		Genres		Familles	
	Nombre	%	Nombre	%	Nombre	%
Dicotylédones	1737	69,5	775	75,8	128	70,3
Monocotylédones	720	28,8	222	21,7	34	18,7
Autres plantes vasculaires	44	1,8	25	2,4	20	11,0
Totaux	2501	100	1022	100	182	100

Les familles les plus représentatives sont constituées par les Graminées et les Papilionacées avec respectivement 285 et 284 taxa et une diversité générique plus élevée chez les Graminées. Viennent ensuite les familles des Cypéracées avec 188 espèces, des Rubiacées 104 espèces, des Composées 96 espèces et des Euphorbiacées 87 espèces. Ces familles représentent avec celles des Caesalpiniacées et de Mimosacées, des Convulvulacées et

Scrophulariacées, plus de 50 % de l'ensemble de la flore du Sénégal (tab. 3).

Tableau 3. Principaux taxa de la flore du Sénégal.

Familles	Nombre de genres	Nombre d'espèces
Graminées	93	285
Papilionacées	58	284
Cypéracées	19	188
Rubiacées	45	104
Composées	56	96
Euphorbiacées	31	87
Convolvulacées	15	62
Scrophulariacées	19	52
Acanthacées	23	51
Malvacées	11	49
Mimosacées	17	49
Asclépiadacées	30	47
Césalpiniacées	23	46
Total	440	1400

La famille des Graminées est celle qui présente la plus grande diversité puisqu'elle comprend au total 93 genres. Elle forme avec la famille des Papilionacées (58 genres), des Composées (56 genres) et des Rubiacées (45 genres) près du quart de l'ensemble des genres des Angiospermes et 38 % environ des genres du Sénégal. Les genres qui présentent le plus grand nombre de taxa sont dans l'ordre les genres *Indigofera* et *Cyperus* avec 44 espèces, *Ipomoea* avec 38 espèces, *Crotalaria* avec 33 espèces, suivis des genres *Ficus* avec 30 espèces, *Tephrosia* et *Hibiscus* avec 22 espèces et le genre *Euphorbia* avec 20 espèces.

La flore vasculaire du Sénégal présente donc un spectre taxonomique caractéristique d'une végétation tropicale de type savane avec une nette dominance de familles constituées essentiellement d'espèces herbacées comme les Graminées, Cyperacées et Légumineuses non ligneuses.

Les cartes floristiques de richesse spécifique établies à partir de la Flore de Bérhaut (1967) indiquent un gradient décroissant du Nord vers le Sud, c'est-à-dire des zones les moins arrosées vers les plus arrosées (fig. 1b). Les régions administratives les plus

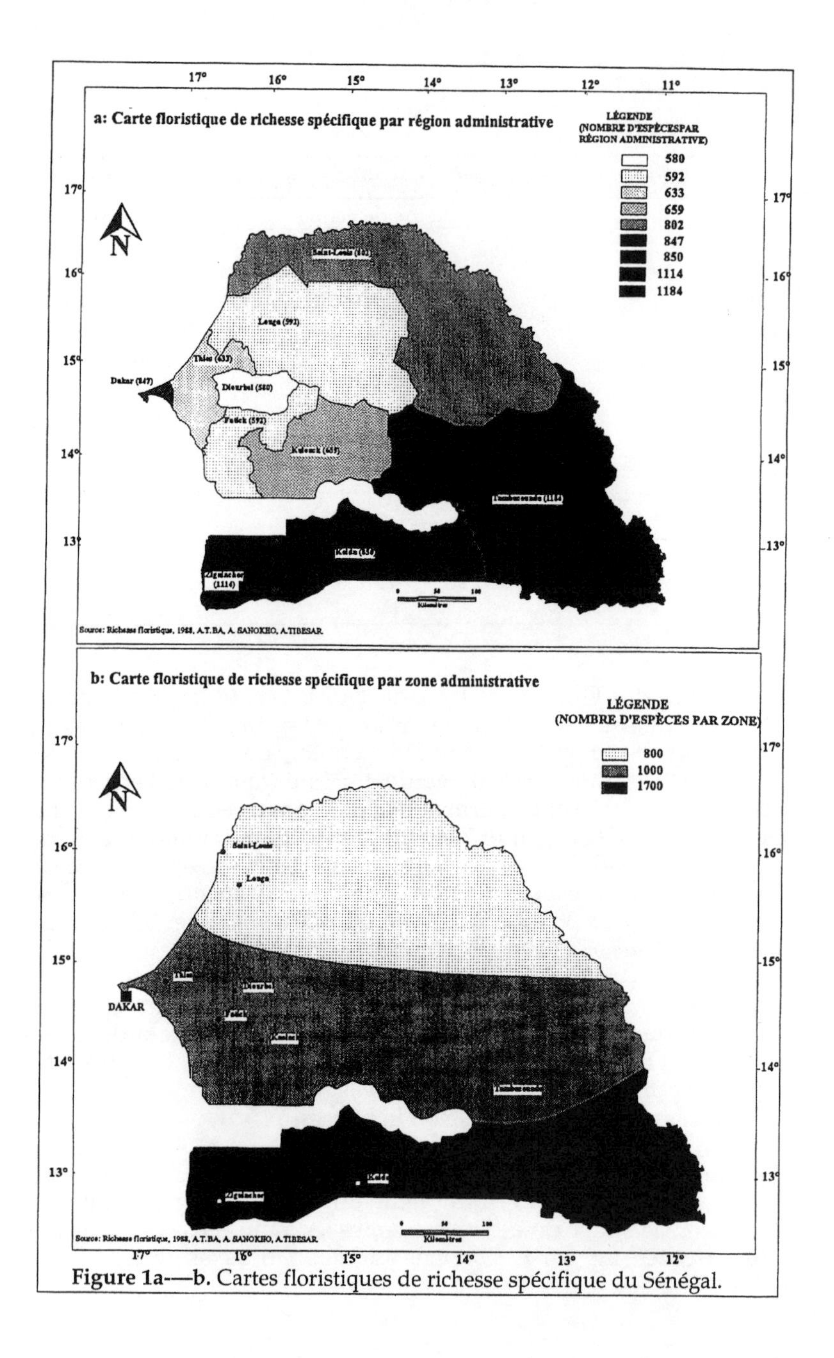

Figure 1a—b. Cartes floristiques de richesse spécifique du Sénégal.

méridionales sont les plus riches (fig. 1a). Les régions administratives de Saint-Louis et Dakar présentent une richesse relativement élevée par rapport à leur superficie (Dakar) et leur position géographique (Saint-Louis). Ces particularités s'expliqueraient par l'influence favorable de la mer pour Dakar et du fleuve Sénégal pour Saint-Louis. Pour toutes les régions administratives (fig. 1a) ainsi que pour la carte de richesse moyenne par zone écologique (fig. 1b), les chiffres mentionnés sont des moyennes calculées qui cachent parfois des disparités importantes entre certaines zones bien arrosées et peu habitées comme le Parc National du Niokolo-Koba (avec 1500 espèces sur 10,000 km^2) et des zones comme le bassin arachidier (Centre Ouest du pays) qui ont subi et subissent encore une très forte pression démographique.

LES ESPÈCES ENDÉMIQUES

Selon les auteurs, le nombre d'espèces endémiques est variable. Il serait de 26 selon Brenan (1978) et 31 selon UICN (1991). Les listes données par les deux sources ne se recoupent pas et la synthèse est la suivante: *Abutilon macropodum, Acalypha senegalensis, Alectra basserei, Andropogon gambiensis, Berhautia senegalensis, Ceropegia practermissa, Ceropegia senegalensis, Cissus gambiana, Cissus oukoutensis, Crotalaria sphaerocarpa, Combretum trochainii, Cyperus latericus, Digitaria aristulata, Eriocaulon inundatum, Ficus dicranostyla, Ilysanthes congesta, Indigofera leptoclada, Laurembergia villosa, Lipocarpa prieuriana, Naias affinis, Nesaca dodecandra, Polycarpaea gamopetala, P. linearifolia, P. prostatum, Rhynchosia albiflora, Salicornia senegalensis, S. praecox, Scirpus grandicuspis, Solanum ceraxiferum, Spermacoce phyllocephala, S. galeopsidis, Urginea salmonea, Vernonia bambilorensis.*

Il faut noter la prédominance des espèces herbacées et l'absence d'essences forestières typiques. En outre, *Berhautia* est le seul genre endémique du Sénégal.

Pour l'essentiel, ces espèces se rencontrent soit dans la partie Sud humide du Sénégal où dans des biotopes humides ("Niayes" ou bas-fonds à inondation permanente ou temporaire).

Elles sont menacées pour une part à cause de leur dépendance d'un habitat humide dans un contexte de sécheresse. Elles doivent faire l'objet de plus d'attention et une véritable stratégie pour leur conservation devrait être développée puisque selon Clayton et Hepper (1974) le Sénégal et le Mali apparaissent comme étant le centre d'endémisme pour les herbacées ouest africaines.

LES ESPÈCES MENACÉES

Deux (2) catégories d'espèces menacées sont à distinguer: les espèces rares menacées à cause de leurs biotopes qui sont perturbés et dont la survie est de plus en plus difficile à cause de la dégradation du climat et les activités humaines; les espèces menacées parce que surexploitées pour des raisons souvent économiques.

L'UICN mentionne 28 espèces rares menacées (réparties dans 19 familles) parmi lesquelles au moins deux espèces ne peuvent plus être considérées comme rares (*Polycarpaea linearifolia, Berhautia senegalensis*) alors qu'une troisième (*Striga bilabiata*) devrait être considérée comme incertaine au Sénégal.

Les espèces surexploitées pour leur bois (B) ou leur fruit (F) et parfois pour les deux sont: *Pterocarpus erinaceus* (B), *Saba senegalensis* (F), *Bombax costatum* (B), *Landolphia heudelotii* (F), *Borassus aethiopium* (B), *Parkia biglobosa* (F), *Oxytenanthera abyssinica* (B), *Adansonia digitata* (F), *Raphia sudanica* (B), *Acacia albida* (F), *Cordyla pinnata* (B+F), *Khaya senegalensis* (B+L). Les prélèvements effectués dépassent largement le rythme et les capacités de régénération. Dans le cas particulier de *Khaya senegalensis,* en plus de la surexploitation de son bois, sa régénération est compromise par un Lépidoptère (L) *(Hypsipyla robusta)* qui attaque les jeunes pousses.

LES TYPES DE VÉGÉTATION

Les formations végétales typiques du Sénégal sont des steppes, des savanes, des forêts claires et des forêts denses sèches. Cet aperçu situe le contexte biotique de la flore, objet de l'étude.

Les steppes couvrent le tiers Nord du pays et sont constituées par un tapis discontinu d'herbacées dominées par *Borreria verticillata, Indigofera oblongifolia, Chloris prieurii, Schoenofeldia gracilis.* Elles sont parsemées d'épineux comme *Acacia raddiana, A. senegal, A. seyal, Balanites aegyptiaca.*

La zone de savane va jusqu'à la Gambie et couvre le tiers centre du territoire. On distingue des savanes boisées caractérisées par

Sterculia setigera, Lannea acida, Sclerocarya birrea, Parkia biglobosa au Sud de la zone, et des savanes arborées et arbustives caractérisées par *Cordyla pinnata, Ficus gnaphalocarpa, Diospyros mespiliformis, Dichrostachys glomerata, Acacia macrostachya, Combretum sp., Ziziphus mauritiana, Sclerocarya birrea, Parinari macrophylla* au Nord de la zone.

La zone de forêt se rencontre dans la partie Sud du pays. On retrouve des forêts claires caractérisées par *Pterocarpus erinaceus, Khaya senegalensis, Daniellia oliveri, Ceiba pentandra, Terminalia macroptera* en Haute et Moyenne Casamance, des forêts galeries et des forêts denses sèches à *Erythrophleum guineense, Detarium senegalense, Malacantha aulnifolia, Parina excelsa, Pentaclethra macrophyla, Raphia sudanica, Carapa procera* à l'extrême Sud-Ouest du pays.

La mangrove est développée dans toutes les zones estuariennes. Elle est en régression et est essentiellement composée de *Rhizophora, Avicennia* et *Connocarpus.*

Une végétation spécifique se rencontre dans les mares temporaires et permanentes avec des espèces caractéristiques parfois très utiles (*Typha australis, Phragmites vulgaris et Nymphea sp.*) mais parfois envahissantes ou nuisibles (*Pistia stratiodes, Eichornia crassipes, Potamogeton spp.*) surtout dans les mares permanentes et les lacs (Lac de Guiers).

3.2. LES PLANTES NON VASCULAIRES

Toutes les cryptogames non vasculaires sont mal connues en Afrique en général et au Sénégal en particulier.

3.2.1. Les virus

A cause de leur taille microscopique ne pouvant être observée qu'au microscope électronique, ils n'ont pas été bien étudiés. Seuls les virus responsables de maladies (pathogènes) ayant une incidence économique ont fait l'objet d'une attention particulière (virus de l'hépatite et du SIDA). Quelques maladies dues à des virus ont été signalées sur des plantes cultivées comme l'arachide, la tomate et la patate. Les études à réaliser sur un inventaire plus approfondi devraient servir à identifier les plus dangereux pour la santé humaine et l'économie.

3.2.2. Les bactéries
Ce sont les bactéries pathogènes ou utiles (fixatrices d'azote) qui sont les plus étudiées et les plus connues. D'importantes collections existent et d'autres sont en cours.

3.2.3. Les Cyanophycées
Elles ne sont pas bien connues malgré leur utilité (fixation biologique de l'azote). Des travaux d'inventaire systématique devraient être envisagés.

3.2.4. Les algues
Elles sont très abondantes sur les côtes et ont fait l'objet d'un début d'inventaire qui indique 133 genres et environ 400 espèces (Dangeard, 1952). Relativement bien connues, la biologie et l'écologie de certaines méritent d'être mieux étudiées pour rationaliser leur exploitation économique déjà largement en cours.

3.2.5. Les champignons
Avec moins de 200 espèces recencées, ils constituent le groupe le moins connu. Seuls les champignons parasites de l'homme, d'animaux ou de plantes ont été étudiés. Beaucoup d'autres espèces existent, qui sont même comestibles pour certaines, mais n'ont jamais été étudiées. Il doit être envisagé un programme national de collecte de champignons supérieurs pour compléter l'inventaire entamé avec les espèces pathogènes.

3.2.6. Les lichens
Ils n'ont pas été étudiés ni inventoriés. C'est un groupe où tout est à faire.

3.2.7. Les bryophytes
Malgré leur intérêt au plan écologique, ils n'ont pas été étudiés. Evidemment comme pour le continent africain tout entier, le Sénégal est pauvre en bryophytes. Cette pauvreté devrait être un argument pour identifier et recenser les quelques espèces qui sont rencontrées dans le Sud du Sénégal notamment. Mousses et hépatiques ont été mieux étudiées en Afrique australe qu'en Afrique occidentale ou centrale où les travaux sont rares. Les quelques informations qui existent pour le Gabon, le Rwanda et le Burundi sont de Vanden Berghen. Celles sur la Côte d'Ivoire sont de Aké Assi.

3.2.8. Les ptéridophytes
Ce sont des plantes vasculaires cryptogames relativement bien représentées dans le Sud du Sénégal où elles ne constituent toutefois pas des populations distinguées. Un inventaire systématique doit être réalisé pour assurer la protection et la conservation de certaines espèces sensibles en voie de disparition.

4. Discussions et conclusion
La flore du Sénégal a été étudiée depuis le milieu du 18ème siècle avec Michel Adanson (1749-1754). La flore illustrée de Bérhaut (1971—1988) est une sorte de synthèse illustrée de nombreux travaux dont un de l'auteur lui-même (Bérhaut, 1967) qui constitue une pièce maîtresse.

La Flore du Sénégal est dominée par 6 familles: Graminées, Papilionacées, Cyperacées, Rubiacées Composées et Euphorbiacées. Ces familles sont représentées par des herbes surtout. C'est ainsi que les Graminées et les Cyperacées totalisent 473 espèces (environ 22 % du nombre total d'espèces rencontrées au Sénégal), soit près du quart. Les autres familles dominantes, même quand ce sont des Dicotylédones, sont surtout illustrées par des taxa herbacés. La famille des Papilionacées par exemple est essentiellement représentée par des herbacées. En effet, elle compte 58 genres dont les plus importants sont: *Indigofera* (44 espèces), *Crotalaria* (33 espèces), *Vigna, Desmodium* et *Dalbergia* (environ 15 espèces chacun). Les Rubiacées possèdent 45 genres dont les plus nombreux sont aussi des herbacées *(Borreria, Oldenlandia).* Les Composées avec 56 genres sont surtout représentées par les espèces des genres *Vernonia, Aspilia* et *Blumea.* Enfin, les Euphorbiacées sont représenées par 31 genres dont les plus importants sont les genres *Euphorbia* (20 espèces) et *Phyllanthus* (13 espèces) qui sont surtout des herbacées.

La flore phanérogamique du Sénégal est donc caractérisée par des espèces herbacées qui doivent constituer plus de 50 % de la flore. Ces herbacées sont généralement annuelles, ce qui leur permet de s'adapter aux conditions mésologiques sans cesse changeantes.

Ainsi, Brenan (1978) parlant de la végétation de l'Afrique la décrit comme constituée de "relics of forests disappearing in a sea of grass". Il note que la flore africaine montre les signes évidents de changements climatiques gigantesques et destructeurs ayant marqué son passé.

Il est évident que l'importance spécifique des herbacées n'implique pas automatiquement leur abondance au point d'imprimer aux paysages leur physionomie. Cependant, force est de constater que la savane et la steppe sont globalement les formations végétales dominantes au Sénégal. Une question qui découle de cette situation est pourquoi ce nombre relativement élevé d'espèces de graminées. Faut-il comprendre cette donnée comme la conséquence d'un processus de désertification en cours qui exposerait dans les savanes et steppes nouvellement mises en place des espèces en équilibbre dynamique évoluant vers des formations paucispécifiques climaciques plus stables ?

L'analyse des données des flores des pays du Sahel est ici importante pour autant qu'il faut considérer qu'elle constitue un élément de stratégie pour la gestion et la conservation de la biodiversité.

Du point de vue de la diversité biologique, le Sénégal paraît favorisé par sa situation géographique comme mentionné plus haut. C'est ainsi qu'une comparaison de la densité spécifique (nombre moyen d'espèces par 10.000 km^2) avec celle de pays voisins ou à flore comparable fait apparaître cet avantage (tab.4). Les chiffres utilisés pour la comparaison ne sont pas toujours actuels; en particulier, la taille de la flore guinéenne telle qu'elle ressort dans la littérature est manifestement sous-estimée.

Tableau 4. Comparaison de la densité spécifique de quelques pays ouest-africains.

Pays	Superficie en km^2	Taille de la Flore en espèces	Densité spécifique Nombre d'espèces/10.000 km^2
Gambie	11.295	530	470
Guinée-Bissau	36.125	1000	277
Sierra Léone	72.278	2000	276
Libéria	111.370	2000	180
Sénégal	196.722	2400	121
Guinée Conakry	245.855	2000	81
Burkina Faso	274.122	1.100	40
Mali	1.240.192	1600	12
Mauritanie	1.030.700	1.100	10
Niger	1.267.000	1.178	9

Il reste cependant qu'au delà et à côté de cette flore ligneuse, il existe une importante flore cryptogamique dont le recensement est à peine entamé. Pour certains taxa, cette "autre flore" présente un enjeu et un intérêt parfois très important pour le pays, aussi bien au plan de la biodiversité qu'au plan économique. Si l'inventaire des lichens présente un intérêt scientifique certain, celui des bactéries (fixatrices d'azote en particulier) et des champignons (non pathogènes et comestibles) par exemple constitue un objectif économique réalisable.

Les très bonnes dispositions manifestées par les autorités gouvernementales et techniques pour l'étude de la biodiversité sont des indicateurs qui autorisent des espoirs quant au développement d'une stratégie pour la gestion rationnelle et la conservation de la biodiversité au Sénégal. Le projet danois exécuté avec l'université de AARHUS en tout cas a permis de constituer un cadre et les bases d'un inventaire. La toute nouvelle Convention sur la diversité biologique devrait donner un souffle nouveau à ce cadre.

Références bibliographiques

Bérhaut, J. 1967. Flore du Sénégal, 2ème édition. Edition Clairafrique, Dakar, 485 p.

Brenan, J. P. M. 1978. Some aspects of the phytogeography of tropical Africa. Ann. Missouri Bot. Gard. 65: 437—478.

Campbell, D. G. & H. D. Hammond. 1989. Floristic inventory of tropical countries: The status of plant systematics, collections, and vegetation, plus recommendations for the future. New York Botanical Garden Bronx, New York 10458 - U.S.A., 1989.

Clayton, W. D. & F. N. Hepper. 1974. Computer-aided chorology of West African grasses. Kew Bull. 31: 273—288.

Dangeard, 1952. Algues de la presqu'île du Cap Vert (DAKAR) et ses environs. Le botaniste 36 : 195—329.

DAT/USAID - RSI, 1986. Cartographie et Télédétection des ressources de la République du Sénégal. Rapport final 653 p. + Cartes H.T.

Lebrun, J. P. 1973. Enumération des plantes vasculaires du Sénégal. Etude Botanique N°2., I.E.M.V.T., 10, rue Pierre Curie 94700 Maison Alfort Val-De- Marne, France.

Prévost, Y. 1993. Sénégal: document de stratégie environnementale. Département Sahel - Banque Mondiale. Bureau Régional Afrique 59 p.

Raynal, A. et J. Raynal. 1968. Contribution à la connaissance de la flore sénégalaise. Adansonia, ser. 2, 7: 301—381.

Sambou, B. et al. 1995. Floristic composition and human impact on the "classified forests" of the Soudanian region of Senegal. Symposium on Community ecology and conservation Biology. August 15—18, 1994. Bern (Switzerland).

Vanden Berghen, C. 1979. La végétation des sables maritimes de la Basse Casamance méridionale (SENEGAL). Bull. Jard. Bot. Nat. Belg. I. Bull. Nat. Plantentuin Belg. 49 (3/4): 185—238.

WCMC, 1991. Guide de la Diversité Biologique du Sénégal. Cambridge RU, CEE/GEMS 20 p. + 1 carte couleur H.T.

LA FLORE DU BURKINA FASO

Sita GUINKO et Mamounata BÉLEM OUÉDRAOGO

Résumé

Guinko, S. et M. Bélem Ouédraogo. 1998. La flore du Burkina Faso. *AAU Reports* **39**: 43—65. — La présente étude consiste en une compilation bibliographique de travaux qui ont porté principalement sur la flore et la végétation du Burkina Faso (Guinko, 1984) et sur la carte de la végétation et de l'occupation du sol du Burkina Faso (Fontes et Guinko, 1995). A partir des caractéristiques du climat, de la flore et de la végétation, le territoire du Burkina Faso est subdivisé en deux domaines phytogéographiques (sahélien et soudanien) et quatre secteurs (sahélien strict, subsahélien, soudanien septentrional, soudanien méridional). Le point effectué par Guinko en 1984 indique que la flore burkinabè compte 1054 espèces (spontanées et cultivées) appartenant à 510 genres et 123 familles. La flore cultivée (92 espèces) est nettement dominée par les espèces introduites qui représentent 88%. Quelques particularités de la flore sont également abordées dans ce travail. Il s'agit de la flore mellifère (159 espéces), de la flore fourragère (212 espèces) et des ressources ligneuses (188 espèces). Le traitement statistique des données relatives aux espèces ligneuses permet de définir 10 groupes floristiques répartis selon un gradient nord-sud. Le domaine soudanien regroupe 95% des ressources dont 65% sont dans le secteur sud-soudanien; le domaine sahélien est très peu fourni en ressources ligneuses (5%).

Mots clés: Burkina Faso - Territoires phytogéographiques - Flore - Espèces mellifères - Espèces fourragères - Ressources ligneuses.

Introduction

Le Burkina Faso, de par sa flore et sa végétation, appartient à la région phytogéographique soudano-zambézienne. Le climat, de type soudano-sahélien, est caratérisé par l'alternance de deux saisons fortement contrastées et d'inégale durée, l'une sèche (6 à 9 mois consécutifs) et l'autre pluvieuse (3 à 6 mois consécutifs). Les précipitations de l'ordre de 300 à 350 mm dans l'extrème nord, vont en s'accroissant vers le sud pour atteindre 1200 mm à 1400 mm dans l'extrème sud-ouest. Mais les vingt cinq dernières années ont été déficitaires par rapport à celles de la période antérieure. Cette sécheresse climatique persistante a entraîné dans la zone sahélienne surtout une mortalité massive d'arbres et d'arbustes et un appauvrissement de la zone en espèces soudaniennes.

La flore burkinabè, bien qu'elle ait fait l'objet d'inventaires effectués depuis l'époque coloniale, ne nous semble pas encore bien connue. Si nos connaissances sur les plantes terrestres sont importantes, elles sont par contre faibles pour les plantes aquatiques et pratiquement nulles pour les végétaux inférieurs (champignons, mousses, algues, fougères).

La présente étude fait le point sur l'état de nos connaissances actuelles sur la flore et la végétation du Burkina Faso. Elle consiste en une compilation bibliographique des travaux qui ont porté principalemnt sur la flore terrestre, la végétation et l'occupation du sol.

1. Méthodes d'étude

1.1. LES TERRITOIRES PHYTOGÉOGRAPHIQUES

Les territoires phytogéographiques du Burkina Faso ont été définis par Guinko, 1984 sur la base de la trilogie: climat, flore et végétation.

Des investigations physionomiques accompagnées de relevés floristiques ont été menées à travers tout le territoire burkinabè durant cinq cycles végétatifs, ce qui a permis de repérer et de localiser les différents types de végétation et les groupements végétaux constitutifs. Les types de végétation reconnus sont définis à partir de la nomenclature de Yangambi (Trochain, 1957).

Le découpage climatique du territoire burkinabè est essentiellement établi à l'aide des isohyètes et des durées de la saison sèche, ces dernières étant elles-mêmes appréciées à partir des définitions de la saison sèche données par Aubreville (1950) et Mangenot (1951).

1.2. LES PÂTURAGES

Toutes les études de pâturage ont consisté initialement en une prospection du terrain afin d'identifier les différents groupements végétaux. C'est à partir de cette identification que sont choisis les sites de prélèvement et d'observations, sur la base de leur homogénéité et de leur représentativité.

C'est la méthode des points quadrats qui a été retenue pour l'étude de la strate herbacée (Goodall, 1953; Daget et Poissonet, 1971, cités par Guinko et Zoungrana, 1989).

Elle consiste à recenser la présence des espèces à la verticale de points disposés régulièrement le long d'une ligne matérialisée par un ruban métrique.

L'inventaire des ligneux s'inspire du relevé phytosociologique sur des placettes généralement supérieures ou égales à 1/4 d'hectare.

L'observation des animaux au pâturage ainsi que des enquêtes auprès des bergers sont les moyens utilisés pour connaître les ligneux fourragers.

1.3. LES PLANTES MELLIFÈRES

L'étude des plantes mellifères (Guinko et al., 1987) est basée sur l'observation du butinage des abeilles. Les observations, faites à l'oeil nu et souvent à l'aide de jumelles, ont porté sur le repérage de la direction de vol des abeilles à partir de la ruche et sur le comportement de l'abeille pendant le butinage.

Pour la région Ouest du Burkina Faso, les périodes d'observation ont été les suivantes : matinée, de 5h 30 à 10h ; mi-journée, de 11h 30 à 14h 30 ; fin -journée de 16h 30 à 18h 30.

1.4. LES GROUPES ÉCOFLORISTIQUES ET LES RESSOURCES LIGNEUSES

Les groupes écofloristiques résultent d'un traitement statistique de données d'inventaires de ligneux (arbres, arbustes) réalisés sur des placeaux de 500 à 2000 m^2 distribués sur l'ensemble du pays de façon à prendre en compte la majorité des variations écologiques. Dans chaque placeau tous les individus ligneux de diamètre de tige supérieure à 2,5 cm sont renseignés d'après la hauteur totale, le diamètre de la tige principale et deux diamètres orthogonaux de la couronne libre.

Le traitement des paramètres dendrométriques selon la technique de division hiérarchique permet de regrouper les placeaux par affinité et par niveau d'homogénéité et de définir des groupes floristiques puis des groupes écofloristiques.

Les paramètres dendrométriques relevés, introduits dans des tarifs de cubage, permettent également d'évaluer le volume du bois sur pied sur chaque placeau et, partant celui de la formation considérée.

2. Résultats et discussions

2.1. DÉLIMITATION ET CARACTÉRISTIQUES CLIMATIQUES, FLORISTIQUES ET PHYSIONOMIQUES DES TERRITOIRES PHYTOGÉOGRAPHIQUES BURKINABÈ

Deux domaines dont la frontière est située aux environs du 13è parallèle nord ont été définis par Guinko (1984): il s'agit du domaine sahélien et du domaine soudanien (figure 1).

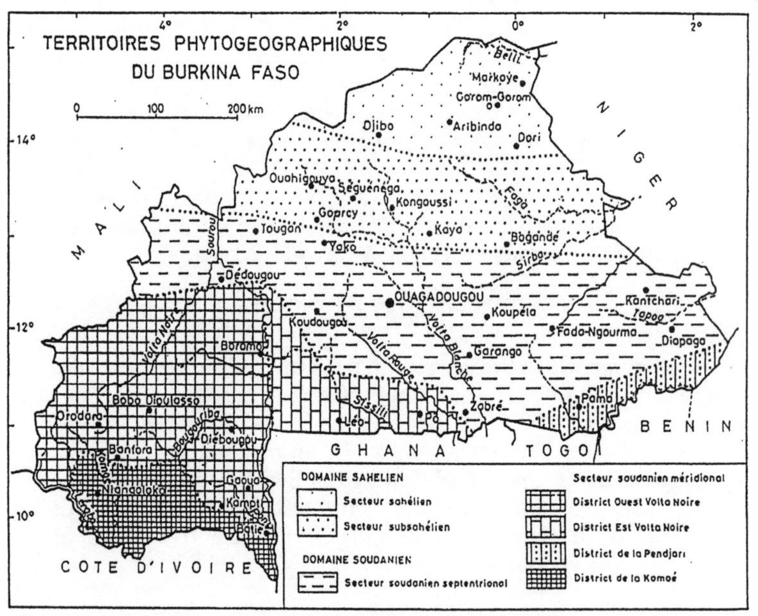

Figure 1. Territoires phytogéographiques du Burkina Faso.

2.1.1 Domaine phytogéographique sahélien

Le climat est de type sahélien. En année normale, les précipitations sont inférieures ou égales à 750 mm. La saison sèche dure 7 à 9 mois consécutifs.

Les formations végétales sont essentiellement des steppes arbustives pour la plupart, dominées par des épineux et soumises à une forte pression pastorale qui procède par émondage et rabattement des branches. La faible densité du couvert herbacé les met à l'abri des feux. L'analyse floristique permet de distinguer deux secteurs phytogéographiques: sahélien strict, subsahélien.

2.1.1.1. Secteur phytogéographique sahélien strict
Situé au nord du 14è parallèle dans le climat sahélien à pluviométrie inférieure à 600 mm, il est caractérisé par un lot d'espèces sahariennes et sahéliennes typiques qu'on rencontre très rarement ou faiblement dans les territoires méridionaux. Nous citerons, entre autres: *Acacia ehrenbergiana, Acacia nilotica var. tomentosa, Acacia raddiana, Aerva javanica, Andropogon gayanus var. tridentatus, Aristida funiculata, Aristida mutabilis, Aristida stipoides, Caralluma retrospiciens, Cenchrus prieurii, Chrozophora brocchiana, Chrozophora senegalensis, Cleome scaposa, Grewia tenax, Hyphaene thebaica, Jacquemontia tamnifolia, Leptadenia pyrotechnica, Maerua crassifolia, Salvadora persica, Tetrapogon cenchriformis.*

2.1.1.2. Secteur phytogéographique subsahélien
Situé entre les 13è et 14è parallèles nord, il correspond à la zone de climat subsahélien à pluviométrie de 600 à 750 mm et 7 à 8 mois secs. C'est la zone où interfèrent de nombreuses espèces sahéliennes et soudaniennes ubiquistes. Mais l'allure générale de la végétation est dominée par les éléments sahéliens et sahariens. Les espèces les plus caractéristiques de ce secteur sont: *Acacia laeta, Acacia nilotica var. adansonii, Acacia senegal, Aristida hordeacea, Bauhinia rufescens, Brachiaria xantholeuca, Capparis tomentosa, Caralluma dalzielii, Caralluma decaisneana, Cenchrus biflorus, Bergia suffruticosa, Boscia salicifolia, Boscia senegalensis, Dalbergia melanoxylon, Eragrostis elegantissima, Euphorbia balsamifera, Chloris lamproparia, Chloris prieurii, Commiphora africana, Grewia flavescens, Grewia villosa, Pterocarpus lucens.* Les espèces soudaniennes suivantes, très ubiquistes, sont particulièrement abondantes dans ce secteur: *Acacia macrostachya, Combretum glutinosum, Combretum micrathum, Combretum nigricans var. elliotii.* Elles participent à la formation des fourrés couramment appelés " brousses tigrées " en groupement avec *Pterocarpus lucens* et *Dalbergia melanoxylon.*

2.1.2. Domaine phytogéographique soudanien.
Il corespond aux zones de climat soudanien et subsoudanien. Les précipitations, croissant du nord au sud, vont de 750 mm à 1400 mm. La saison sèche dure de 4 à 7 mois.

La végétation est une savane comportant tous les sous-types, depuis la savane boisée et la forêt claire jusqu'à la savane herbeuse. Toutes ces savanes représentent des formations pseudo-climatiques imposées par le feu de brousse et la technique agricole. A proximité de nombreux villages, les bois sacrés, dominés souvent par *Anogeissus leiocarpus, Diospyros mespiliformis, Celtis integrifolia, Acacia pennata* et *Pterocarpus erinaceus* pourraient représenter les témoins d'anciennes formations qui s'étendaient autrefois sur la région. Les cours d'eau sont accompagnés de galeries forestières qui s'élargissent au fur et à mesure qu'on avance vers le sud.

La flore est nettement dominée par des éléments soudaniens. Mais on trouve dans la partie septentrionale un important contingent d'espèces sahéliennes dont la pénétration dans le sud s'accentue avec les défrichements. Deux secteurs phytogéographiques (soudanien septentrional et soudanien méridional) peuvent y être distingués sur la base de la répartition de l'espèce grégaire *Isoberlinia doka.*

2.1.2.1. Secteur phytogéographique soudanien septentrional
Il s'étend sur la zone à climat nord-soudanien; les précipitations vont de 750 mm à 1000 mm. La saison sèche dure 6 à 7 mois. Il correspond à la région du pays la plus intensément cultivée. Les savanes présentent partout l'allure de paysages agrestes dominés çà et là par de gros arbres trapus de 10 à 20 m de hauteur appartenant aux espèces protégées: *Acacia albida, Adansonia digitata, Vitellaria paradoxa subsp. parkii, Lannea microcarpa, Parkia biglobosa, Tamarindus indica.*

Les jachères récentes, les bords des sentiers et les sols fortement érodés sont colonisés par de nombreuses espèces sahéliennes dont *Cassia tora, Ctenium elegans, Cymbopogon schoenanthus subsp. proximus, Echinochloa colona, Sida cordifolia, Schoenefeldia gracilis, Ziziphus mauritiana.*

2.1.2.2. Secteur phytogéographique soudanien méridional

Il correspond à la zone de climat sud-soudanien à précipitation allant de 1000 à 1400 mm et avec 4 à 6 mois secs. Ce secteur est fondamentalement caractérisé par l'espèce arborescente *Isoberlinia doka* qui forme de vastes peuplements, parfois purs, dans la région ouest de la Volta Noire située au-dessous du 12è parallèle. Dans la région est de la Volta Noire on trouve également *Isoberlinia doka* mais sous forme de taches de peuplements ou de bosquets éparpillés dans des savanes boisées. Ces bosquets d'*Isoberlinia* représentaient sans doute les résidus d'anciens peuplements autrefois étendus; les plus beaux se rencontrent dans les forêts classées de Tissé, Tiogo, Laba, Sissili, Nazinga, de la mare aux hippopotames et dans les Parcs nationaux d'Arly et du " W " où on retrouve souvent les débris de poteries et de fétiches attestant une occupation de ces lieux par l'Homme au temps jadis. Les caractéristiques floristiques des nombreuses galeries forestières du secteur permettent de distinguer quatre districts phytogéographiques: Ouest Volta Noire, Est Volta Noire, Pendjari, Komoé.

2.1.2.2.1. Le district phytogéographique Ouest Volta Noire

Les cours d'eau à écoulement permanent sont bordés de larges galeries forestières constituées de forêts denses semi-décidues hautes de 30 à 40 m; on y retrouve de nombreuses espèces guinéennes dont les plus remarquables sont: *Antiaris africana, Antidesma venosum, Carapa procera, Chlorophora excelsa, Dialium guineense, Leea guineensis, Lecaniodiscus cupanioides, Monodora tenuifolia, Pandanus candelabrum, Rauwolfia vomitoria, Voacanga africana.*

2.1.2.2.2. Le district phytogéographique Est Volta Noire

Les cours d'eau de ce district sont à écoulement temporaire. Les galeries forestières sont alors pauvres en espèces guinéennes et assez riches en espèces soudaniennes telles *Acacia polyacantha subsp. campylacantha, Acacia sieberiana, Anogeissus leiocarpus, Daniellia oliveri, Diospyros mespiliformis, Khaya senegalensis, Kigelia africana*, etc. On n'y trouve que les espèces guinéennes ripicoles suivants: *Cola laurifolia, Elaeis guineensis, Manilkara multinervis, Pterocarpus santalinoides.*

2.1.2.2.3. Le district phytogéographique de la Pendjari

Il présente une originalité remarquable par le peuplement naturel de *Borassus aethiopum* (rônier) qu'on rencontre dans les galeries forestières de la rivière Pendjari et de ses affluents. Le rônier est souvent associé à *Anogeissus leiocarpus*, *Daniellia oliveri* et *Khaya senegalensis*. C'est la seule région du pays où le rônier semble se développer à l'état spontané sur les hauts sols alluvionnaires des plaines inondables. Des peuplements de rôniers existent à Banfora dans l'Ouest Volta Noire, mais ceux-ci sont installés et entretenus par l'Homme.

2.1.2.2.4. Le district phytogéographique de la Komoé
Zone la plus boisée du pays, elle constitue la région des forêts classées de Disa, Diéfoula, Boulon, Koflandé, Kongouko, Yendéré et Toumousséni installées dans le bassin de la rivière permanente "Komoé" dans le sud-ouest. Le climat est du type subsoudanien avec des précipitations de 1200 à 1400 mm et 4 à 5 mois secs. L'occupation des sols par les cultures est faible. Les galeries forestières sont constituées de forêts denses semi-décidues. Les sols draînés sont occupés par une forêt claire haute de 15 à 20 m, constituée principalement d'*Isoberlinia doka* et *Isoberlinia dalzielii*; on y trouve aussi, en plus des espèces soudaniennes, *Cussonia barteri*, *Lophira lanceolata*, *Monotes kerstingii*, etc.

2.2. ETAT ACTUEL DE LA FLORE DU BURKINA FASO
De nombreux inventaires botaniques ont été effectués sur la flore du Burkina Faso depuis l'époque coloniale jusqu'à nos jours. Citons des auteurs comme Aubreville (1950), Adjanohoun (1964), Aké Assi (1963), Guinko (1974, 1984, 1989, et al.; 1992), Bognounou (1969, 1972, 1975), Terrible (1975, 1978), etc. Le résultat de ces différents inventaires existe sous formes d'échantillons d'herbiers au niveau du pays (herbier national du CNRST, herbier du Département de Botanique de la Faculté des Sciences et Techniques de l'Université de Ouagadougou, contribution de divers services tels le Ministère de l'Environnement et du Tourisme, l'ORSTOM, certaines ONG disposant de collections d'échantillons végétaux). Le pays dispose d'un herbier national mais ce dernier n'est pas digne de ce nom car il lui manque une construction et une organisation de type herbier, ce qui n'enlève cependant pas au contenu son authenticité botanique. La flore du Burkina compte un peu plus d'un millier d'espèces qui se répartissent en deux sous-ensembles majeurs. L'un appartient à la flore sèche saharienne et sahélienne, l'autre à la flore soudanienne mésophile. Dans l'extrême sud-ouest du pays, des éléments de la flore humide guinéenne, nettement plus riche, apparaissent le long des principaux cours d'eau.

Le dépouillement de ces "flores" permet de recencer un total de cent trente (130) familles, cinq cent soixante dix-sept (577) genres et mille deux cent trois (1203) espèces à la dernière date d'inventaire sur le plan national (Boudet *et al.*, 1991). En 1984, Guinko recençait dans le cadre des travaux de sa thèse d'Etat, cent vingt-trois familles (123), cinq cent dix genres (510) et mille cinquante quatre 1054) espèces dont quatre-vingt douze (92) espèces cultivées. Il a abordé particulièrement l'étude de la flore mellifère et de la flore fourragère qui comportent respectivement cent cinquante neuf (159) et deux cent douze (212) espèces. Il a en outre recencé cent quatre vingt huit (188) espèces ligneuses ressources. Par une analyse du spectre biogéographique de la flore du Burkina, Guinko fait ressortir également un fort pourcentage d'espèces à distribution soudano-zambésienne, 62,4%, contre seulement 2,1% d'espèces à distribution guinéo-congolaise. Le fond floristique principal de la flore est donc constitué par des espèces soudano-zambésiennes. Les espèces guinéo-congolaises sont généralement confinées dans les forêts claires, les reliques boisées et les forêts galeries.

Les forêts galeries ont été inventoriées par plusieurs auteurs dont Bonkoungou (1984) dans la région de la Volta Noire (actuel Mouhoun) et Bélem (1991) à l'ouest du pays. Le premier a établi un spectre biogéographique de la flore avec une soixantaine d'espèces dont 63% d'espèces soudano-zambésiennes, 27% d'espèces guinéo-congolaises, 5% d'espèces pantropicales et 5% d'espèces à très large distribution.

La flore burkinabè a subi, sous l'action de l'Homme, de profondes modifications au cours de l'histoire. Une de ces modifications concerne l'introduction dans le pays de nombreuses espèces étrangères en vue d'accroître et améliorer les productions agricoles et forestières. L'autre concerne la domestication des plantes sauvages autochtones.

L'inventaire de la flore burkinabè cultivée indique 92 espèces (Guinko, 1986-1987). Cette flore cultivée est nettement dominée par les espèces introduites (81 espèces) qui représentent 88% du total. Les espèces autochtones (11 espèces) n'occupent que 12% du total. Il y a là incontestablement une action positive de l'Homme dans la transformation de l'environnement burkinabè par remaniement floristique. En effet, on constate que certaines espèces introduites comme *Azadirachta indica* et *Indigofera tinctoria*

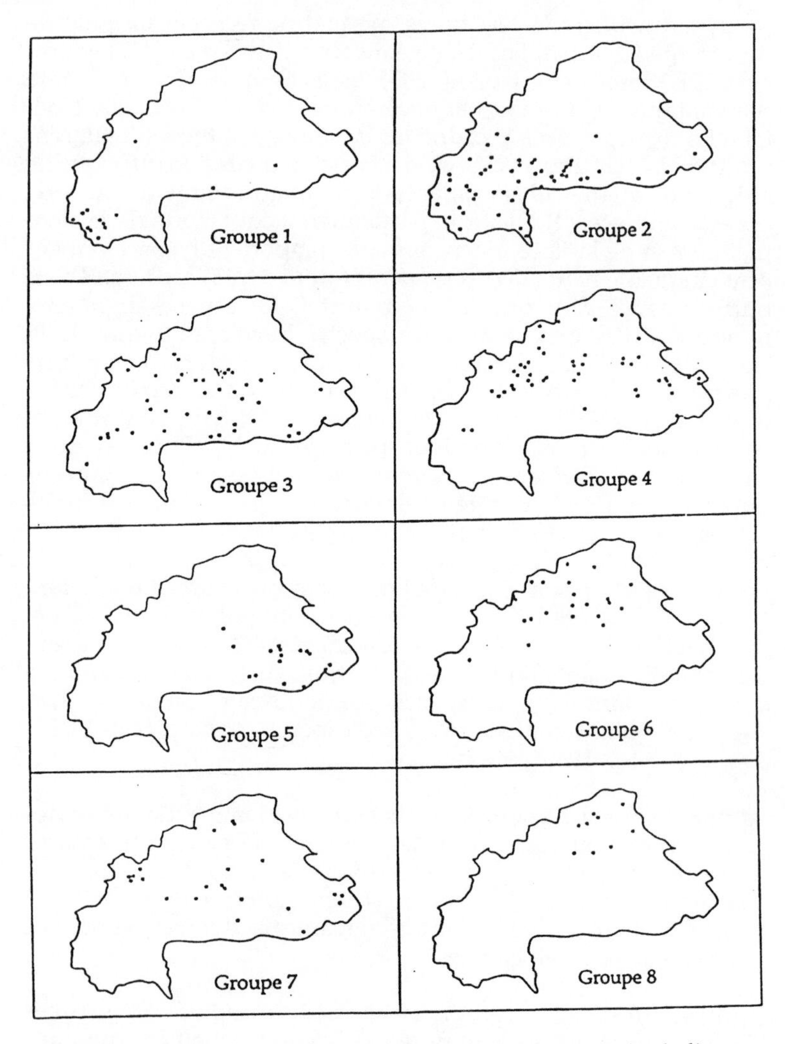

Figure 2. Spatialisation des groupes floristiques (chaque point indique un placeau).

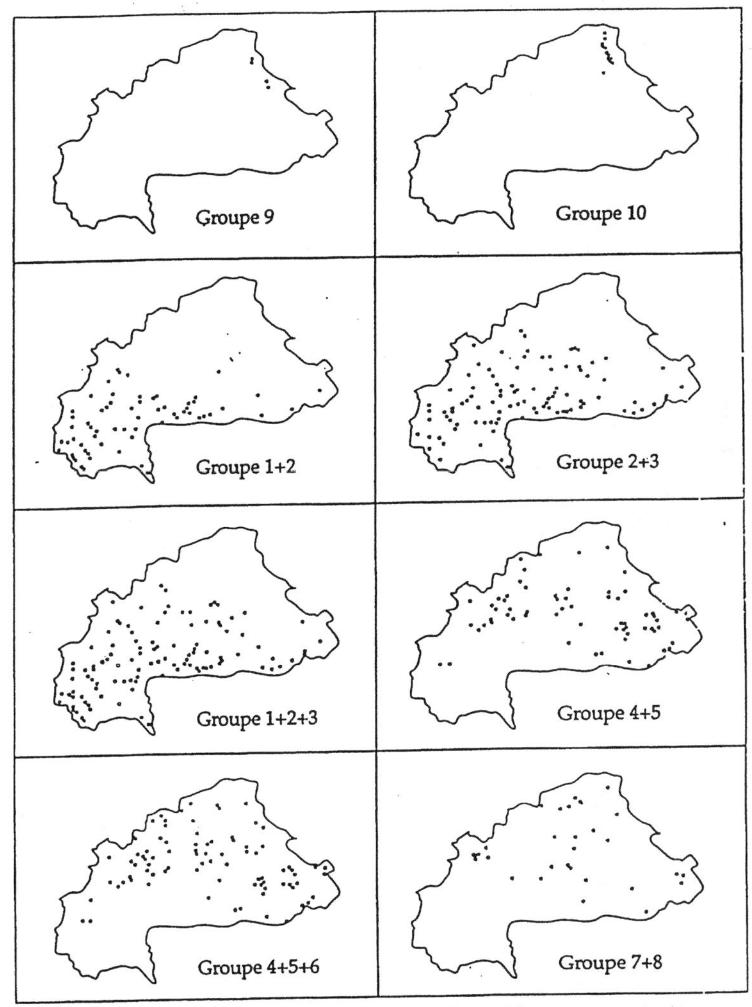

Figure 2b. Spatialisation des groupes floristiques (chaque point indique un placeau).

évoluent déjà vers la flore spontanée, ce qui contribue à l'accroissement du potentiel floristique naturel du pays.

Les espèces introduites dans le continent africain ont atteint le Burkina Faso par trois voies de pénétration: la voie arabe, du VIIIè au XIXè siècle, marquée par l'introduction de nombreuses espèces d'Asie (Moyen et Extrême Orient); la voie portugaise, du XVIè au XVIIè siècle, qui correspond à celle de l'esclavage ou du "commerce triangulaire" des Historiens, marquée principalement par l'introduction d'espèces issues d'Amérique tropicale; la voie coloniale française, du XVIIIè au XXè siècle, caractérisée surtout par l'introduction de plantes d'agrément, de reboisement et de légumes.

2.3. QUELQUES PARTICULARITÉS DE LA FLORE

2.3.1 Les groupes floristiques et écofloristiques

Dix groupes floristiques ont été définis selon un gradient écologique nord-sud (fig. 2a, 2b) à partir de la combinaison des données pluviométriques, édaphiques et des données de l'inventaire au sol (Fontes et Guinko, 1995). Ce gradient est mis en valeur dans la succession des groupes 1, 2, 3, 4, 6 et 8. Les transitions entre les groupes se remarquent à travers leur interprétation: le groupe 5 semble totalement inclus dans le groupe 3 et/ou 7. Le groupe combiné (1+2) peut être assimilé au secteur phytogéographique sud-soudanien. L'association des groupes (1+2+3+5) circonscrit l'ensemble du domaine phytogéographique soudanien dont on retrouve les grandes composantes floristiques. Les groupes 6, 8, 9 et 10 en association semblent cerner le domaine phytogéographique sahélien avec son cortège floristique classique.

La représentativité des espèces dans les dix groupes est donnée par le tableau 1. La figure 3 regroupant les mêmes données, retrace les grandes lignes d'un découpage écofloristique nouveau dans lequel chaque groupe statistique peut être assimilé à un groupe écofloristique. Ce découpage est au démeurant très proche de celui proposé par Guinko (1984).

Tableau 1. Représentativité des espèces dans les dix groupes écofloristiques

	01	02	03	04	05	06	07	08	09	10
Isoberlinia doka	3	•	r							
Combretum ghasalence	3	1	r	r		r	1			
Monotes kerstingii	2									
Burkea africana	•	3	•	•						
Detarium microcarpum	2	4	r	•			r			
Trichilia emetica		1								
Hymenocardia acida		1								
Ostryoderris stuhlmannii		2								
Pteleopsis suberosa	•	2								
Terminalia avicennioides	•	2	•	r			r			
Guiera senegalensis		r		2						
Acacia macrostachya		•	r	3	•	1	2			
Acacia gourmaensis		r	r	r	5		r			
Boscia angustifolia						1				
Combretum micranthum		r		•	•	4	•			
Pterocarpus lucens						3		1		
Anogeissus leiocarpus	•	r	1	1	1	2	5			
Acacia laeta		r	r	r		r	r	5		2
Acacia senegal				r		r			4	
Acacia raddiana										5
Afrormosia laxiflora	3	2		r						
Daniellia oliveri	2	2		r		r				
Parinari polyandra	1	1								
Prosopis africana	1	•								
Terminalia macroptera	3	2	1	r						
Entada africana	•	2	2	r			1			
Terminalia laxiflora		1	•							
Crossopteryx febrifuga		3	2	•	1		•			
Strychnos spinosa		2	2	•			•			
Gardenia erubescens	1	2	2	r	1		•			
Lannea acida	3	3	2	1	2		1			
Piliostigma thonningii	1	2	1	r	2		•			
Butyrospermum parkii	2	3	5	1	1		2			
Piliostigma reticulatum		r	•	2	2	r	1			
Combretum nigricans		1	r	3	3	4	1			
Acacia sieberiana	•		r	r						
Adansonia digitata	•			r						
Combretum crotonoides		•	r	r	1		r			
Heeria insignis		•		•						
Holarrhena floribunda		r		r			r			
Khaya senegalensis		•					•			
Sterculia setigera		1	1	•	•		1			
Stereospermum kunthianum		1	r	r	•		1			
Cassia singueana			r	r						
Diospyros mespiliformis		r	•	•	•		•			
Ximenia americana	1	r	r		1		1			
Combretum molle	•	1	•	r	2		•			
Tamarindus indica			r	r	•					
Boswellia dalzielii		•		•		r	1			
Grewia mollis		r	•	r	1	r	•			
Lannea microcarpa		•	2	2	•	•	2			
Sclerocarya birrea		r	1	•	1	r	2			
Acacia dudgeoni	•	2	2	•	2	1	3			
Dalbergia melanoxylon				r			•		•	
Feretia apodanthera			•	•	1	r	1	1		

Tableau 1, suite. Représentativité des espèces dans les dix groupes écofloristiques

	01	02	03	04	05	06	07	08	09	10
Ziziphus mucronata		r	r	r			•	1		
Acacia hookii		r	r	r	1	r	1			
Bombax costatum		•	r	•	1	•	r			
Boscia senegalensis						1				
Cassia sieberiana	•	•				•				
Dichrostachys glomerata		r	r	r			1	1		
Grewia bicolor		r	•	r		2	•	1		
Ziziphus mauritiana			r		1		r		•	
Pterocarpus erinaceus	2	2	r	1	•	1	2	2		•
Acacia seyal			r	•	1	r	1	4		1
Balanites aegyptiaca			r	1	•	1	3	3	3	2
Commiphora africana			r	r		1		1	1	
Nauclea latifolia	•	•								
Parinari curatellifolia	•	•								
Bridelia scleroneura		•	r	r						
Lannea velutina		r	r							
Gardenia ternifolia	•	1	•		•					
Lonchocarpus laxiflorus		•		r						
Securidaca longipedunculata		•			•					
Annona senegalensis	1	1	r	r	•	r	•			
Bridelia ferruginea		1	1		•		•			
Parkia biglobosa	1	r	1	r			r			
Maytenus senegalensis	2	2	1	•	1					
Combretum glutinosum		2	2	4	4	1	2		•	

Légende:
r = Espèce présente dans 0,0 à 5,0% des placeaux
• = Espèce présente dans 5,0 à 10,0% des placeaux
1 = Espèce présente dans 10,0 à 20,0% des placeaux
2 = Espèce présente dans 20,0 à 40,0% des placeaux
3 = Espèce présente dans 40,0 à 60,0% des placeaux
4 = Espèce présente dans 60,0 à 80,0% des placeaux
5 = Espèce présente dans 80,0 à 100% des placeaux

2.3.2 Les ressources ligneuses

Les ressources ou potentialités ligneuses sont constituées par 188 espèces ligneuses. Elles ont été appréciées à partir des tarifs de cubage et des surfaces cartographiques corrigées.

Le domaine soudanien regroupe 95% des ressources ligneuses dont 65% sont dans le secteur sud-soudanien.

Le domaine sahélien est très peu fourni en ressources ligneuses (5%).

Les potentialités en bois des secteurs phytogéographiques se présentent comme suit (tab. 2).

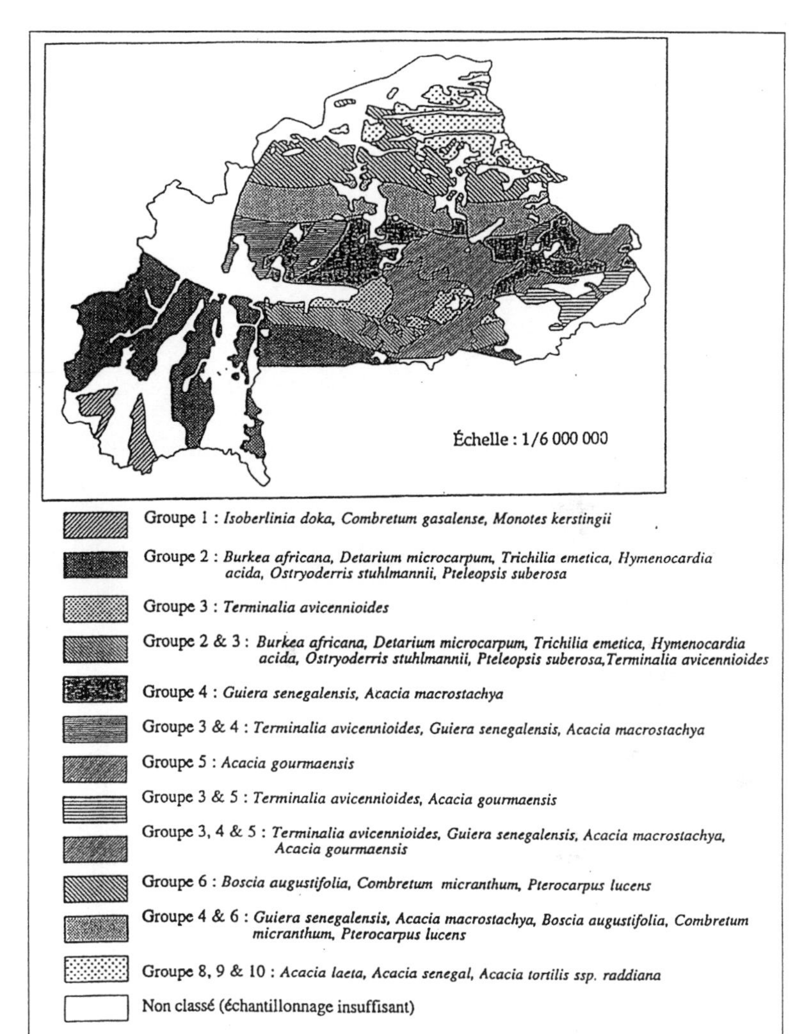

Figure 3. Groupes écofloristiques

Tableau 2. Potentialités en bois par secteur phytogéographique (en centaines de m^3 et en %).

Secteurs phytogéographiques	Potentialités faibles	Potentialités moyennes	Potentialités fortes	Totaux
Nord sahélien	7009 (4%)	5544 (1%)	416 (inf.1%)	12969 (inf.1%)
Sud sahélien	23824 (14%)	18392 (3%)	7300 (1%)	49516 (3%)
Nord soudanien	93636 (54%)	228706 (43%)	174972 (19%)	497314 (31%)
Sud soudanien	47332 (28%)	281390 (53%)	725888 (80%)	1054610 (65%)
Total	171801 (100%)	534031 (100%)	908575 (100%)	1614407 (100%)

2.3.3. La flore fourragère

La production de la végétation herbacée constitue l'essentiel des ressources fourragères dans les pâturages naturels, mais le taux d'utilisation diminue avec l'accroissement de la lignification des plantes (Van Soest, 1982, cité par Sawadogo, 1990).

Les résultats ci-après sont issus de travaux conduits de 1989 à 1990 dans la zone sahélienne et dans la zone soudanienne.

2.3.3.1. Les pâturages sahéliens

On distingue deux types de pâturages selon le caractère continu ou discontinu du tapis herbacé.

2.3.3.1.1. Végétation à tapis herbacé continu

• Pâturages des dunes

Il s'agit essentiellement des pâturages à *Cenchrus biflorus* (cram-cram) dominant avec sporadiquement quelques maigres touffes d'*Andropogon gayanus*. Ces touffes d'*Andropogon* qui apparaissent en année favorable et qui indiquent l'aire septentrionale de l'espèce au Burkina Faso, témoignent des conditions favorables qui existaient jadis dans la zone.

• Pâturages des terrasses basses alluviales, temporairement inondables

Ils occupent des zones planes plus ou moins vastes, à pente très faible et régulière. Le tapis herbacé dense mais plus bas que sur les dunes est dominé par *Eragrostis pilosa* et *Panicum laetum*. Il est plus développé que le précédent, avec des espèces comme *Chloris prieurii* et *Dactyloctenium aegyptium* dans la variante représentée par les bordures exondées mais temporairement mouillables des mares.

• Pâturages des ensablements
Ils se localisent dans les ensablements interdunaires, ou bien ils font la transition entre dunes et mares; les ligneux sont faiblement représentés tandis que le tapis herbacé, dense et continu, est parfois dominé par une seule espèce (*Eragrostis tremula*) ou par deux espèces (*Aristida mutabilis* et *Schoenefeldia gracilis*). Selon les éleveurs, ces zones constituent de bons pâturages de saison sèche.

• Pâturages de bas-fonds (cuvettes marécageuses et mares)
Ce sont des prairies aquatiques à inondation plus ou moins prolongée. Ces pâturages d'extension variable occupent presque toutes les mares du sahel: on y distingue plusieurs faciès correspondant à des ceintures de végétation; ces différents faciès sont progressivement accessibles au bétail avec le retrait de l'eau. De l'extérieur vers l'intérieur des mares (partie plus longtemps inondée), on a les faciès suivants: une ceinture à *Panicum laetum*, une ceinture à *Echinochloa colona* et *Scirpus jacobii*, une ceinture à *Oryza longistaminata* et une ceinture à *Echinochloa stagnina* et *Nymphaea micrantha*.

2.3.3.1.2. Végétation à tapis herbacé discontinu
• Pâturages des glacis
Ils occupent les plus grandes surfaces après les pâturages des dunes avec un recouvrement variable. *Schoenefeldia gracilis* domine dans la strate herbacée. La strate ligneuse est très ouverte, avec des individus épars de *Balanites aegyptiaca*, *Acacia raddiana*, *Acacia senegal* et *Acacia ehrenbergiana*.

• Pâturages des affleurements ferrugineux ou rocheux et des sols squelettiques rocheux
Ces pâturages assez maigres, situés surtout au niveau des piedmonts et des collines, sont souvent entièrement dénudés ou portent un tapis herbacé très clairsemé à *Schoenefeldia gracilis* et *Aristida funiculata*. Le développement de la végétation y est très irrégulier avec une strate ligneuse arbustive clairsemée à *Acacia senegal* et *Combretum micranthum*.

• Brousse tigrée
C'est une formation de fourrés parfois impénétrables, développée surtout à l'Ouest et au Nord-Ouest de la mare d'Oursi. C'est une variante difficilement pénétrable à *Pterocarpus lucens* et *Dalbergia melanoxylon* qui présente une physionomie désolante de souches mortes et de vestiges de hauts fourneaux, témoins d'un

peuplement ancien dense à *Pterocarpus lucens* et *Dalbergia melanoxylon*. Dans ces zones dégradées, on note l'expansion de *Caralluma retrospiciens*, espèce non appétée et reconnue toxique. Le tapis herbacé rare et formant localement de maigres touffes au pied des arbres vivants ou morts, l'intérêt pastoral ne peut être possible que dans les faciès non dégradés qui pourraient être utilisés par les chèvres.

2.3.3.1.3. Les champs de culture
Ils constituent également des aires de pâturage après la récolte. Selon Grouzis (1987), 90% des surfaces cultivées sont consacrées au petit mil, *Pennisetum americanum*, contre 10% de *Sorghum bicolor* qui a pris un essor depuis la sécheresse des années 1972-1973.

2.3.3.2. Les pâturages soudaniens
Le domaine soudanien comporte une végétation plus fournie que le domaine sahélien; par conséquent, la flore fourragère y est plus importante. Les pâturages sont de trois grands types: ceux de plateau, ceux de bas-fond et enfin ceux qui se situent dans une zone intermédiaire entre le bas-fond et le plateau. Les prairies et plaines inondables sont incluses dans les bas-fonds. Au nord du domaine soudanien, les pâturages constituent une zone de transition avec le sahel et le tapis graminéen est formé essentiellement d'espèces annuelles, mais de tempéramment plus mésophile que celle de la steppe. Les Andropogonées remplacent visiblement les *Aristida* dans cette zone de transition. La remarque générale dans ce domaine est que les pâturages sont en train de se dégrader sous l'effet du surpâturage et de la mauvaise pluviométrie. Ainsi, les espèces non appétées, délaissées, se mettent à coloniser les surfaces pâturées. La composition floristique des différents pâturages sahéliens et soudaniens est présentée dans le tableau 1.

2.3.3.3. Les ligneux fourragers
Les ligneux interviennent dans l'alimentation du bétail, comme véritables ressources de fourrages riches en protéines, en éléments minéraux et en vitamines (Toutain cité par Sawadogo, 1990). L'importance et le rôle des ligneux fourragers ont été largement démontrés par Le Houerou (1980) cité par Guinko et Zoungrana (1989). Selon cet auteur, l'importance et le rôle des ligneux fourragers sont proportionnels à la longueur de la saison sèche et inversement proportionnels à la pluviosité moyenne annuelle.

L'auteur note que toutefois, la définition d'un ligneux fourrager est souvent délicate pour des raisons tenant à la phénologie, à la saison, aux habitudes alimentaires des animaux, à la composition du troupeau, à leur physiologie, à la composition du pâturage offert, à la pression pastorale et à la disponibilité du ligneux considéré. Par ailleurs, il apparaît que l'utilisation des ligneux fourragers est limitée par le fait que les feuilles ne sont pas toujours accessibles et aussi par le fait qu'elles contiennent du tanin et de la cellulose.

2.3.3.4. La flore mellifère
Au cours d'un cycle annuel d'observations, 161 espèces mellifères ont été recensées à Ouagadougou et dans l'ouest du pays. En saison sèche, 77% des espèces mellifères sont constituées d'arbres et d'arbustes contre 23% d'herbacées, dont la plupart sont des espèces de jardin. En saison pluvieuse, 70% des espèces mellifères sont constiuées d'herbes, contre 30% d'arbres et arbustes. Ainsi, pendant la saison sèche, les produits de la ruche seraient constitués principalement de nutriments provenant de plantes ligneuses, tandis que pendant l'hivernage, ce sont les nutriments des plantes herbacées qui prédominent.

Dans l'ensemble des zones d'étude, l'étude de la disponibilité alimentaire permet de constater que toutes les espèces en fleurs ne sont pas butinées. Les périodes de disponibilité optimales en nutriments se situent entre Décembre et Février en saison sèche et entre Juillet et Septembre en saison pluvieuse. Les plantes dont les nutriments sont disponibles et intensément butinées pendant une longue période sont qualifiées de plantes à haute valeur mellifère. Les nutriments suivants sont prélevés par les abeilles sur les plantes mellifères: pollen (P), nectar (N), miellat (M), jus sucré (JS), résine (R).

Les plantes mellifères se répartissent comme suit: 36% fournissent du nectar (N); 25% du pollen (P); 29% du nectar et du pollen (NP); 3% fournissent du nectar, du pollen et de la résine (NPR). Les plantes qui fournissent exclusivement de la résine et du miellat sont en proportion négligeable.

Les observations menées dans l'ouest du Burkina Faso ont permis de dresser la liste des plantes mellifères ci-après: (tab. 3).

Tableau 3. Plantes mellifères de la région ouest du Burkina Faso.

Dicotyledoneae

Espèce	
Acanthaceae	
Lepidagathis anobrya	N
Monechma ciliatum	N
Nelsonia canescens	N
Aizoaceae (Ficoidaceae)	
Trianthema portulacastrum	P
Amaranthaceae	
Amaranthus spinosus	P
Celosia argentea	N
Celosia trigyna	NP
Pandiaka heudelotii	N
Pandiaka involucrata	N
Ampelidaceae	
Cissus adenocaulis	N
Cissus doeringii	N
Bignoniaceae	
Stereospermum kunthianum	N
Tecoma stans	N
Bombacaceae	
Bombax costatum	N
Ceiba pentandra	NPR
Borraginaceae	
Cordia myxa	NJS
Heliotropium strigosum	N
Caesalpiniaceae	
Afzelia africana	NP
Cassia mimosoides	P
Daniellia oliveri	N
Delonix regia	NP
Isoberlinia dalzielii	N
Tamarindus indica	N
Capparidaceae	
Cadaba farinosa	P
Cleome viscosa	P
Gynandropsis gynandra	P
Chrysobalanaceae	
Parinari curatellifolia	NP
Parinari polyandra	N
Cochlospermaceae	
Cochlospermum planchoni	P
Cochlospermum tinctorium	P
Combretaceae	
Anogeissus leiocarpus	N
Combretum glutinosum	NP
Combretum lamprocarpum	NP
Combretum molle	NP
Combretum paniculatum	NP
Guiera senegalensis	NPM
Terminalia laxiflora	NP
Terminalia macroptera	NP
Convolvulaceae	
Evolvulus alsinioides	P
Ipomoea asarifolia	NP
Anacardiaceae	
Anacardium occidentale	NJS
Heeria insignis	N
Lannea acida	N
Lannea microcarpa	NR
Mangifera indica	NPJSR
Sclerocarya birrea	NP
Annonaceae	
Annona senegalensis	JSR
Apocynaceae	
Baissea multiflora	N
Catharanthus roseus	N
Saba senegalensis	N
Asteraceae	
Aspilia rudis	P
Coreopsis barteri	NP
Cosmos sulphureus	P
Helianthus annuus	P
Herderia truncata	NP
Melanthera eliptica	P
Vernonia colorata	NP
Vernonia kotschyana	NP
Vernonia pauciflora	NP
Zinnia elegans	P
Cucurbitaceae	
Colocynthis vulgaris	JS
Euphorbiaceae	
Alchornea cordifolia	NP
Bridelia scleroneura	NP
Chrozophora brocchiana	N
Jatropha gossypifolia	N
Manihot esculenta	P
Manihot glaziovii	N
Securinega virosa	N
Flacourtiaceae	
Flacourtia flavescens	N
Lamiaceae	
Hoslundia opposita	N
Leucas martinicensis	N
Malvaceae	
Gossypium barbadense	NP
Hibiscus esculentus	N
Sida acuta	P
Sida rhombifolia	P
Urena lobata	N
Wissadula amplissima	P
Melastomataceae	
Dissotis elliotii	P
Meliaceae	
Khaya senegalensis	NP
Trichilia roka	NP
Mimosaceae	
Acacia albida	NP
Acacia dudgeoni	NP
Acacia macrostachya	NP
Acacia pennata	NP
Acacia sieberiana	NP
Dichrostachys cinerea	NP
Leucaena glauca	NP
Parkia biglobosa	NPR
Prosopis africana	NP

Tableau 3, suite. Plantes mellifères de la région ouest du Burkina Faso.

Myrtaceae		**Sapotaceae**	
Eucalyptus alba	NP	*Vitellaria paradoxa*	NPRJS
Eucalyptus camaldulensis	NP	**Sterculiaceae**	
Eucalyptus citriodora	NP	*Cola cordifolia*	NPR
Psidium guajava	JS	*Sterculia setigera*	P
Nyctaginaceae		*Waltheria indica*	P
Boerhavia diffusa	N	**Tiliaceae**	
Boerhavia erecta	N	*Corchorus olitorius*	P
Onagraceae		*Grewia cissoides*	P
Ludwigia abissynica	P	*Grewia lasiodiscus*	NP
Papilionaceae = Fabaceae		*Melochia corchorifolia*	P
Pericopsis laxiflora	N	*Triumfetta rhomboidea*	P
Cajanus cajan	NP	**Verbenaceae**	
Crotalaria macrocalyx	NP	*Gmelina arborea*	N
Lonchocarpus cyanescens	N	*Stachytarpheta angustifolia*	N
Xeroderris stuhlmannii	N	*Vitex doniana*	NP
Pterocarpus erinaceus	NPR	*Vitex simplicifolia*	N
Tephrosia pedicellata	P	**Zygophyllaceae**	
Vigna unguiculata	NR	*Tribulus terrestris*	P
Pedaliaceae			
Ceratotheca sesamoides	N	**Monocotyledoneae**	
Polygalaceae			
Securidaca longepedunculata	N	**Arecaceae**	
Polygonaceae		*Borassus aethiopum*	NPJS
Antigonum leptopus	NP	*Elaeis guineensis*	P
Portulacaceae		**Cannaceae**	
Portulaca grandiflora	P	*Canna indica*	NP
Talinum portulacifolium	P	**Commelinaceae**	
Rubiaceae		*Cyanotis lanata*	P
Borreria filifolia	P	*Cyanotis longifolia*	P
Borreria radiata	N	**Cyperaceae**	
Borreria scabra	N	*Cyperus esculentus*	P
Borreria stachydea	N	*Kyllinga erecta*	P
Borreria verticillata	N	**Poaceae**	
Canthium cornelia	NP	*Andropogon gayanus*	PJS
Crossopteryx febrifuga	N	*Brachiaria jubata*	P
Fadogia agrestis	N	*Ctenium elegans*	P
Mitracarpus scaber	N	*Saccharum officinarum*	JS
Rutaceae		*Sorghum bicolor*	PM
Citrus aurantifolia	NP	*Zea mays*	P
Citrus aurantium	NP	**Xyridaceae**	
Citrus nobilis	NP	*Xyris anceps*	N
Citrus paradisi	NP		
Fagara zanthoxyloides	NP		
Sapindaceae			
Allophyllus africanus	N		
Blighia sapida	NP		
Eriocoelum kerstingii	N		

Légende:
P = pollen N= nectar M = miellat
JS = jus sucré R = résine NUT = nutriments.

Conclusion

Les territoires phytogéographiques sont en relation étroite avec la pluviométrie, la flore, la végétation et le taux d'occupation des terres par l'Homme. La pluviométrie devenant de plus en plus faible et aléatoire en raison des perturbations climatiques et l'occupation des terres s'amplifiant avec la croissance démographique, il est certain que les limites de ces territoires subiront des modifications dans le temps dans le sens d'un élargissement du domaine sahélien au détriment du domaine soudanien. Les modifications de ces limites phytogéographiques pourraient servir à l'Homme burkinabè d'indicateurs de dégradation ou d'évolution de son environnement.

Références bibliographiques

Adjanohoun, E. 1964. Végétation des savanes et des rochers découverts en Côte d'Ivoire Centrale. Mémoires ORSTOM n°7, Paris, 178 p.

Aké Assi, L. 1963. Contribution à l'étude floristique de la Côte d'Ivoire et des territoires limitrophes. 1. Dicotylédones, 2. Monocotylédones. Enc. Biol.,LXI, Lechevalier, Paris VII 32, 321 p.

Aubreville, A. 1950. Flore Soudano-Guinéenne. A.O.F. Cameroun, A.E.F., Soc. éd. géo. mar. colon., Paris, 525 p.

Bélem, O. M. 1991. Etudes floristique et structurale des galeries forestières de la Réserve Biosphère de la Mare aux Hippopotames. Rapport projet RCS/IRBET, 90 p.

Bognounou, O. 1969. Bref aperçu historico-bibliographique concernant la recherche botanique en Haute-Volta. Notes et Documents Voltaïques 2(4) : 51—56.

Bognounou, O. 1972. Cartographie de la végétation en Afrique Intertropicale et son importance dans le cadre d'un aménagement du territoire. Rapport de stage/Service de la Carte de la Végétation du CNRS, Toulouse.

Bognounou, O. 1975. La végétation : Atlas Jeune Afrique sur la Haute-Volta. Editions Jeune Afrique, Paris (2è édition 1993).

Bognounou, O. 1994. Intérêt alimentaire et fourrager des Capparidaceae du Burkina Faso, phytogéograpgie tropicale : réalités et perspectives. Actes du Colloque International de Phytogéographie Tropicale en l'honneur du Prof. R. SCHELL, Paris. Journ. d'Agric. Trad. et de Bota. Appl., nounelle série, vol. XXXVI (1): 45—56.

Bonkoungou, E. G. 1984. Inventaire et analyse biogépgraphique de la flore des forêts galeries de la Volta Noire en Haute-Volta. Notes et Documents Voltaïques 15 (1—2) : 64—84.

Boudet, G., A. Gaston, & B. Toutain. 1991. Catalogue des plantes vasculaires du Burkina Faso. Ed. IEMVT/CIRAD, 341 p.

Fontes, J. & S. Guinko. 1995. Carte de la végétation et de l'occupation du sol, Burkina Faso. ICIV, UMR 9964 du CNRS/Univ. Paul Sabatier de Toulouse (France), IDR/FAST, Univ.de Ouagadougou avec la coll. de IRBET/CNRST, Ouagadougou et MET/ Ouagadougou.

Guinko, S. 1974. Contribution à l'étude des savanes marécageuses du bas Dahomet.Thèse de 3è cycle, Fac. Sciences, Univ. d'Abidjan, 142 p.

Guinko, S. 1984. La végétation de la Haute-Volta. Tome 1, Thèse de Doctorat Es Sciences Naturelles, Bordeaux III, 318 p.

Guinko, S. 1986. Contribution à l'étude de la végétation et de la flore du Burkina Faso (ex Haute - Volta). II. Action de l'Homme dans la transformation de la végétation par remaniement floristique. Bull. de l'IFAN, T46, sér. A, n° 3—4, pp. 274 —280.

Guinko, S. 1989. Contribution à l'étude de la végétation et de la flore du Burkina Faso (ex Haute-Volta) : les territoires phytogéographiques. Bul.de l'Inst. Fond. d'Afr. Noire, T. 46, série A, n°1—2.

Guinko, S. & S. Dilema. 1992. Etude des ressources forestières de la province du Zoundweogo. Rapport final, tome I. Projet du Développement Rural Intégré du Zoundweogo, 96 p.

Guinko, S., W. Guenda, Z. Tamini, & I. Zoungrana. 1992. Les plantes mellifères de la région ouest du Burkina Faso. Etudes flor. vég. Burkina Faso 1: 27—46, Frankfurt/ Ouagadougou.

Guinko, S., M. Sawadogo & W. Guenda. 1992. Etude des plantes mellifères de saison pluvieuse et de quelques aspects du comportements des abeilles dans la région de Ouagadougou, Burkina Faso. Etudes flor. vég. Burkina Faso 1: 47—56, Frankfurt/Ouagadougou.

Kaboré-Zoungrana, Y. C. 1995. Composition chimique et valeur nutritive des herbacées et ligneux des pâturages naturels soudaniens et des sous-produits du Burkina Faso. Thèse d'Etat, FAST/Université de Ouagadougou, 224 p.

Laclavere, G., O. Bognounou, G. Compaoré & Coll. 1994. Atlas du Burkina Faso. Les Atlas J.A., les éditions J.A., 54 p.

Terrible, M. 1975. Essai d'évaluation de la végétation ligneuse. Atlas de la Haute-Volta. CVRS, Ouagadougou, 72 p.

Terrible, M. 1978. Carte et notice provisoire de la végétation de la Haute-Volta au 1/1 000 000. Bobo-Dioulassa, 40 p.

DIVERSITE FLORISTIQUE ET CONSERVATION DE LA FORET GALERIE DE LA CASCADE DE DINDEFELLO, SUD-EST DU SÉNÉGAL

Assane GOUDIABY

Résumé
Goudiaby, A. 1998. Diversité floristique et conservation de la forêt galerie de la Cascade de Dindéfello, Sud-est du Sénégal. *AAU Reports* **39**: 67—74. En dépit des conditions écologiques plus favorables par rapport au nord du Sénégal, la végétation de la partie sud-est du pays ne cesse de se dégrader. La flore et la végétation des forêts galeries ne sont pas épargnées. La forêt galerie de Dindéfello (Sud-Est du pays) localisée au niveau d'une cascade permanente est sans doute l'une des plus pittoresques de cette région. Cette étude dont l'objet est la connaissance de la flore et de la végétation de cette forêt galerie a montré qu'elle fait partie des forêts qui présentent la diversité la plus importante en espèces ligneuses au Sénégal (128 espèces ligneuses de plus de 5 cm de diamètre). Les espèces les plus importantes sont *Carapa procera, Alchornea cordifolia, Combretum tomentosum, Pseudospondias microcarpa, Nauclea latifolia, Cola cordifolia*. La plupart de ces espèces qui connaissent des problèmes de régénération au Sénégal y présentent une bonne régénération naturelle. Les trois familles les plus importantes sont les Meliaceae, les Euphorbiaceae et les Anacardiaceae. Cette forêt galerie présente cependant des signes de dégradation. Des actions anthropiques et des facteurs naturels semblent être responsables de la dégradation de la flore et la végétation du site.

Mots clés: Cascade - Flore - Forêt galerie - Sénégal - Végétation.

Introduction

Au Sénégal, la partie méridionale abrite une végétation relativement dense et une composition floristique assez diversifiée. Cette partie du pays essentiellement couverte par des savanes arborées à boisées et des forêts claires (Adam, 1966) présente aussi des forêts denses sèches à l'extrème sud-ouest (Aubréville, 1950). Les savanes, plus fréquentes sur les zones de plateau, sont souvent sillonnées par des forêts galeries situées au niveau des vallées. Certaines de ces forêts galeries sont encore relativement bien conservées aux plans de la physionomie, de la structure, de la composition floristique et de la densité. L'une des plus grandes et des plus diversifiées de ces galeries forestières est située dans le Département de Kédougou (Sud-Est du pays), près du village de Dindéfello.

En dépit des conditions écologiques moins sévères par rapport à la partie nord du pays, les formations forestières du sud se sont dégradées du fait de facteurs anthropiques mais aussi naturels.

La forêt galerie de Dindéfello est utilisée par les populations locales et fréquentée par de nombreux visiteurs qui ne sont pas toujours bien avertis de l'importance du site au plan de la biodiversité. L'objet de cette étude est de connaître la diversité floristique de cette forêt galerie en vue de sa conservation.

1. Présentation de la zone d'étude

La forêt galerie de Dindéfello est située dans une région qui reçoit en moyenne 1100 mm de pluies par an. Elle sillonne deux plateaux d'altitude différente qui appartiennent aux contreforts du massif du Foutah Djallon. Ces plateaux sont séparés par une falaise d'environ 100 mètres au niveau de laquelle l'eau d'un ruisseau permanent prenant sa source sur le plateau le plus élevé tombe en cascade. La pulvérisation d'une partie de l'eau en fines gouttelettes au cours de sa chute crée des embruns et humidifie l'air. Cette humidification engendre un microclimat humide très favorable au développement d'une végétation dense, diversifiée et caractérisée par l'abondance de fougères et la présence d'espèces à affinité guinéenne. Des espèces rares au Sénégal y sont présentes, du fait des conditions écologiques particulières.

2. Méthodologie

La méthodologie adoptée repose sur un inventaire floristique des espèces ligneuses effectué dans deux parcelles d'un hectare chacune. L'une des parcelles est localisée dans la portion de la forêt galerie située en amont de la cascade (410 mètres d'altitude) et l'autre dans la partie située en aval de celle-ci (150 mètres d'altitude).

Du fait de la configuration de la galerie forestière (forme allongée et étroitesse), les parcelles ont la forme d'un rectangle de 500 mètres de long sur 20 mètres de large de façon à épouser les contours de la vallée. Ces parcelles sont subdivisées en 100 sous-parcelles de 10 m x 10 m.

Deux paramètres ont été mesurés sur les arbres, les arbustes et les lianes dont le diamètre est supérieur ou égal à 5 cm: le diamètre à 1,30 mètre du sol et la hauteur ou la longueur. Les individus dont le diamètre est inférieur à 5 cm ont été comptés et leur hauteur notée.

3. Résultats et discussions

3.1. LA FLORE

L'inventaire réalisé en 1993—1994 a permis de recenser, dans le fond de la vallée, 128 espèces ligneuses d'un diamètre supérieur ou égal à 5 cm. Parmi ces espèces, 108 sont arborées ou arbustives et 20 lianescentes.

La flore du fond de la vallée est caractérisée par la prédominance d'espèces à affinité guinéenne comme *Combretum tomentosum, Alchornea cordifolia, Carapa procera, Lecaniodiscus cupanioides, Spondias mombin, Sorindeia juglandifolia, Pentaclethra macrophylla, Pseudospondias microcarpa.*

Les trouées du fond de la vallée et les versants de celle-ci sont occupés par des espèces soudaniennes qui sont cependant faiblement représentées; il s'agit de *Grewia flavescens, Combretum micranthum, Combretum nigricans, Cassia sieberiana, Khaya senegalensis.*

Des collectes d'échantillons de plantes (Lawesson, 1991) ont permis de mettre en évidence la présence de 8 espèces de fougères: *Adianthum philipense, Adianthum schweinfurtii, Bolbitis achrostichoides, Bolbitis heudelotii, Dryopteris gongylodes, Pteris linearis, Trichomanes mannii, Isoetes schweinfurtii.* Ces espèces colonisent les parois de la falaise.

Certaines espèces retrouvées dans cette galerie forestière n'avaient pas été signalées au Sénégal. D'autres comme *Paristolochia goldiana, Peucedanum fraxinifolium* et *Euphorbia poissoni* sont rares. Cette dernière se retrouve dans la même zone que *Afzelia africana* (partie supérieure des pentes de la vallée) et n'a été observée que dans l'extrème sud du Département de Kédougou, à partir de 350—400 mètres d'altitude.

La partie du fond de la vallée située en amont de la cascade regroupe 91 espèces réparties dans 38 genres et 23 familles. Les espèces les plus caractéristiques sont: *Combretum tomentosum, Alchornea cordifolia, Carapa procera, Nauclea latifolia, Lecaniodiscus cupanioides, Pentaclethra macrophylla, Pseudospondias microcarpa, Sorindeia juglandifolia, Syzygium guineensis, Anthocleistha djalonensis*. 31 genres ne sont représentés que par une seule espèce. Les familles les plus diversifiées sont les Moraceae (5 espèces), les Anacardiaceae (4 espèces) et les Meliaceae (4 espèces). Les Caesalpiniaceae, les Combretaceae, les Mimosaceae et les Rubiaceae renferment 3 espèces chacune.

Dans la portion située en aval de la cascade, 68 espèces réparties dans 42 genres et 23 familles ont été recensées. Les espèces prédominantes sont *Alchornea cordifolia, Carapa procera, Nauclea latifolia, Combretum tomentosum, Pseudospondias microcarpa, Ficus capensi, Sorindeia juglandifolia*. 35 genres sont représentés par une seule espèce. La famille la plus diversifiée est celle des Moraceae qui compte 8 espèces, suivie de celles des Rubiaceae (5 espèces), des Combretaceae (4 espèces), des Euphorbiaceae (4 espèces), des Anacardiaceae (3 espèces), des Apocynaceae (3 espèces), des Caesalpiniaceae (3 espèces), et des Mimosaceae (3 espèces).

3.2. LA VÉGÉTATION

La végétation du fond de la vallée est une galerie forestière caractérisée par trois étages:

- un étage supérieur formé par des arbres de plus de 20 mètres de haut et dominé par *Ceiba pentandra, Pentaclethra macrophylla* et *Pseudospondias microcarpa;*
- un étage intermédiaire composé d'arbres de 15 à 20 mètres de haut et dominé par *Cola cordifolia* et *Carapa procera;*
- un étage inférieur composé d'arbres de moins de 10 mètres de haut avec *Sorindeia juglandifolia* et *Carapa procera* comme espèces principales.

La plupart de ces espèces dominantes présentent une bonne régénération naturelle du fait des conditions pédo-hydrologiques favorables.

Des formations herbeuses boisées ou arborées occupent les pentes de la vallée.

La densité de la végétation du fond de la vallée situé en amont de la falaise est de 545 pieds par hectare. *Combretum tomentosum* est l'espèce la plus représentée, avec une densité relative de 13,2%. Parmi les cinq espèces les plus abondantes et qui totalisent 43,4% des individus, trois sont des lianes: *Combretum Tomentosum, Alchornea cordifolia* et *Nauclea latifolia*.

Les classes de diamètre 5—9 cm et 10—19 cm, avec respectivement 273 tiges et 168 pieds par ha, totalisent une densité relative de 80,9%. La classe de diamètre 5—9 cm comprend 63 espèces ligneuses, soit 69% de l'ensemble des espèces de cette partie. La catégorie 10—19 cm de diamètre compte 47 espèces ligneuses, soit 51,6% des espèces.

Selon la formule de Mueller-Dombois et Ellenberg (1974), *Carapa procera* est l'espèce la plus importante au plan écologique sur la partie amont de la galerie forestière (tab.1). Cette Meliaceae assez bien représentée présente une surface terrière importante et une bonne distribution. Elle est présente dans les différentes classes de diamètre, y compris les plus gros diamètres (80—90 cm). Les trois espèces de lianes (*Combretum tomentosum, Nauclea latifolia, Alchornea cordifolia*) présentent également une grande importance écologique.

Tableau 1. Les cinq espèces de plus grande valeur écologique dans la partie amont de la vallée.

Espèces	Densité relative	Dominance relative	Fréquence relative	Importance Ecologique
Carapa procera	9,2	22	9	40,5
Combretum tomentosum	13,2	3,5	9,3	25,9
Alchornea cordifolia	10,7	3,3	6,5	20,5
Cola cordifolia	1,1	14,2	1,3	16,6
Nauclea latifolia	5,5	1,6	5,8	12,8

Les Meliaceae, les Anacardiaceae, les Combretaceae, les Sterculiaceae et les Moraceae sont les 5 familles les plus importantes sur le plan écologique.

La densité de la végétation de la galerie forestière dans la partie située en aval de la falaise est de 507 tiges à l'hectare. *Alchornea cordifolia*, espèce la plus abondante, a une densité relative de

16,6%. Elle est suivie par *Carapa procera* qui a une densité relative de 11,3%. Les trois espèces de lianes (*Alchornea cordifolia, Nauclea latifolia* et *Combretum tomentosum*) représentant 56,3% du total des individus figurent parmi les cinq essences les plus présentes.

Les classes de diamètre 5—9 cm et 10—19 cm, avec respectivement 244 tiges et 170 pieds par hectare, totalisent une densité relative de 81,4%. La classe de diamètre 5—9 cm comprend 37 espèces ligneuses, soit 54,4% de l'ensemble des espèces de la parcelle installée dans cette partie. La catégorie 10—19 cm de diamètre compte 32 espèces ligneuses, soit 47% des espèces.

Carapa procera est l'espèce la plus importante au plan écologique (tab.2). Cette *Meliaceae* bien représentée présente la surface terrière la plus importante et une bonne distribution. Elle est présente dans les différentes classes de diamètre.

Les trois lianes (*Alchornea cordifolia, Nauclea latifolia* et *Combretum tomentosum*) figurent parmi les 5 plus importantes espèces sur le plan écologique. La première a la plus grande densité relative et la plus grande fréquence relative. Ces lianes forment des buissons le long du lit mineur et donnent une physionomie particulière à la végétation.

Tableau 2. Les cinq espèces de plus grande valeur écologique dans la partie basse du fond de la vallée.

Espèces	Densité relative	Dominance relative	Fréquence relative	Importance Ecologique
Carapa procera	11,4	18,8	9	39,2
Alchornea cordifolia	16,6	8,9	11,9	37,4
Pseudospondias microcarpa	6	12,9	5,9	24,8
Nauclea latifolia	9	3,2	7,8	19,9
Combretum tomentosum	6,5	2,5	6,7	15,8

Les Euphorbiaceae, les Meliaceae, les Anacardiaceae, les Rubiaceae et les Moraceae sont les 5 familles les plus importantes sur le plan écologique.

La distribution des espèces sur les versants se caractérise par la prédominance de *Terminalia macroptera* et *Grewia flavescens*.

3.3. LES FACTEURS DE DÉGRADATION

Des entretiens avec les populations des villages de Dindéfello et Dandé et des observations faites pendant trois ans ont révélé que ce site présente des signes de dégradation qui se manifestent par:

- une diminution du nombre des grands arbres de l'étage dominant;
- un éclaircissement de la strate inférieure;
- un éclaircissement de la couverture végétale du cirque du site de la cascade.
- une dégradation des fougères;

L'exploitation des ressources végétales du site cible en priorité le bois de service et le bois de feu (unique source d'énergie domestique). Les activités de cueillette concernent surtout la récolte de miel, activité nocturne nécessitant l'usage du feu. Les feux de brousse qui passent annuellement représentent l'un des facteurs principaux de dégradation de la végétation du site de Dindéfello, notamment sur les versants de la vallée. La production du charbon de bois est certes rare, mais pratiquée pendant la saison sèche. Les activités agricoles sont responsables des défrichements qui ont réduit progressivement la superficie de la forêt galerie. La divagation des animaux domestiques agit surtout sur la régénération des espèces ligneues; les jeunes plants sont broutés.

Dans la partie située en amont de la falaise, la population du village de Dandé situé sur le plateau utilise quotidiennement l'eau du ruisseau permanent pour des besoins domestiques: bains corporels, lavage du linge, des ustensiles de cuisine et des grains de maïs. L'usage de produits détergents est courant.

Dans la partie située en aval de la falaise, les habitants de Dindéfello utilisent l'eau du ruisseau pour les mêmes usages que les habitants de Dandé. La lessive est la principale activité des femmes dans cette forêt galerie.

L'accentuation de la baisse des pluies mise en évidence par l'aggravation du déficit pluviométrique du début des années 1970 et 1980 a engendré une baisse notable du niveau de la nappe phréatique.

Conclusion

Cet inventaire floristique confirme bien le caractère diversifié de la flore ligneuse de cette galerie forestière. Les résultats comparés à ceux obtenus par Madsen et al. (1996) au Parc National du Niokolo Koba et Lykke (1994) au Parc National du Delta du Saloum montrent que la galerie forestière de Dindéfello est sans doute l'un des sites qui présentent la végétation ligneuse la plus diversifiée au Sénégal.

Beaucoup d'espèces guinéennes comme *Carapa procera, Penthacletra macrophylla, Mammea africana, Markhamia tomentosa, Sterculia tragacantha* qui présentent des problèmes de régénération dans la partie sud-ouest du pays (Basse Casamance) plus favorisée au plan climatique se régénèrent bien de façon naturelle dans cette galerie forestière

Cependant, la végétation présente des signes de dégradation. Le facteur anthropique et la baisse de la pluviométreie semblent être les causes de la dégradation de la végétation du site. L'ouverture de ce paysage au tourisme sans précautions particulières risque d'accélérer le processus de dégradation de la forêt galerie.

Références bibliographiques

Adam, J. G. 1966. Composition floristique des principaux types physionomiques de végétation du Sénégal. Journal of West African Science, p. 81—97.

Aubreville, A. 1950. Flore forestière soudano-guinéenne, A. O. F. Cameroun - A. E. F. Société d'Editions Géographiques, Maritimes et Coloniales , Paris. 523 p.

Lawesson, J. E. 1991. Studies of woody flora and vegetation in Senegal, Botanical Institute, Aarhus University, 1991.

Lykke, A. M. 1994. Descriptions and analyses of the vegetation in Delta du Saloum National Parc in Senegal. Report, Department of Systematic Botany. University of Aarhus Denmark.

Madsen, J. E., D. Dione, S. A. Traoré & B. Sambou. 1996. Flora and vegetation of the Niokolo-Koba National Park, Senegal. Pp. 214—219 in L. J. G. Masen et al. (eds.), The Biodiversity of African Plants (Klüwer, The Netherlands).

Mueller-Dombois, D. & H. Ellenberg. 1974. Aims and Methods of vegetation Ecology (Wiley International, USA), 547 p.

La biodiversité des galeries forestières du Burkina Faso: cas de la Réserve de la Biosphère de la Mare aux Hippopotames

Mamounata BÉLEM OUÉDRAOGO et Sita GUINKO

Résumé
Bélem Ouédraogo, M. et S. Guinko. 1998. La biodiversité des galeries forestières du Burkina Faso: cas de la Réserve de la Biosphère de la Mare aux Hippopotames. *AAU Reports* **39**: 75—86. — La forêt classée de la Mare aux Hippopotames a été érigée en Réserve de la Biosphère en 1986 pour sauvegarder les ressources naturelles d'un terroir tout en participant à son développement. Elle est située à une soixantaine de kilomètres au Nord de Bobo-Dioulasso et à l'Ouest de l'axe routier Bobo-Dioulasso/Dédougou. Nous avons étudié quatre galeries forestières qui correspondent à quatre différents bras du Tinamou, affluent du Mouhoun (ex Volta Noire). Des relevés suivant des layons ont été effectués sur différentes toposéquences. Ces relevés ont permis d'établir une liste floristique de 270 espèces réparties en 198 genres et 70 familles et d'étudier la végétation. La comparaison de cette liste aux listes existantes a révélé que certaines espèces n'avaient pas encore été signalées dans la forêt. Ceci pourrait s'expliquer par plusieurs hypothèses dont la méthode utilisée, la période de recensement, l'écologie etc.

Mots clés: Forêt classée - Réserve de la Biosphère - Galeries forestières - Inventaire floristique - Relevé itinérant - Systématique - Chorologie.

Introduction

La dégradation des ressources végétales et la perte de biodiversité sont des faits constatés au Burkina Faso depuis quelques décennies. Les causes sont liées à des facteurs divers d'ordre économique, socio-culturel et écologique.

La sauvegarde de la biodiversité dans ce pays passe essentiellement par une connaissance de la flore et de la végétation, une connaissance des conditions écologiques des espèces rares et menacées, une appréciation des besoins énergétiques, alimentaires et médicinaux des populations. Guinko a inventorié en 1984 des galeries forestières dans différents domaines phytogéographiques au Burkina Faso. Bonkoungou a étudié en 1984 les galeries forestières du Mouhoun. Aké Assi et Bélem ont inventorié les galeries forestières du massif du Kou ou "Guinguette" en 1991. A ces travaux s'ajoutent les prospections floristiques effectuées par Bognounou en 1978.

Cette étude porte sur la flore et la végétation de la Réserve de la Biosphère de la Mare aux Hippopotames. Cette réserve est comprise entre les latitudes 11° 30' et 11° 45' Nord et les longitudes 4° 5' et 4° 12' Ouest (zone climatique Sud soudanien du Burkina Faso). Elle est située sur le Tinamou, affluent de la rive droite du fleuve Mouhoun et doit son nom aux nombreux hippopotames qu'elle abrite. Elle a été créée en 1986 pour sauvegarder les ressources naturelles d'un terroir tout en participant à son développement.

Trois types de végétations se rencontrent dans la réserve: la forêt galerie, la forêt dense sèche et la forêt claire. La forêt galerie constitue le type le plus représenté.

Nous avons travaillé sur les quatre galeries forestières suivantes: la galerie longeant la Leyessa, la galerie longeant la mare, la galerie longeant la rivière Tierako et la galerie du confluent du Mouhoun.

1. Méthode d'étude

Les données ont été collectées dans des relevés disposés le long de layons et sur des toposéquences.

1.1. LE RELEVÉ PAR LAYON

La méthode consiste à noter toutes les espèces rencontrées le long d'un layon placé de chaque côté du cours d'eau. Les relevés ont été effectués sur des placeaux de 20 m sur 20 m, distants d'environ 100 m. Les espèces ont été identifiées sur le terrain ou au laboratoire à l'aide de "Flora of West Tropical Africa". La liste floristique obtenue a été comparée avec celle de Guinko (1984) et celle de l'IEMVT (1991).

1.2. LA TOPOSÉQUENCE

Elle est obtenue en traçant des transects perpendiculaires au cours d'eau et dont la longueur dépend de la largeur de la galerie. De chaque côté du cours d'eau, nous nous fixons un point situé à la limite de la galerie. Ensuite, nous recensons le long de cette ligne toutes les espèces rencontrées jusqu'au point opposé en passant par la végétation aquatique. La toposéquence ainsi réalisée est schématisée en respectant la structure de la végétation ainsi que la topographie.

1.3. Les différents paramètres

Ces paramètres concernent les types biologiques, la chorologie, la hauteur et le diamètre du tronc. Les mesures ont été faites respectivement à l'aide d'un clinomètre SUUNTO et d'un ruban dendrométrique à hauteur de poitrine (1,30m). Seules les espèces ayant un diamètre supérieur ou égal à 5 cm sont comptabilisées.

2. Résultats et discussions

2.1. RÉPARTITION TAXONOMIQUE

La flore des galeries forestières de la réserve compte 70 familles réparties en 198 genres et 270 espèces (tab. 1). De ces 70 familles, 10 seulement appartiennent à la classe des Monocotylédones avec 37 genres et 51 espèces. Les Légumineuses et les Poaceae constituent les groupes dominants avec respectivement 37 espèces réparties dans 35 genres et 13 espèces réparties dans 12 genres.

Tableau 1. Répartition taxonomique des espèces.

	Mono-génériques	Plurigénériques					Mono-cotylédones	Di-cotylédones	Total
		PAP.	RUB.	CAE.	POA.	AST.			
Familles	65	1	1	1	1	1	10	60	70
Genres	137	15	13	12	12	9	37	161	198
Espèces	195	22	16	15	13	9	51	219	270

Légende:
PAP.: Papilionaceae RUB: Rubiaceae POA.: Poaceae
CAE: Caesalpiniaceae AST: Asteraceae

Nos résultats sont différents de ceux de Kologo (1987) à Tiogo et de Bélem (1993) à Toessin (tab. 2).

Cette comparaison montre que la répartition des espèces et genres est typique à chaque secteur phytogéographique et varie en fonction des sites dans le même territoire. En effet, notre zone d'étude et Dindéresso, bien que situés dans le même territoire

Tableau 2. Comparaison des deux familles les plus représentées en fonction du territoire phytogéographique.

	POACEAE		LEGUMINOSAE		PHYTOGÉGRAPHIE
	Genres	Espèces	Genres	Espèces	
Dindéresso	25	47	29	59	Sud-soudanien
Mare aux Hippotames	12	13	35	48	Sud-soudanien
Tiogo	30	57	28	49	Nord-soudanien
Toessin	31	48	34	53	Nord-soudanien

phytogéographique, présentent des répartitions spécifiques bien distinctes. Mais par contre, pour Tiogo et Toessin, tous situés dans le territoire phytogéographique Nord Septentrional, nous notons une répartition presque égale des genres et espèces de Poaceae et de Légumineuses (Kologo, 1987 cité par Bélem, 1993). Par ailleurs, le rapport nombre de genres sur nombre d'espèces est de l'ordre de 1 au niveau des galeries forestières de la mare, alors qu'il varie entre 0.5 et 1 dans les autres localités.

2.2. CHOROLOGIE

Le tableau 3 montre qu'au niveau mondial, les taxons Africains sont prédominants avec 75%. Ensuite, viennent les Paléotropicaux et les Pantropicaux avec respectivement 11,5% et 8,5%.

Tableau 3. Spectre chorologique.

AFFINITÉS CHOROLOGIQUES (%)								
A	AEAS	ACO	AM	Am	AN	COSM	PT	pt
75	0,5	0,4	0,8	0,9	2	0,9	11,5	8,5

Légende
A: Taxon africain (Afrique intertropicale)
AEAS: Taxon commun à l'Afrique, à l'Europe et à l'Asie (AFRO-Eurasiatique)
ACO: Taxon commun à l'Afrique et l'archipel des Comores
AM: Taxon commun à l'Afrique et à Madagascar (Afro-Malgache)
AN: Taxon commun à l'Afrique et à l'Amérique tropicale (Afro-Néotropicale)
COSM: Taxon cosmopolite
PT: Taxon paléotropical commun à l'ancien monde tropical (Afrique, Asie, Australie, Iles du Pacifique)
pt : Taxon pantropical commun à tous les pays tropicaux du monde.

Parmi les 270 espèces recensées, on compte beaucoup d'espèces Guinéo-Congolaises (61,7%) et Soudano-Zambéziennes (38,3%), ce qui selon Adjanohoun (1965) accentue les affinités des savanes littorales avec les savanes Guinéennes et Soudaniennes.

Tableau 4. Comparaison des Spectres chorologiques en fonction du territoire phytogéographique.

LIEU	CHOROLOGIE		PHYTOGÉOGRAPHIE
	G.C.%	S.Z.%	
Burkina	2,1	62,4	Savanes soudaniennes
Lamto	70—75	15	Savanes humides méridionales
Mare aux Hippotames	61,7	38,3	Savanes sud-soudaniennes

Légende: G.C.: Guinéo-Congolaise S.Z.: Soudano-Zambézienne.

Le tableau 4 montre que la flore des galeries forestières de la forêt classée de la Mare aux Hippopotames présente un pourcentage élevé en espèces Guinéo-Congolaises (61,7%), contre (38,3%) de Soudano-Zambéziennes, contrairement à ce que Guinko (1984) a trouvé dans la savane environnante (2,1% de Guinéo-Congolaises et 62,4% de Soudano-Zambéziennes). Dans les galeries des savanes plus méridionales de Lamto, Devineau (1975) a dénombré 70 à 75% de Guinéo-Congolaises contre 15% de Soudano-Zambéziennes. Ces résultats indiquent que les galeries étudiées ont beaucoup d'affinités floristiques avec les formations forestières Guinéo-Congolaises. Il apparaît alors trois hypothèses:

1. celle qui soutient que les galeries constituent une relique d'une formation boisée dans le temps. Cela est probable pour plusieurs raisons. Les échantillons d'animaux sauvages de forêts denses observés dans les muséum du Burkina Faso, les contes et légendes faisant intervenir des animaux qui ne vivent que dans des formations denses, la présence de *Alchornea cordifolia* dans la galerie de la Leyessa sont des témoignages qui montrent qu'il existait des formations bien boisées surtout dans l'Ouest et le Sud du pays.
2. celle qui soutient que la galerie forestière constitue une simple variante édaphique de la savane Soudanienne. L'observation de l'interpénétration des espèces de savane et des espèces de forêt pose un autre problème qui met cette hypothèse en cause. Est-ce la forêt qui gagne sur la savane ou est-ce la savane qui avance dans la forêt ? Les multiples feux de brousse enregistrés au cours de nos investigations permettent de trancher sur la question; nous pensons que le microclimat dont bénéficie la galerie forestière lui permet de se développer au point de gagner la savane; mais les feux de brousse périodiques ne militent pas en faveur de cette action. En effet, les feux maintiennent chaque formation dans son état, empêchant la savane d'évoluer en forêt, et ne permettant pas aussi à la forêt

d'envahir la savane, les espèces végétales regénérant après les feux.

3. celle qui soutient enfin que la galerie forestière témoigne de l'intrusion des espèces guinéennes dans l'Ouest du pays. Si nous tenons compte de la limite géographique de certaines espèces comme *Pterocarpus santalinoides et Berlinia grandiflora* qui ne montent pas au-delà de la zone nord soudanienne (région de Koudougou), nous pouvons opter pour cette dernière hypothèse.

2.3. TYPES MORPHOLOGIQUES ET SPECTRE BIOLOGIQUES

Tableau 5. Types biologiques et morphologiques.

	TYPES BILOGIQUES											
	CH	C			EP	H	P					TH
	CH	G	Gr	Hy			L	mp	mP	Mp	np	TH
% P	3,2	4,1	0,9	4,6	1,8	7,8	9,8	23,7	12,2	1,8	17,2	13,6
% T	3,2		9,6		1,8	7,8			64,8			13,6

Légende:
CH: Chaméphyte (plante vivace, herbacée ou ligneuse, de 0 à 25 cm de hauteur)
EP : Epiphyte; G: Géophyte; Gr: Géophyte rhizomateux
H: Hémicryptophyte; Hy: Hydrophyte; L: Liane
Mp: Mégaphanérophyte; mP: Mésophanérophyte; mp: Microphanérophyte
np: Nanophanérophyte; P: Parasite; TH: Thérophyte

Le tableau 5 indique un spectre à prédominance de Phanérophytes et de Thérophytes avec respectivement 64,8% et 13,6%. La dominance des Phanérophytes sur les Thérophytes, contrairement à ce qu'on rencontre dans les savanes (Guinko, 1974), dénote le caractère boisé des galeries. Les Cryptophytes et les Hémicryptophytes ne sont pas négligeables dans ces galeries et représentent les espèces du sous-bois.

Les Epiphytes restent rares; une seule espèce, *Calyptrochilum christianum* a été recensée; cette rareté s'explique par le fait que le climat n'est pas assez humide pour permettre le développement d'espèces épiphytiques typiques des formations guinéennes.

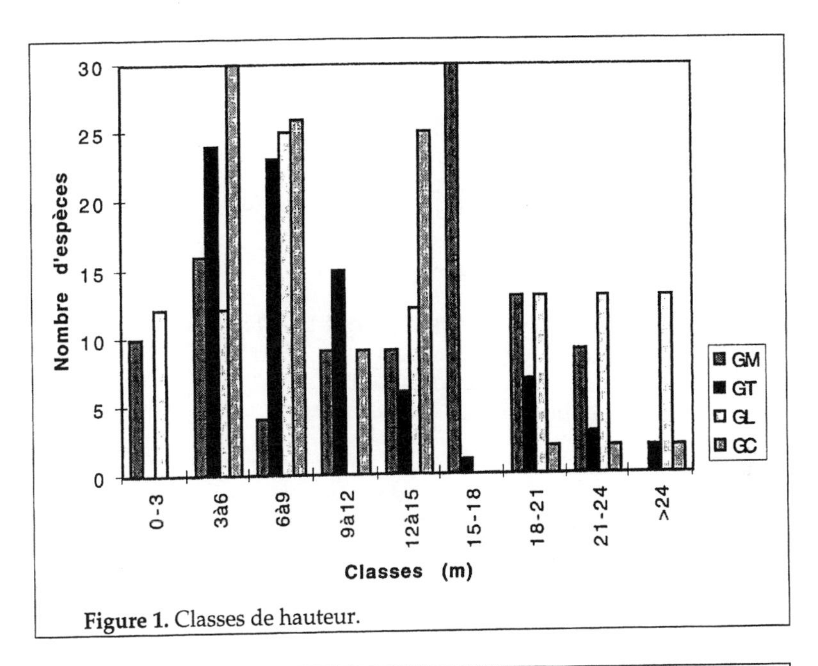

Figure 1. Classes de hauteur.

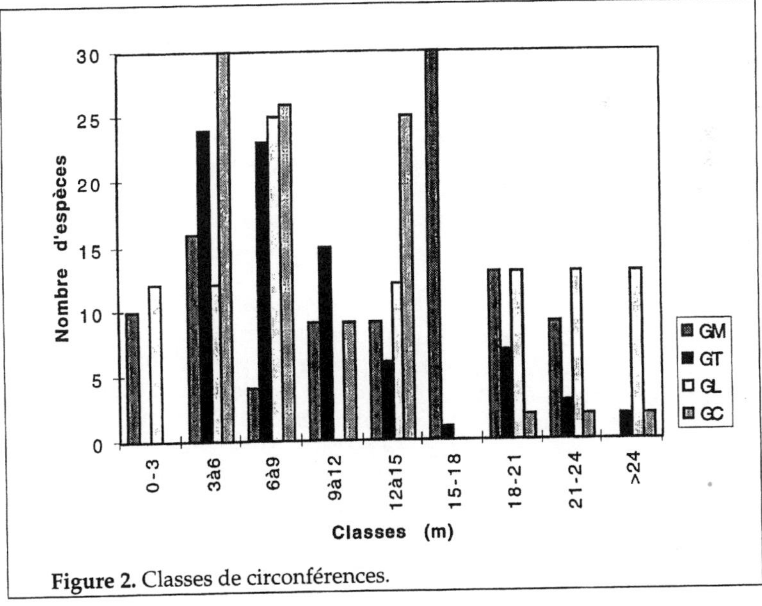

Figure 2. Classes de circonférences.

2.4. DESCRIPTION DES DIFFÉRENTES GALERIES FORESTIÈRES

Quatre types de galeries ont été définis dans la Réserve de la Biosphère de la Mare aux Hippopotames:

- la galerie longeant la Leyessa (GL) et située entre Bala et Bossora; elle est assez large (20 à 30 m environ) et bien développée avec un recouvrement de 80 à 90% et une strate supérieure de 20 à 25 m de haut;
- la galerie longeant la mare (GM) qui est un fourré dense, difficilement pénétrable;
- la galerie de Tierako (GT) très étroite et très dégradée;
- la galerie du confluent du Mouhoun (GC) qui se trouve à la jonction de la Mare aux Hippopotames et du Mouhoun ; elle est très étroite et limitée aux abords du cours d'eau.

L'analyse des figures 1 et 2 nous fait constater que dans toutes les quatre galeries, les individus de petit diamètre sont plus représentés que les individus de grosse taille et qu'il existe une concurrence interspécique et intraspécifique pour l'espace. En effet, le microclimat favorable rend ces galeries tellement boisées que les individus cherchent plutôt à gagner en hauteur qu'en épaisseur.
La structure de trois des galeries étudiées est représentée par les toposéquences des figures 3, 4 et 5.

Conclusion

Dans la présente étude, il a été défini d'une part, quatre groupements végétaux correspondant à quatre types de galeries forestières et, d'autre part, deux types physionomiques.

La flore des galeries forestières de la Mare aux Hippopotames présente 270 espèces réparties dans 198 genres et 70 familles.

La répartition générique et spécifique d'une famille varie d'un territoire à un autre; ainsi, les Poaceae sont plus diversifiées dans le Nord du Secteur phytogéographique Septentrional (Tiogo et Toessin) et les Légumineuses dans le Secteur Méridionnal (Dindéresso). Parmi les Légumineuses, les Papilionaceae sont essentiellement représentées par des herbacées. Les Caesalpiniaceae et les Mimosaceae sont beaucoup plus représentées par des formes ligneuses. Quant aux Rubiaceae, elles ont autant de représentants herbacés que ligneux.

Références bibliographiques

Adjanohoun & Aké Assi, L. 1967. Inventaire floristique des forêts claires subsoudanaises et soudanaises en C.I. Septentrionale. Ann. Univ. Abj.Sciences, p. 89—148.

Aké Assi, L. 1991. Rapport de mission effectuée du 3 au 19 mai 1991 dans la forêt classée de la mare aux hippopotames. IRBET/CNRST, 20 p.

Bélem, O. M. 1988. Recensement, Ecologie et Systématique des Astéracées du Campus Universitaire d'Abj., C.I.; DEA d'Ecologie Tropicale option BV, 120 p.

Bélem, O. M. 1991. Etudes floristique et structurale des galeries forestières de la réserve biosphère de la mare aux hippopotames. Rapport projet RCS/IRBET, 90 p.

Bélem, O. M. 1993. Contribution à l'étude de la flore et de la végétation de la forêt classée de Toessin; Thèse de doctorat 3è cycle; FAST, Université de Ouagadougou, 172 p.

Boudet,G.; Gaston, A. & Toutain, B. 1991. Catalogue des plantes vasculaires du Burkina Faso; Ed. IEMVT/CIRAD, 341 p.

Devineau, J. L. 1975. Etude quantitative des forêts galeries de Lamto. Thèse de 3è Cycle, Univ. Pierre et Marie Curie, Paris VI.

ENGREF 1989. Etude préalable à un aménagement de la réserve de la mare aux hippopotames et de sa zone périphérique. Unesco/MAB, Fonds du Patrimoine Mondial, IRBET, 200 p.

Guinko, S. 1984. Végétation de la Haute-Volta. Thèse de doctorat, Université de Bordeaux III, 2 tomes, 394 p.

Hutchinson, J. & Dalziel, J. M. 1954. Flora of West Tropical Africa, 2nd ed.London, H.M.S.O. Gont Bookshops, 3 vol.

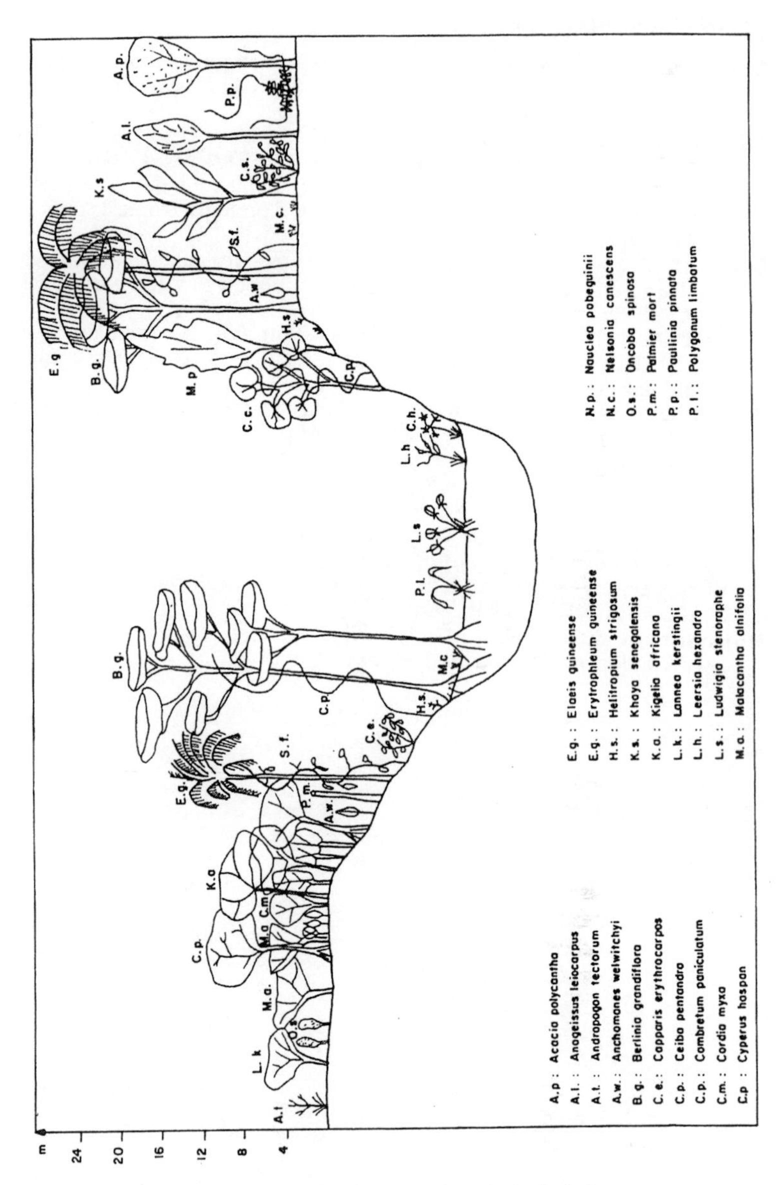

Figure 3. Transect (Nord-Sud) réalisé dans la galerie de la Leyessa.

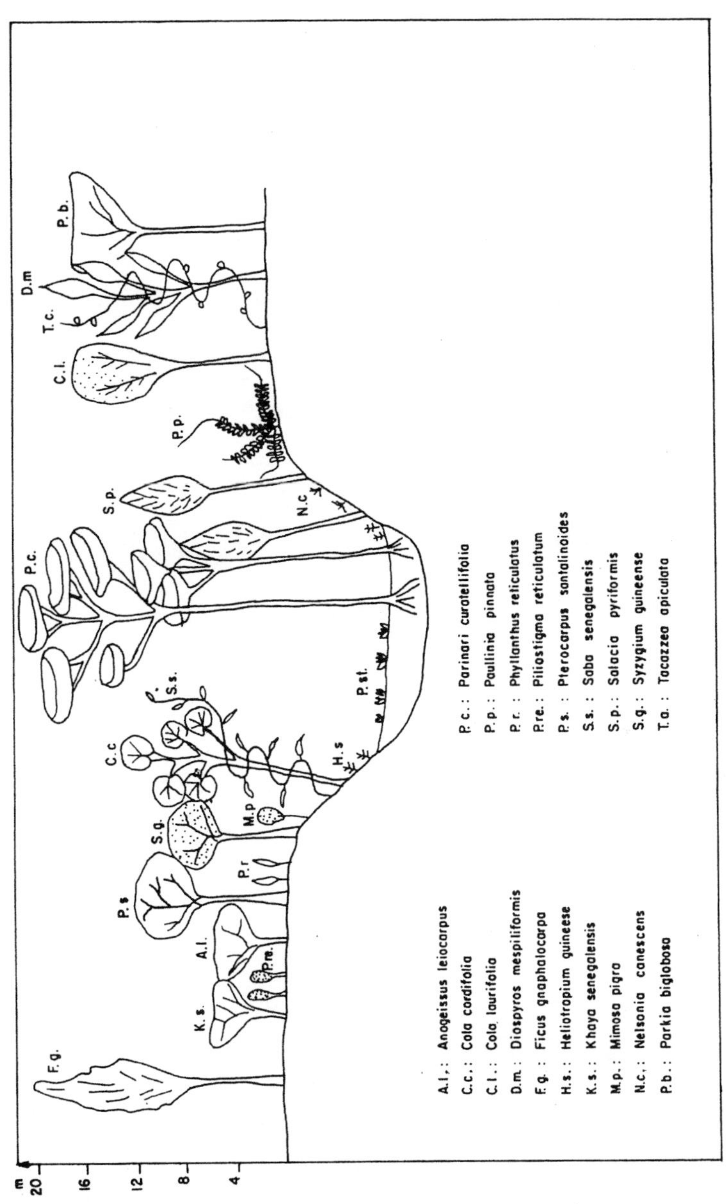

Figure 4. Transect (Nord-Sud) réalisé au confluent du Mouhoun.

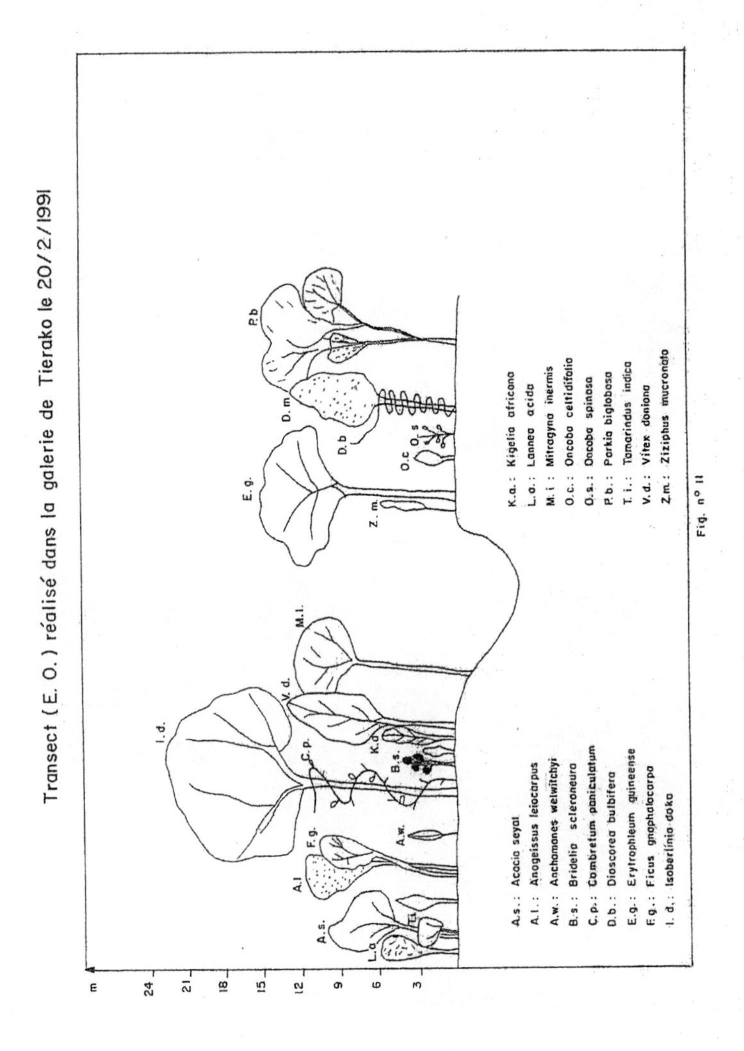

Figure 5. Transect Est-Ouest réalisé dans la galerie de Tierako.

Contribution à la connaissance de la flore ligneuse de la Réserve de la Biosphère de la Mare aux Hippopotames, Burkina Faso

Paulette TAÏTA

Résumé
Taita, P. 1998. Contribution à la connaissance de la flore ligneuse de la Réserve de la Biosphère de la Mare aux Hippopotames (Burkina Faso). *AAU Reports* **39**: 87—96. — Située en zone soudano-guinéenne, la Réserve de la Biosphère de la Mare aux Hippopotames est constituée par des formations végétales de types forêts claires, savanes boisées et galeries forestières. Cette étude est une contribution à la connaissance de la flore ligneuse de cette réserve. Elle a permis d'identifier au niveau de l'aire centrale de la réserve 113 espèces ligneuses réparties en 34 familles et 69 genres. 16 des 113 espèces ligneuses de la forêt sont bien réparties dans l'espace, 7 sont dominantes et 7 présentent une bonne régénération naturelle. Par contre, plus de 30 espèces sont rares ou menacées. Les familles les plus représentées sont: les Combretaceae, les Mimosaceae, les Rubiaceae, les Caesalpiniaceae, les Euphorbiaceae, les Fabaceae, les Meliaceae et les Capparidaceae.

Mots clés: Caractéristiques biologiques - Composition floristique - Inventaire - Régénération naturelle - Végétation ligneuse - Réserve de la Biosphère.

Introduction

Dans le souci de conserver leurs ressources végétales et la diversité biologique, la plupart des pays africains, particulièrement ceux de la zone du Sahel, ont développé des stratégies de conservation. C'est dans cette optique qu'un vaste programme d'aménagement de la Réserve de la Biosphère de la Mare aux Hippopotames a été entrepris par les autorités du Burkina Faso. Cette étude est une contribution à la connaissance de la flore ligneuse de l'aire centrale de cette réserve.

1. Présentation de la zone d'étude

La Réserve de la Biosphère de la Mare aux Hippopotames est une forêt située à 425 km au Sud-Ouest de la ville de Ouagadougou. Elle se trouve entre les latitudes 11° 30' et 11° 45' Nord et les longitudes 04° 05' et 04° 12' Ouest. La forêt couvre une superficie de 19 200 hectares avec une mare permanente de 660 hectares. Les précipitations sont très inégalement réparties avec une pluviométrie moyenne annuelle de 1100 mm. La température moyenne annuelle est de 28°C.

Selon les classifications de Richard-Molard (1956) et de Guinko (1984), la réserve se situe dans le domaine Sud-soudanien. Pour celle de Troupin (1966), elle appartient à la région Soudano-Zambézienne. Dans la classification de Monod (1963), le site se situe dans la zone Soudano-Congolaise. Les formations végétales sont des forêts claires et des savanes boisées présentant des espaces indurés et dépourvus de végétation en saisons sèche (bowé). Les formations ripicoles ou galeries forestières sont très riches en espèces dont certaines sont d'affinité guinéenne (Ouattara, 1985).

2. Méthode d'étude

L'étude repose essentiellement sur un inventaire floristique de l'aire centrale de la forêt par la méthode des transects. Les transects sont orientés dans la direction Est-Ouest. Des placeaux de 100 métres carrés sont placés au hasard le long des transects. Au total, cinq cent soixante six (566) relevés ont été effectués. Dans chaque relevé, la présence des différentes espèces ligneuses, leur nombre d'individus adultes et jeunes (régénération naturelle) sont notés. Les formes biologiques des plantes ont été définies selon la méthode utilisée par Guinko (1984) et l'affinité phytosociologique des espèces par la méthode utilisée par Ilboudo (1992).

La fréquence des espèces a été obtenue en affectant à chacune d'elle une cote d'occurence sur la base de l'échelle suivante:

- 1 : plante très irrégulièrement disséminée = présence dans 1 à 20 unités d'échantillonnage;
- 2 : plante irrégulièrement disséminée = présence dans 21 à 50 unités d'échantillonnage;
- 3 : plante assez régulièrement disséminée = présence dans 51 à 100 unités d'échantillonnage;

- 4 : plante régulièrement disséminée = présence dans 101 à 200 unités d'échantillonnage;
- 5 : plante très régulièrement disséminée = présence dans au moins 201 unités d'échantillonnage.

Cette échelle de fréquence donne une idée sur la distribution des espèces.

L'abondance des espèces a été évaluée en s'inspirant de la cote ci-dessous adoptée par Adam (1958):

- x : espèce très peu commune = nombre d'individus (ni) variant de 1 à 5;
- 1 : espèce peu commune = nombre d'individus variant de 6 à 10;
- 2 : espèce assez commune = nombre d'individus variant de 11 à 50;
- 3 : espèce commune = nombre d'individus variant de 51 à 100;
- 4 : espèce très commune = nombre d'individus variant de 101 à 500;
- 5 : espèce dominante = nombre d'individus supérieur ou égal à 501.

A la différence de cet auteur, notre abondance est le résultat d'un comptage précis du nombre d'individus et non d'une estimation visuelle.

La densité des individus des différentes espèces a été évaluée à partir d'un comptage systématique. Lorsque deux tiges sont très proches l'une de l'autre, nous avons vérifié, en creusant, qu'elles appartiennent ou non au même individu. La régénération naturelle a été également évaluée à partir d'un comptage du nombre de plants et de rejets dans les placeaux.

3. Résultats et discussion

Les données collectées ont permis de dresser une liste des espèces ligneuses de l'aire centrale de la réserve (Annexe 1). Cette liste montre que la flore ligneuse de cette zone est relativevement diversifiée. Cent treize (113) espèces ligneuses regroupées en soixante neuf (69) genres et trente quatre (34) familles ont été recensées. Les familles les plus représentées sont: les Combretaceae (5 genres, 14 espèces), les Caesalpiniaceae (10 genres, 11 espèces), les Mimosaceae (6 genres, 11 espèces), les Rubiaceae (8 genres, 10 espèces), les Euphorbiaceae (4 genres, 5 espèces), les Fabaceae (4 genres, 5 espèces), les Meliaceae (4 genres, 4 espèces), les Capparidaceae (4 genres, 5 espèces). Le tableau 1 présente ces familles avec les genres et les espèces représentées.

Concernant la distribution des espèces dans la zone, *Annona senegalensis, Butyrospermum paradoxum, Combretum collinum, Detarium microcarpum, Gardenia ternifolia, Piliostigma thonningii, Pterocarpus erinaceus et Terminalia laxiflora* sont régulièrement réparties. *Burkea africana, Combretum nigricans, Crossopteryx febriguga, Grewia bicolor, Lannea acida, Pteleopsis suberosa, Stereospermum kunthianum et Terminalia glaucescens* sont relativement bien réparties alors que les 97 autres sont irrégulièrement distribuées. Au plan de l'abondance des espèces, 7 sont considérées comme dominantes, 17 très communes, 15 communes, 24 assez communes, 8 peu communes ou rares et 38 très peu communes ou menacées.

Tableau 1. Principales familles, genres et espèces ligneuses rencontrées.

Caesalpiniaceae	**Combretaceae**	**Fabaceae**	**Meliaceae**
Afzelia	*Anogeissus*	*Lonchocarpus*	*Ekebergia*
africana	*leiocarpus*	*laxiflorus*	*senegalensis*
Berlinia	*Combretum*	*Ostryoderris*	*Khaya*
grandiflora	*collinum*	*stuhlmannii*	*senegalensis*
Burkea	*glutinosum*	*Pericopsis*	*Pseudocedrela*
africana	*micranthum*	*laxiflora*	*kotschyi*
Cassia	*molle*	*Pterocarpus*	*Tricalysia*
sieberiana	*nigricans*	*erinaceus*	*chevalieri*
Daniellia	*paniculatum*	*santalinoides*	**Rubiaceae**
oliveri	*sericeum*	**Mimosaceae**	*Crossopteryx*
Detarium	*Guiera*	*Acacia*	*febrifuga*
microcarpum	*senegalensis*	*dudgeoni*	*Feretia*
Erythrophleum	*Pteleopsis*	*macrostachya*	*apodanthera*
guineense	*suberosa*	*pennata*	*Gardenia*
Isoberlinia	*Terminalia*	*polyacantha*	*erubescens*
doka	*avicennioides*	*seyal*	*sokotensis*
Piliostigma	*glaucescens*	*sieberiana*	*ternifolia*
reticulatum	*laxiflora*	*Albizia*	*Mitragyna*
thonningii	*macroptera*	*zygia*	*inermis*
Tamarindus	**Euphorbiaceae**	*Dichrostachys*	*Nauclea*
indica	*Bridelia*	*cinerea*	*latifolia*
Capparaceae	*scleroneura*	*Entada*	*Morelia*
Cadaba	*Hymenocardia*	*africana*	*senegalensis*
farinosa	*acida*	*Parkia*	*Pavetta*
Capparis	*Phyllantus*	*biglobosa*	*crassipes*
corymbosa	*discoideus*	*Prosopis*	*Tricalysia*
Crateva	*reticulatus*	*africana*	*chevalieri*
religiosa	*Securinega*		
Maerua	*virosa*		
angolensis			

Les espèces dominantes sont: *Anogeissus leiocarpus, Butyrospermum paradoxum, Combretum collinum, Detarium microcarpum, Dichrostachys cinerea, Pteleopsis suberosa et Pterocarpus erinaceus.*

Les espèces très communes sont: *Acacia dudgeoni, Pericopsis laxiflora, Annona senegalensis, Burkea africana, Combretum glutinosum, C. nigricans, Daniellia oliveri, Gardenia ternifolia, Grewia bicolor, Isoberlinia doka, Khaya senegalensis, Phyllanthus reticulatus, Piliostigma thonningii, Stereospermum kunthianum, Terminalia glaucescens, T. laxiflora. et T. macroptera.*

Les espèces communes sont: *Bombax costatum, Capparis corymbosa, Combretum molle, Crateva religiosa, Crossopteryx febrifuga, Diospyros mespiliformis, Entada africana, Lannea acida, Piliostigma reticulatum, Saba florida, S. senegalensis, Piliostigma reticulatum, Strychnos innocua, S. spinosa et Ximenia americana.*

Les espèces assez communes sont:*Acacia macrostachya, A. polyacantha, A. sieberiana, Albizia zygia, Cassia sieberiana, Cissus populnea, Cola cordifolia, Combretum micranthum, C. paniculatum, Cordia myxa, Feretia apodanthera, Gardenia erubescens, Guiera senegalensis, Lannea velutina, Lonchocarpus laxiflorus, Maytenus senegalensis, Mitragyna inermis, Ostryoderris stuhlmannii, Oxytenanthera abyssinica, Prosopis africana, Securidaca longepedunculata, Securinega virosa, Tamarindus indica et Trichilia emetica.*

Les espèces peu communes ou rares sont: *Acacia seyal, Grewia mollis, Loeseneriella africana, Maerua angolensis, Oncoba spinosa, Opilia celtidifolia, Parkia biglobosa et Vitex madiensis.*

Les espèces très peu communes sont: *Acacia albida, A. pennata, Afzelia africana, Allophylus africanus, Baissea multiflora, Berlinia grandiflora, Bridelia scleroneura, Cadaba farinosa, Ceiba pentendra, Cola laurifolia, Combretum sericeum, Ekebergia senegalensis, Erythrophleum guineense, Ficus asperifolia, F. congensis, F. ingens, Gardenia sokotensis, Hexalobus monopetalus, Holarrhena floribunda, Hymenocardia acida, Lannea kerstingii, L. microcarpa, Malacantha alnifolia, Morelia senegalensis, Nauclea latifolia, Parinari curatellifolia, Paullinia pinnata, Pavetta crassipes, Phoenix reclinata, Phyllanthus discoideus, Pseudocedrela kotschyi, Pterocarpus santalinoides, Sclerocarya birrea, Sterculia setigera, Terminalia avicennioides,*

Tricalysia chevalieri, Vitex simplicifolia, Ziziphus mucronata. Ces espèces sont considérées comme menacées dans la zone.

Au plan de la régénération naturelle, on peut distinguer des espèces à très forte régénération, des espèces à régénération assez bonne, des espèces à régénération moyenne et des espèces à régénération faible. Les espèces à très forte régénération sont: *Daniellia oliveri, Detarium microcarpum, Dichrostachys cinerea, Oxytenanthera abyssinica, Phyllantus reticulatus, Saba florida et Strychnos innocua.*

Conclusion

La Réserve de la Biosphère de la Mare aux Hippopotames est une forêt dont la flore ligneuse est assez riche. En effet, une centaine d'espèces regroupées en trente quatre familles et soixante neuf genres ont été recencées au niveau de l'aire centrale. Les familles les plus représentées sont les Combretaceae, les Caesalpiniaceae, les Mimosaceae, les Rubiaceae, les Euphorbiaceae, les Papilionaceae, les Meliaceae, les Capparidaceae. Seize (16) des cent treize (113) espèces ligneuses de la forêt sont relativement bien réparties. Sept (7) espèces sont considérées comme dominantes, dix sept (17) très communes, quinze (15) communes, vingt quatre (24) assez communes, huit (8) peu communes ou rares et trent huit (38) très peu communes ou menacées. Les espèces à très forte regénération sont: *Daniellia oliveri, Detarium microcarpum, Dichrostachys cinerea, Oxytenanthera abyssinica, Phyllantus reticulatus, Saba florida et Strychnos innocua.*

Références bibliographiques

Adam, J. G. 1958. Flore et végétation de la réserve botanique de Noflaye (environs de Dakar), Bull. I.F.A.N., sér; A, Sc. Nat., 20 (3): 809—868.

Guinko, S. 1984. La végétation de la Haute-Volta. Tome I, Thèse de Doctorat es Sciences Naturelles, Bordeaux III, 318 p.

Ilboudo, J.- B. 1992. Etat et tendances évolutives de la flore et de la végétation de la Réserve Spéciale Botanique de Noflaye (environs de Dakar-Sénégal), éléments pour un aménagement. Thèse de doctorat de 3 ème cycle, Université Ch. A. Diop de Dakar, Faculté des Sciences et Techniques, Institut des Sciences de l'Environnement, 1992, 107 p.

Monod, T. 1963. Après Yangambi (1956) : note de phytogéographie africaine. Bulletin de l'Institut Français d'Afrique Noire, Dakar, t.xxv, sér.A, 2: 594—655.

Ouattara, P. S. 1985. Relevé et cueillette d'échantillons d'herbier dans la forêt classée de Bala (Mare aux hippopotames). IRBET, 3 p.

Richard-Molard, J. R. 1956. Afrique Occidentale Française. 3 ème éd., Paris.

Raunkiaer, C. 1934. The life forms of plants and statistical plant geography. Oxford, Clarendon Press, 632 p.

Troupin, G. 1966. Etude phytocénologique du Parc national de l'Akagera et du Rwanda oriental. Recherche d'une méthode d'analyse appropriée à la végétation d'Afrique intertropicale. Publ. n°2, INRS, Butare, 293 p, 28 fig., 72 tabl.

Annexe 1. Liste des espèces ligneuses de l'aire centrale de la réserve.

Anacardiaceae
Lannea acida
Lannea kerstingii
Lannea microcarpa
Lannea velutina
Sclerocarya birrea
Annonaceae
Annona senegalensis
Hexalobus monopetalus
Apocynaceae
Baissea multiflora
Holarrhena floribunda
Saba florida
Saba senegalensis
Arecaceae
Phoenix reclinata
Bignoniaceae
Stereospermum kunthianum
Bombacaceae
Bombax costatum
Boraginaceae
Cordia myxa
Caesalpiniaceae
Afzelia africana
Berlinia grandiflora
Burkea africana
Cassia sieberiana
Daniellia oliveri
Detarium microcarpum
Erythrophleum guineense
Isoberlinia dalzielii
Isoberlinia doka
Piliostigma reticulatum
Piliostigma thonningii
Tamarindus indica
Capparidaceae
Cadaba farinosa
Capparis corymbosa
Crateva religiosa
Maerua angolensis
Celastraceae
Maytenus senegalensis
Combretaceae
Anogeissus leiocarpus
Combretum collinum
Combretum glutinosum
Combretum micranthum
Combretum molle
Combretum nigricans
Combretum paniculatum
Combretaceae
Combretum sericeum
Guiera senegalensis
Pteleopsis suberosa
Terminalia avicennioides
Terminalia glaucescens
Terminalia laxiflora
Terminalia macroptera
Ebenaceae
Diospyros mespiliformis
Euphorbiaceae
Bridelia scleroneura
Drypetes gilgiana
Hymenocardia acida
Phyllanthus discoideus
Phyllanthus reticulatus
Securinega virosa
Fabaceae
Afrormosia laxiflora
Lonchocarpus laxiflorus
Moghania faginea
Ostryoderris stuhlmannii
Pterocarpus erinaceus
Pterocarpus santalinoides
Flacourtiaceae
Oncoba spinosa
Hippocrateaceae
Hippocratea africana
Loganiaceae
Strychnos innocua
Strychnos spinosa
Meliaceae
Ekebergia senegalensis
Khaya senegalensis
Pseudocedrela kotschyi
Trichilia emetica
Mimosaceae
Acacia macrostachya
Acacia pennata
Acacia polyacantha
subsp. *campilacantha*
Acacia seyal
Acacia sieberiana
Acacia dudgeoni
Albizia zygia
Dichrostachys cinerea
Entada africana
Parkia biglobosa
Prosopis africana
Moraceae
Ficus congensis
Ficus ingens
Myrtaceae
Syzygium guineense
Olacaceae
Ximenia americana
Opiliaceae
Opilia celtidifolia
Poaceae
Oxytenanthera abyssinica
Polygalaceae
Securidaca longepedunculata
Rhamnaceae
Zizyphus mucronata
Rosaceae
Parinari curatellifolia
Rubiaceae
Crossoppteryx febrifuga
Feretia apodanthera
Gardenia erubescens
Gardenia sokotensis
Gardenia ternifolia
Mitragyna inermis
Morelia senegalensis
Nauclea latifolia
Pavetta crassipes
Tricalysia chevalieri
Sapindaceae
Allophylus africanus
Cardiospermum halicacabum
Paullinia pinnata
Sapotaceae
Butyrospermum paradoxum
subsp. *parkii*
Malacantha alnifolia
Sterculiaceae
Cola cordifolia
Cola laurifolia
Sterculia setigera
Tiliaceae
Grewia bicolor
Grewia cissoides
Grewia mollis
Verbenaceae
Vitex doniana
Vitex madiensis
Vitex simplicifolia
Vitaceae
Cissus populnea

Annexe 2. Données qualitatives de la flore.

Espèces	Form. biol.	Affin. phyto.	Nbre ind.	Nbre présen.	Cote Fréq.	Cote Abond.	Nbre rejets	Dens. regén.
Acacia albida	mA	so.se	2	1	1	x	1	100
Acacia dudgeoni	Abu	sa so	136	22	1	4	122	554,5
Acacia macrostachya	Abr	so	43	26	2	2	39	150
Acacia pennata	Ll	sa so	4	3	1	x	4	133,3
Acacia polyacantha	pA	so	28	7	1	2	13	185,7
Acacia seyal	Abu	sa so	10	10	1	1	9	90
Acacia sieberiana	pA	sa so	44	12	1	2	36	300
Afrormosia laxiflora	pA		106	41	2	4	121	295,1
Afzelia africana	mA	so	4	3	1	x	4	133,3
Albizzia zygia	mA	so	16	3	1	2	15	500
Allophylus africanus	mA		3	2	1	x	3	150
Annona senegalensis	Abr		259	103	4	4	254	246,6
Anogeissus leiocarpus	mA	so	529	18	1	5	515	286,1
Baissea multiflora	Ll		3	1	1	x	3	300
Berlinia grandiflora	mA		3	2	1	x	2	200
Bombax costatum	pA	so.se	65	28	2	3	61	217,9
Bridelia scleroneura	Abu		2	3	1	x	20	666,7
Burkea africana	mA	so gu	191	78	3	4	140	179,5
Butyrospermun paradoxum	pA	so.se	639	110	4	5	516	469,1
Cadaba farinosa	sAbr	sa so	1	1	1	x	1	100
Capparis corymbosa	Ll		51	12	1	3	51	425
Cassia sieberiana	Abu	so.se	35	7	1	2	34	485,7
Ceiba pentendra	gA		1	1	1	x	0	0
Cissus populnea	Ll		13	5	1	2	13	260
Cola cordifolia	gA	so gu	17	7	1	2	15	214,3
Cola laurifolia	gA	so.se	5	1	1	x	0	0
Combretum collinum	Abu	so.se	465	167	4	5	284	170,1
Combretum glutinosum	Abu	so	258	84	3	4	217	258,3
Combretum micranthum	Abr	so	28	9	1	2	15	166,3
Combretum molle	Abu	so	97	26	2	3	83	319,2
Combretum nigricans	Abu	so	226	77	3	4	188	244,2
Combretum paniculatum	Ll		35	4	1	2	33	825
Combretum sericeum	Abu	so.se	1	1	1	x	0	0
Cordia myxa	Abu		21	8	1	2	5	62,5
Crateva religiosa	Abu	so.se	75	12	1	3	75	625
Crossopteryx febrifuga	pA	so	99	63	3	3	76	120,6
Daniellia oliveri	mA	so	372	32	2	4	361	1128,1
Detarium microcarpum	Abu	gu so	1214	133	4	5	1635	1229,3
Dichrostachys cinerea	Abr		630	33	2	5	630	1909,1
Diospyros mespiliformis	mA	so	96	23	2	3	89	387
Ekebergia senegalensis	mA	gu so	1	1	1	x	0	0
Entada africana	Abu	so	51	28	2	3	36	128,6
Erythrophleum guineense	mA		1	1	1	x	0	0
Feretia apodanthera	sAbr		33	13	1	2	32	246,2
Ficus asperifolia	pA	gu so	3	1	1	x	3	300
Ficus congensis	pA		1	1	1	x	0	0
Ficus ingens	pA		1	1	1	x	0	0
Gardenia erubescens	sAbr		24	5	1	2	24	480
Gardenia sokotensis	sAbr		5	1	1	x	5	500
Gardenia ternifolia	sAbr		282	103	4	4	268	260,2
Guiera senegalensis	Abr	so	36	11	1	2	36	327,3
Grewia bicolor	Abr	sa so	262	69	3	4	242	350,7
Grewia mollis	Abr		10	18	1	1	40	222,2
Hexalobus monopetalus	sAbr		2	2	1	x	2	100
Hippocratea africana	Ll		7	3	1	1	7	233,3
Holarrhena floribunda	Abu		2	2	1	x	2	100
Hymenocardia acida	Abu		1	1	1	x	0	0
Isoberlinia doka	mA	so gu	191	40	2	4	156	390
Khaya senegalensis	gA	so	492	9	1	4	489	543,3

Annexe 2, suite. Données qualitatives de la flore.

Espèces	Form. biol.	Affin. phyto.	Nbre ind.	Nbre présen.	Cote Fréq.	Cote Abond.	Nbre rejets	Dens. regén.
Lannea acida	pA	so.se	71	52	3	3	34	65,4
Lannea kerstingii	pA	so	3	3	1	x	2	66,7
Lannea microcarpa	pA	so.se	2	3	1	x	2	66,7
Lannea velutina	Abu	so	37	18	1	2	18	100
Lonchocarpus laxiflorus	pA	gu so	31	14	1	2	30	214,3
Maerua angolensis	Abr		6	7	1	1	6	85,7
Malacantha alnifolia	pA	so gu	4	2	1	x	4	200
Maytenus senegalensis	Abr		37	16	1	2	25	156,3
Mitragyna inermis	mA	so.se	179	30	1	2	42	140
Morelia senegalensis	Abu	so.me	1	1	1	x	0	0
Nauclea latifolia	Abr	so	5	1	1	x	3	300
Oncoba spinosa	Abr		8	4	1	1	8	200
Opilia celtidifolia	Ll		6	3	1	1	6	200
Ostryoderris stuhlmannii	pA		45	28	2	2	32	114,3
Oxytenanthera abyssinica	Abu		31	1	2	2	31	3100
Parinari curatellifolia	Abu		2	2	1	x	2	100
Parkia biglobosa	mA	so.se	9	3	1	1	7	233,3
Paullinia pinnata	Ll		5	1	1	x	5	500
Pavetta crassipes	sAbr	gu	1	1	1	x	1	100
Phoenix reclinata	Abu		4	3	1	x	4	133,3
Phyllanthus discoideus	pA	so	3	2	1	x	3	150
Phyllanthus reticulatus	Abr		150	1	1	4	150	15000
Piliostigma reticulatum	Abr	so	78	15	1	3	78	520
Piliostigma thonningii	Abr	so	475	120	4	4	442	368,3
Prosopis africana	pA	so.se	34	33	2	2	31	93,9
Pseudocedrela kotschyi	mA		5	3	1	x	5	166,7
Pteleopsis suberosa	Abu	so	673	96	3	5	655	682,3
Pterocarpus erinaceus	pA	so	669	138	4	5	626	453,6
Pterocarpus santalinoides	pA	so	1	2	1	x	13	650
Saba florida	Ll		60	3	1	3	60	2000
Saba senegalensis	Ll	gu so	52	12	1	3	52	433,3
Sclerocarya birrea	pA	so.se	1	1	1	x	1	100
Securidaca longepedunculata	Abu	so	13	3	1	2	2	66,7
Securinega virosa	Abu	so	46	9	1	2	46	511,1
Sterculia setigera	pA	so.se	5	4	1	x	1	25
Stereospermum kunthianum	pA	so.me	314	87	3	4	311	357,5
Strychnos innocua	Abr		100	3	1	3	100	3333,3
Strychnos spinosa	Abr		79	36	2	3	73	202,8
Tamarindus indica	mA	so sa	26	5	1	2	24	480
Terminalia avicennioides	Abu	so	2	2	1	x	2	100
Terminalia glaucescens	pA		182	53	3	4	180	339,6
Terminalia laxiflora	pA	so	321	141	4	4	294	208,5
Terminalia macroptera	pA		106	49	2	4	80	163,3
Tricalysia chevalieri	sAbr		1	1	1	x	1	100
Trichilia emetica	pA		19	7	1	2	14	200
Vitex madiensis	Abu		1	1	1	1	0	150
Vitex simplicifolia	Abu		3	2	1	x	3	0
Ximenia americana	sAbr		54	27	2	3	0	0
Zizyphus mucronata	Abr	so	2	1	1	x	2	200

Legende:
sa : affinité sahélienne so : affinité soudanienne
gu : affinité guinéenne sa so : affinité sahélo-soudanienne
so gu : affinité soudano-guinéenne so sa : affinité soudano-sahélienne
gu so : affinité guinéo-soudanienne so.me : affinité soudanien méridionale
so.se : affinité soudanien septentrionale gA :grand arbre; mA : arbre moyen
pA : petit arbre; Abu : arbuste Abr : arbrisseau
sAbr : sous arbrisseau Ll : liane.

IMPORTANCE DES LÉGUMINEUSES DANS LES SYSTÈMES ÉCOLOGIQUES SEMI-ARIDES DU SÉNÉGAL

Michel GROUZIS et Ibrahima DIÉDHIOU

Résumé
Grouzis, M. et Diédhiou, I. 1998. Importance des légumineuses dans les systèmes écologiques semi-arides du Sénégal. *AAU Reports* **39**: 97—111. — Cette étude réalisée dans le cadre du programme de l'Union Européenne "Réhabilitation des terres dégradées au nord et au sud du Sahara. Utilisation des légumineuses pérennes et des micro-organismes associés pour l'établissement de formations pluristrates", se propose d'une part d'apprécier la place des légumineuses dans la flore et d'autre part d'évaluer leur importance en terme de diversité, dans les systèmes écologiques semi-arides du Sénégal. Elle a permis de montrer que les légumineuses représentent 16% de la flore du Sénégal. Les Fabaceae représentent 77% des légumineuses spontanées. *Indigofera* est le genre dominant (15% des espèces). Les phanérophytes et les thérophytes sont les principaux types biologiques. Les légumineuses sont plus représentées dans les zones soudaniennes et guinéennes que dans la zone shélienne et celle des Niayes. La proportion des légumineuses dans la strate herbacée des systèmes écologiques diminue du sud (13° 55' N) au nord (16° 35' N). A l'inverse, la proportion des légumineuses dans la strate ligneuse augmente du sud vers le nord. Lorsqu'on considére l'ensemble de la végétation (strate herbacée et ligneuse), la proportion des légumineuses diminue du sud au nord. Pour une même zone écologique, la proportion des légumineuses est plus élevée dans les formations anthropisées (parcs agroforestiers) que dans les formations peu anthropisées. Ces résultats sont placés dans un contexte régional en les comparant à ceux obtenus dans différentes zones écologiques au nord et au sud du Sahara. C'est dans les savanes soudano-sahéliennes et sahélo-soudaniennes à dominance de ligneux et de pérennes qu'on note la plus forte proportion des légumineuses dans l'ensemble de la flore. A cet égard, le Sénégal reflète parfaitement l'ensemble ouest-africain.

Mots clés: Afrique de l'Ouest - Diversité - Légumineuses - Réhabilitation - Semi-aride - Sénégal.

Introduction
Les systèmes écologiques sahéliens fortement dégradés (Richard, 1990; Pontie et al., 1992) doivent être réhabilités si l'on veut y maintenir durablement une activité socio-économique. Le choix porté sur les légumineuses pour la réhabilitation des terres dégradées apparaît justifié dans les zones semi-arides du Sénégal. En effet, au-delà des qualités qu'on reconnaît à ces taxons - double capacité à réduire l'N2 et le C02, espèces clés de voûte (Aronson et al., 1993), bonne adaptation à l'aridité pour la plupart (Fournier, 1994) - les légumineuses intéressent les paysans et les éleveurs comme en témoigne leur potentiel élevé dans les parcs agroforestiers (Raison, 1988).

Cependant la connaissance des légumineuses au Sénégal reste insuffisante et/ou éparse pour guider le choix des espèces utilisables dans les opérations de réhabilitation. C'est pourquoi l'ORSTOM, en relation avec ses partenaires, a mis en place dans le cadre du programme STD III de l'Union Européenne, un programme de recherche régional intitulé "Réhabilitation des terres dégradées au nord et au sud du Sahara. Utilisation des légumineuses pérennes et des micro-organismes associés pour le rétablissement des formations pluristrates"(Grouzis, 1991)

Dans ses objectifs généraux ce programme se propose:
1. de comparer les caractéristiques des micro-organismes et d'acquérir une bonne connaissance du fonctionnement de la symbiose en milieu naturel;
2. de déterminer les mécanismes d'adaptation à l'aridité des plantes hôtes et des associations symbiotiques.

Les travaux portent sur l'analyse de la diversité, les aspects fonctionnels et l'application à la réhabilitation des terres. Dans ce contexte, cette étude se propose de préciser la place des légumineuses dans la flore du Sénégal et de déterminer leur importance dans les systèmes écologiques des zones semi-arides.

1. Méthodes d'étude

1.1. ECHANTILLONNAGE
Au Sénégal la variation du régime des précipitations induit une variabilité climatique selon un gradient nord/sud. Ceci se traduit par une distribution zonale des espèces et des types de végétation. Afin de cerner le maximum de variabilité du pays, on

a procédé à un échantillonnage stratifié sur la base de la carte du couvert végétal du Sénégal au 1:500.000 ème (Anonyme, 1985) et de la carte des isohyètes du Sénégal d'après les nouvelles normes O.M.M., c'est-à-dire sur la période 1951-1980 (Anonyme, 1992);

Onze sites (3 en zones cultivées et 8 en zones peu anthropisées) dans les formations végétales les plus représentées sur l'ensemble du pays ont été retenus. Le tableau 1 indique les caractéristiques des stations inventoriées.

1.2. PLACE DES LÉGUMINEUSES DANS LA FLORE

L'objectif ici est d'établir une liste aussi complète que possible des légumineuses du Sénégal et de déterminer les proportions des espèces: autochtones, allochtones, spontanées et non spontanées. Les légumineuses spontanées sont ensuite classées en fonction des unités taxinomiques (familles, genres), des types biologiques et des zones écologiques. Enfin, la répartition des légumineuses spontanées selon les types biologiques par zone écologique est déterminée. Les flores illustrées de Bérhaut (1975 et 1976) et "l'Enumération des Plantes Vasculaires du Sénégal" de Lebrun (1973) ont été utilisées comme principales sources de données en particulier pour l'établissement de la liste complète des légumineuses du Sénégal. Cette analyse s'est aussi référée à: Hutchinson et Dalziel (1958), Geerling (1982), Maydell (1983), Lebrun et Stork (1992).

1.3. INVENTAIRE DE LA VÉGÉTATION

Les relevés relatifs à la strate herbacée ont été effectués dans les formations naturelles. Dans chaque site un inventaire exhaustif a été réalisé. Pour la strate ligneuse, les échantillons ont été choisis dans chaque site, dans des zones homogènes (aspect distribution des individus, micro milieu) et représentatives (aspect floristique). Selon la densité de la végétation, nous avons utilisé un relevé de forme carrée ou circulaire. L'effectif de l'échantillon allait de 2 à 8 et les surfaces de relevés variaient de 900 m2 à I ha. Dans tous les cas, celle-ci était supérieure à l'aire minimale préconisée par Boudet (1984). Au cours de l'inventaire, la nature de l'espèce et sa densité étaient notées. Pour les espèces multicaules la notion d'individu étant parfois difficile à apprécier, toutes les tiges principales émergeantes ont été comptabilisées (Mitja, 1990; Nouvellet ,1992).

2. Résultats

2.1. Place des légumineuses dans la flore

Les légumineuses sont bien représentées au Sénégal. Elles constituent 16% des 2100 taxons énumérés par Lebrun (1973) pour l'ensemble du pays. 85% des légumineuses identifiées sont spontanées. La majorité de ces légumineuses appartient à la famille des Fabaceae (77%). Les principaux genres des légumineuses spontanées sont: *Indigofera* (Fabaceae), *Cassia* (Caesalpiniaceae) et *Acacia* (Mimosaceae).

Elles sont plus représentées dans les zones soudanienne (38%) et guinéenne (35%). Les types biologiques dominants chez les légumineuses spontanées sont les thérophytes (116 espèces) et les phanérophytes (91 espèces). Les thérophytes dominent en zone sahélienne tandis que les phanérophytes constituent le principal type biologique en zone guinéenne. Ces deux types biologiques sont tous bien représentés en zone soudanienne. Sur les 281 légumineuses spontanées dénombrées, 165 sont des pérennes dont 20 (12%) appartiennent à la zone sahélienne.

Les familles des Fabaceae et des Mimosaceae sont les plus représentées sur l'ensemble des stations inventoriées. *Indigofera* (strate herbacée) et *Acacia* (strate ligneuse) constituent les principaux genres.

La proportion d'espèces qui nodulent est plus élevée chez les Mimosaceae (59%) et les Fabaceae (54%). Elle n'est que de 18% chez les Caesalpiniaceae. Il apparaît que la proportion d'espèces présentant des nodules est plus importante en zone sahélienne (71%) et dans les Niayes (63%) que dans les régions plus humides (40 à 46%). La nodulation varie aussi avec le type biologique (39% des phanérophytes, 80% des hémicryptophytes et 60% des thérophytes).

2.2. Importance des légumineuses dans les systèmes écologiques

- La strate herbacée

La figure 1 représente les variations de la proportion des légumineuses dans la flore herbacée des systèmes écologiques en fonction de la latitude.

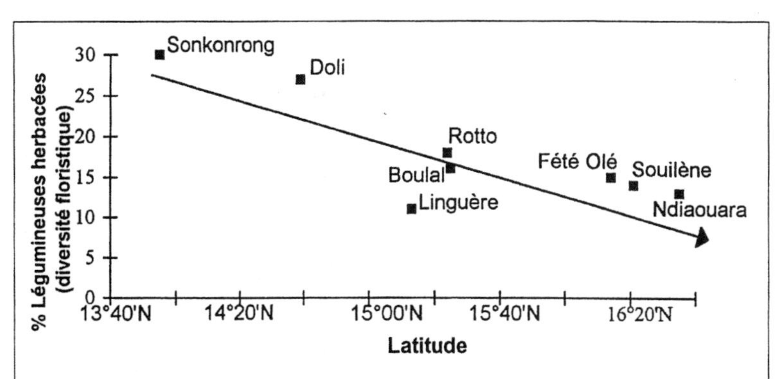

Figure 1. Variations de la proportion des légumineuses dans la flore herbacée des différents systèmes écologiques étudiés en fonction de la latitude.

La proportion des légumineuses dans la composition floristique de la strate herbacée des systèmes écologiques varie globalement de 11% (station de Linguère) à 30% (station de Sonkorong). Cette proportion est élevée au niveau des stations de Sonkorong et Doli où elle atteint respectivement 30% et 27%. Elle décroît du sud (station de Sonkorong, 13° 55'N) vers le nord (station de Ndiaouara, 16° 35'N). Ce résultat peut être mis en rapport avec des conditions hydriques plus favorables au sud qui permettent le développement de taxons herbacés vivaces en plus des annuels.

Pour une même zone écologique, il semble y avoir un effet de la nature du sol. Cela apparaît notamment pour les stations de Rotto, Boulal, Linguère. La proportion de légumineuses est respectivement de 16% pour Rotto et 15% pour Boulal (sol à texture sableuse) contre 11% pour Linguère (sol à texture gravillonnaire). Dans les stations situées en zones sahéliennes et soudano- sahéliennes (Ndiaouara, Souilène, Fété-Olé, Boulal, Rotto et Linguère), la proportion des légumineuses dans la flore herbacée varie de 11% à 18%. Ces résultats se situent dans la gamme des valeurs tirées de travaux se rapportant à la zone sahélienne: 14% au Burkina Faso (Zoungrana, 1993) et 18% au Niger (Renard et al., 1991). En zone sahélo-soudanienne (stations de Doli et Sonkorong), les résultats sont supérieurs aux valeurs notées dans les relevés de Seghieri (1990) relatifs à une strate herbacée de la zone sahélo-soudanienne (800 mm) du nord Cameroun (17%).

La strate ligneuse
La figure 2 représente les variations de la proportion des légumineuses dans la flore ligneuse des parcs agroforestiers (carrés blancs) et des formations peu anthropisées (carrés noirs) en fonction de la latitude.

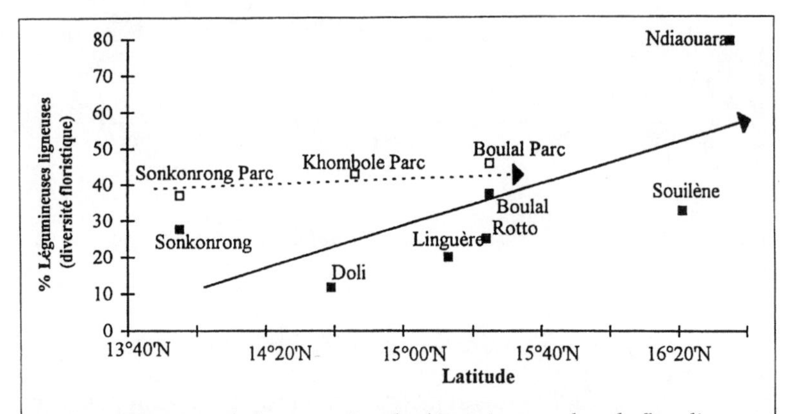

Figure 2. Variations de la proportion des légumineuses dans la flore ligneuse des systèmes écologiques selon la latitude.

Si l'on ne tient pas compte de la station de Fété-Olé, très atypique sur laquelle nous reviendrons ultérieurement, il apparaît que la proportion des légumineuses dans la flore ligneuse varie de 11% (station de Doli) à 80% (station de Ndiaouara). Contrairement à la strate herbacée, la proportion des légumineuses dans la composition floristique de la strate ligneuse s'accroît du sud vers le nord.

Il convient de souligner la position atypique de Fété-Olé (11%) que nous attribuons à une forte anthropisation illustrée par l'abondance de *Calotropis procera.* En effet cette espèce est considérée comme indicatrice d'une artificialisation poussée (Lawesson, 1990).

La valeur obtenue pour Sonkorong, relativement élevée compte-tenu de la zone, semble à mettre en relation avec l'anthropisation très accentuée de ce secteur. C'est une zone de jachères qui favorise l'abondance des espèces telles que *Cordyla pinnata,*

Piliostigma reticulatum et *Pterocarpus erinaceus*, toutes des légumineuses.

Dans les parcs agroforestiers, on constate la quasi-stabilité de la proportion des légumineuses dans la composition floristique de la strate ligneuse quelle que soit la zone écologique.

En outre, pour une même zone écologique, la proportion des légumineuses ligneuses est plus élevée dans les parcs agroforestiers que dans les formations naturelles. Ce résultat montre le rôle de l'homme dans la gestion des ressources naturelles. Il va sélectionner les espèces intéressantes pour le maintien de la fertilité des champs, mais aussi pour l'alimentation humaine et du cheptel.

Les résultats obtenus dans les stations sahéliennes et soudano-sahéliennes des formations peu anthropisées varient de 20% (station de Linguère) à 80% (station de Ndiaouara). Ils s'inscrivent globalement dans l'intervalle des valeurs que nous avons établies dans des systèmes écologiques d'autres régions sahéliennes à partir de listes floristiques. C'est ainsi que le calcul effectué à partir des relevés de Cornet et Poupon (1977) au Sénégal (492 mm) fait apparaître une proportion des légumineuses de 27% dans la flore ligneuse. Hiernaux (1989) dénombre 32% de légumineuses dans la liste des espèces ligneuses inventoriées dans le Gourma malien (390 mm).

La valeur obtenue sur la station sahélo-soudanienne de Sonkorong (37%) est comparable a celle obtenue à partir des travaux de Devineau (1986) au Burkina Faso (750 - 800 mm).

Globalement la proportion des légumineuses est de 8 à 10% plus faible lorsque le critère densité est pris en considération. Cependant les tendances sont similaires à celles notées pour la proportion des légumineuses dans la flore ligneuse des systèmes écologiques, à savoir: la proportion des légumineuses dans la densité ligneuse des formations peu anthropisées tend à augmenter du sud au nord. Pour une même zone écologique, le potentiel des légumineuses est plus élevé dans les parcs agroforestiers que dans les formations peu anthropisées; ce résultat confirme le rôle important joué par l'homme dans la sélection des espèces.

1. L'unité de végétation

La figure 3 résume les variations de la proportion de l'ensemble des légumineuses (herbacées et ligneuses) sur l'unité de végétation inventoriée en terme de diversité dans les formations peu anthropisées.

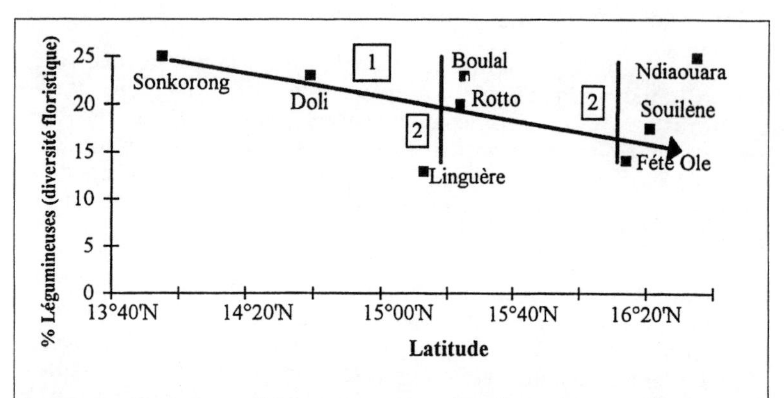

Figure 3. Variations de la proportion des légumineuses (ligneux et herbacées) dans l'ensemble de la flore des différents systèmes écologiques étudiés en fonction de la latitude.

La prise en compte de l'ensemble des légumineuses montre que leur importance tend à diminuer lorsque l'on passe des zones sahélo-soudaniennes (25%) aux zones sahéliennes (18.6% en moyenne; tendance 1 de la figure 3). Ce sont donc les légumineuses herbacées qui impriment leur caractère à l'ensemble des taxons.

Pour une même zone géographique, on observe une certaine variabilité (tendance 2 de la figure 3) due soit à la nature du sol (Linguère/Boulal; Souilène/Ndiaouara) soit au stade de dégradation avancée de certaines stations inventoriées (Fété-Olé notamment).

C'est dans les savanes sahélo-soudaniennnes qu'on observe la plus forte proportion des légumineuses dans l'ensemble de la flore. C'est ainsi que les relevés de Nouvellet (1992) font apparaître que les légumineuses représentent 26% des taxons des systèmes écologiques de la zone sahélo-soudanienne du Burkina

Faso (750-800 mm). Les légumineuses représentent une part relativement importante dans les flores d'une part des savanes soudaniennes et sub-guinéennes et d'autre part des steppes pré-sahariennes. En effet des travaux de Floret et Pontanier (1982) il ressort que les légumineuses constituent 19% des espèces présentes dans les systèmes écologiques de la Tunisie pré-saharienne. De la liste des espèces rencontrées par Blanfort (1991) en Casamance (1250 mm) au Sénégal, nous tirons également 19% de légumineuses.

Les savanes sahéliennes présentent la plus faible proportion de légumineuses en termes de diversité lorsqu'on s'adresse à l'ensemble de la flore. Le dénombrement effectué à partir des relevés de Poupon (1980) montre que 13% des taxons notés dans une savane sahélienne (340 mm) au Sénégal sont des légumineuses. Celles-ci ne représentent que 14% des espèces rencontrées par Carrière (1984) dans les systèmes écologiques de Kaedi (240 mm) en Mauritanie. La liste des espèces inventoriées par Boudet et al. (1971) nous permet de signaler que les légumineuses représentent 17% des taxons dans le Gourma malien (390 mm).

3. Discussion

La proportion des légumineuses dans la strate herbacée décroît dans la zone d'étude du sud (13° 55'N) au nord (16° 35'N). Ce résultat semble être en relation au sud avec les conditions hydriques plus favorables qui permettent le développement de taxons herbacés vivaces en plus des annuels.

La proportion des légumineuses dans la strate ligneuse croît du sud au nord. Ce résultat est à mettre en relation avec le caractère d'adaptation à l'aridité des taxons. En effet, les phanérophytes sont des espèces arido-actives (Evenari et al., 1975) qui passent la saison défavorable munis d'organes photosynthétiques. Dans les zones plus sèches (Sahel), il est nécessaire de réduire au maximum les surfaces évaporantes: ce sont donc les espèces microphylles (pour la plupart des Mimosaceae du genre *Acacia*, associés à d'autres espèces épineuses (*Balanites aegyptiaca*) qui offrent ce caractère.

Dans les zones plus clémentes du sud, ces espèces sont remplacées par des taxons à larges feuilles appartenant notamment à la famille des Combretaceae.

La proportion des légumineuses dans l'unité de végétation décroît du sud vers le nord. Lorsqu'on considère le critère diversité floristique, cette proportion varie de 13 à 25%. Elle est de 19% en moyenne pour les stations sahéliennes, atteint 23% dans la station soudano-sahélienne de Doli et 25% dans la station sahélo-soudanienne de Sonkorong.

La figure 4 synthétise les variations de la proportion des légumineuses dans la flore de différents systèmes écologiques du nord au sud du Sahara en fonction des précipitations moyennes annuelles. Nous y avons par ailleurs porté les zones biogéographiques (Le Houérou, 1989) qui reflètent les types physionomiques de la végétation et les types biologiques dominants. Ces données permettent de situer nos résultats dans un contexte régional. A l'exception des formations steppiques situées au nord du Sahara et caractérisées par des pérennes, la proportion des légumineuses augmente des zones sahéliennes sensu stricto, passe par un maximum dans les zones sahélo-

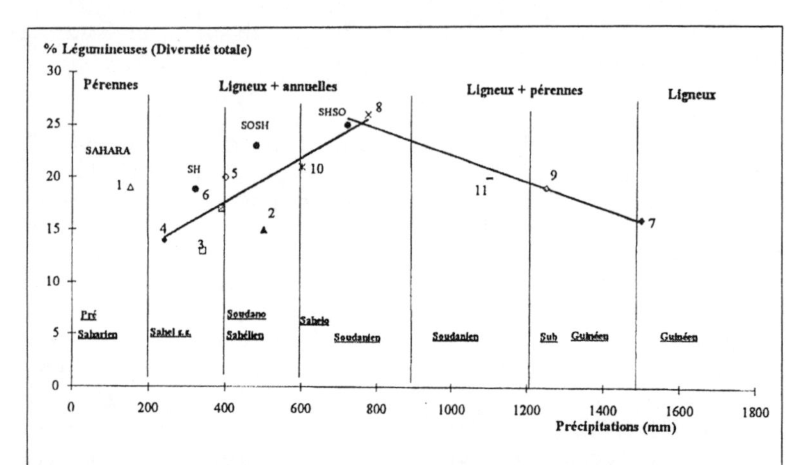

Figure 4. Place des légumineuses dans les systèmes écologiques nord et sud sahariens.

• valeurs moyennes des stations par zone écologique (Sénégal)

1: Floret et Pontanier (1982), Tunisie; 2: Raynal (1964), Sénégal; 3: Poupon (1980), Sénégal; 4: Carrière (1984), Mauritanie; 5: Grouzis (1988), Burkina Faso; 6: Boudet (1971), Mali; 7: Mitja (1990), Côte d'Ivoire; 8: Nouvellet (1992), Burkina Faso; 9: Blanfort (1991), Sénégal; 10: De Miranda (1980), Niger; 11: Fournier (1991), Côte d'Ivoire.

soudaniennes (800 mm) et diminue de nouveau lorsque l'on passe dans les bioclimats humides à très humides.

Une plus grande variabilité existe pour les résultats relatifs aux bioclimats semi-arides. Les résultats de Raynal (1964) et de Poupon (1980) sont en particulier bas par rapport à la tendance générale. Ces valeurs sont cependant facilement interprétables. Elles sont dues d'une part à la dégradation de la végétation de certaines stations (Fété-Olé) et d'autre part à la dominance dans les zones plus sèches de plantes annuelles qui épousent le plus la variabilité interannuelle des précipitations.

Nos résultats (SH, SOSH et SHSO) sont largement conformes à la tendance générale mais se situent légèrement au-dessus de celle ci. C'est dans les savanes à dominance de ligneux et d'annuelles des zones sahélo- soudaniennes et soudano-sahéliennes qu'on note la plus forte proportion des légumineuses lorsqu'on s'adresse à l'ensemble de la flore. Par contre la proportion des légumineuses est plus faible dans les savanes sahéliennes à base de ligneux et d'annuelles, les savanes soudaniennes et sub-guinéennes à dominance de ligneux et d'herbacées pérennes et les forêts guinéennes principalement constituées de pérennes. Ce résultat confirme que ce sont les herbacées qui impriment leur caractère aux autres taxons. Il s'accorde également avec nos résultats relatifs à la répartition des légumineuses spontanées en fonction des zones écologiques. Donc le Sénégal reflète parfaitement l'ensemble ouest-africain.

Conclusion

Cette étude générale, nous a permis de préciser la place des légumineuses dans les systèmes écologiques semi-arides du Sénégal. Celles-ci représentent 15 à 25% de la flore. Compte tenu de ce résultat, il est tout à fait raisonnable de les utiliser dans les opérations de réhabilitation pour augmenter la diversité et relever le niveau de fertilité. Une telle application nécessite cependant une meilleure connaissance de leur fonctionnement aussi bien au niveau de leurs réponses à l'aridité que de leurs potentialités à fixer l'azote atmosphérique.

Références bibliographiques

Anonyme, 1985. Cartographie et télédétection des ressources de la république du Sénégal. Etude de la géologie, de l'hydrologie, des sols, de la végétation et des potentiels d'utilisation des sols. Direction de l'aménagement du territoire et Agence des Etats-Unis d'Amérique pour le développement, 653 p.

Anonyme, 1992. Evaluation hydrologique de l'Afrique sub-saharienne. Pays de l'Afrique de l'ouest Rapport de pays: Sénégal (non paginé).

Aronson, J., C. Floret, E. Le Floch, C. Ovalle & R. Pontanier. 1993. Restoration and rehabilitation of degraded ecosystems of Arid and semiarid Lands. I. A view from the South. Restauration Écologie, pp. 8—17.

Bérhaut, J. 1967. Flore du Sénégal. Clair Afrique, Dakar, 485 p.

Bérhaut, J. 1975. Flore illustrée du Sénégal, tome IV. Gouvernement du Sénégal, Ministère du développement rural, Direction des eaux et forêts, Dakar, 625 p.

Bérhaut, J. 1976. Flore illustrée du Sénégal, tome V. Gouvernement du Sénégal, Ministère du développement rural, Direction des eaux et forêts, 658 p.

Blanfort, V. 1991. Contribution à l'établissement d'un bilan fourrager pour trois terroirs agro-pastoraux de la Casamance (Sénégal). Volume 1. Programme ABT- IEMVT-ISRA, 165 p.

Boudet, G. 1984. Manuel sur les pâturages tropicaux et les cultures fourragères. 4 ème éd., Paris, Min. de la Coop., 254 p.

Boudet, G., A. Cortin & H. Macher. 1971. Esquisse pastorale et esquisse de transhumance de la région du Gourma (République du Mali). Essen, DIWI Gesellschaft für ingenieurberatung, Maisons-Alfort, I.E.M.V.T., Trav. Agr. n° 9, 283 p.

Carrière, M. 1984. Les communautés végétales sahéliennes en Mauritanie (région de Kaedi); Analyse de la reconstitution annuelle du couvert herbacé. Thèse de Doctorat troisième cycle, Université de Paris-Sud, Centre d'Orsay, 231 p.

Cornet, A. & H. Poupon. 1977. Description des facteurs du milieu et de la végétation dans cinq parcelles situées le long d'un gradient climatique en zone sahélienne au Sénégal. Extrait de l'Institut Fondamental d'Afrique Noire, Tome 39, série A, 2, Dakar, pp. 242—298.

Devineau, J. L. 1986. Impact écologique de la recolonisation des zones libérées de l'onchocercose dans les vallées burkinabé (Nazinon, Nakambé, Mouhoun, Bougouriba). ORSTOM/OMS/OCP. Projet de lutte contre l'onchocercose. Rapport multigraphié, 2 vol., 109p.

De Miranda, E. E. 1980. Essai sur les déséquilibres écologiques et agricoles en zone tropicale et semi-aride. Le cas de la région de Maradi au Niger. Thèse U.S.T.L., Montpellier, 186 p.

Evenari, M., E. D. Schulze, L. Kappen, V. Buschbom & O. L. Lange. 1975. Adaptative mechanisms in desert plants. in: Physiological Adaptation to the Environments, Ed. F.J. VERNBERG: III - 129 New York: Instext Educ. Publishers.

Floret, C. & R. Pontanier. 1982. L'aridité en Tunisie pré-saharienne. Travaux et documents de l'ORSTOM, 150, Paris, 544 p.

Fournier, A. 1991. Phénologie croissance et production végétales dans quelques savanes d' Afrique de l'Ouest, variations selon un gradient de sécheresse. Thèse d'Etat, Université Paris VI, 445 p.

Fournier, C. 1994. Fonctionnement hydrique de six espèces ligneuses coexistant dans une savane sahélienne (Région du Ferlo, nord-Sénégal). TDM, ORSTOM, Paris, 165 p.

Geerling, C. 1982. Guide de terrain des ligneux sahéliens et soudano-guinéens. Wageningen, 340 p.

Grouzis, M. 1988. Structure, productivité et dynamique des systèmes écologiques sahéliens (Mare d'Oursi, Burkina Faso). Eds de l'ORSTOM, Coll. Etudes et Thèses, 336 p.

Grouzis, M. 1991. Projet STD3. Réhabilitation des terres dégradées au nord et au sud du Sahara. Utilisation des légumineuses pérennes et des micro-organismes associés pour l'établissement de formations pluristrates. ORSTOM, Dakar.

Hiernaux, P., L. Diarra, & A. Maïga. 1989. Dynamique de la végétation sahélienne après sécheresse. Un bilan de suivi des sites pastoraux du Gourma. Sous-projet "Tendances pastorales ", C.I.P.E.A., Bamako, 52 p.

Hutchinson, J. & J. M. Dalziel. 1958. Flora of West Tropical Africa. Vol. 1, Part 2, Whitefriars Press, London, 828 p.

Lawesson, E. J. 1990. Sahelian woody vegetation in Senegal. Kluwer Academic Publishers, Printed in Belgium, Vegetatio, n°86 pp. 161—174.

Le Houerou, H. N. 1989. The Grazing Land of The African Sahel. Ecological Studies 75, Springer-Verlag, Berlin Heidelberg, 282 p.

Lebrun, J.-P. 1973. Enumération des plantes vasculaires du Sénégal. Maisons-Alfort, IEMVT, ét. bot. 2: 209 p.

Lebrun, J.-P. & A. L. Stork. 1992. Enumération des plantes à fleurs d'Afrique Tropicale.Vol. 2, Ed. Conservatoire et Jardin botaniques, Genève, 257 p.

Mitja, D. 1990. Influence de la culture itinérante sur la végétation d'une savane humide de la Côte d'Ivoire (Booro-Borotou, Touba). Thèse Doctorat, Université de Paris VI, Paris, 314 p.

Nouvellet, Y. 1992. Evolution d'un taillis de formation naturelle en zone soudanienne du Burkina Faso (fascicule 1). Thèse Doc. Sci. Bot. Trop., Uni. Paris VILS, 209 p.

Pontie, G. & G. Gaud. 1992. L'environnement en Afrique. Afrique contemporaine, n°161, 294 p.

Poupon, H. 1980. Structure et dynamique de la strate ligneuse d'une steppe sahélienne au nord du Sénégal. Travaux et documents de l'ORSTOM, 115, p.

Raison, J.-P. 1988. Les parcs en Afrique. Etat des connaissances et perspectives de recherche. Encyclopédie des Techniques Agricoles en Afrique Tropicale, 117 p.

Raynal, J. 1964. Etude botanique des pâturages du Centre de Recherches Zootechniques de Dahra-Djioloff (Sénégal). O.R.S.T.O.M., Paris, 99 p.

Renard, C., E. Boudouresque, G. Schmelzer, & A. Bationo. 1993. Evolution de la végétation dans une zone protégée du Sahel (Sadoré, Niger), pp.

289—297. in: FLORET, C. & SERPANTIE, G., Ed. " La jachère en Afrique de l'ouest". Atelier international de Montpellier, Ed. ORSTOM, Paris, 461 p.

Richard, J. F. 1990. La dégradation des paysages en Afrique de l'ouest. AUPELF, UICN, ORSTOM, ENDA, Dakar, 310 p.

Seghieri, J. 1990. Dynanique saisonnière d'une savane soudano-sahélienne au Nord- Cameroun. Thèse de Doctorat, Université Montpellier II - Sciences et Techniques du Languedoc, 200 p.

Von Maydell, H. J. 1983. Arbres et arbustes du Sahel: leurs caractéristiques et leurs utilisations. GTZ, Eschbom, 531 p.

Zoungrana, I. 1993. Les jachères Nord-soudaniennes du Burkina Faso. I.- Diversité, stabilité et évolution des communautés végétales. II.- Analyse de la reconstitution de la végétation herbacée, pp. 351 - 359. In FLORET C., SERPANTIE G. Ed. " La jachère en Afrique de l'ouest". Atelier international de Montpellier, Ed. ORSTOM, Paris, 461 p.

Tableau 1. Caractéristiques des stations d'évaluation de la place des légumineuses pérennes dans les systèmes écologiques arides et semi-arides du Sénégal.

Stations	Coordonnées	Pluviométrie 1951—1980 (1980—1989)	Types de Sol	Esp.	Utilisations
Ndiaouara AC14(3)	16°35' N 14° 51' O	<300 mm (< 200 mm)	Sols vertiques et hydromorphes	1	Parcours
Souilène ACm3	16°21' N 15°24' O	300—400 mm (< 200 mm)	Sols ferrugineux tropicaux peu lessivés et sols bruns intergrades	2	Parcours
Fété Olé AC4	16°14' N 15°07' O	300—400 mm (< 200 mm)	Sols bruns rouges, sub-arides dégradés et Sols ferrugineux tropicaux lessivés sur sables limoneux	3	Parcours
Dahra (Rotto) AE8	15°24' N 15°23' O	400—600 mm (<400 mm)	Sols ferrugineux tropicaux non ou peu lessivés ± drainés	4	Parcours
Boulal AEc10	15°25' N 15°39' O	400—600 mm (<400 mm)	Sols ferrugineux tropicaux non ou peu lessivés ± drainés	5	Parcours
Boulal AEc10	15°25' N 15°39' O	400—600 mm (<400 mm)	Sols ferrugineux tropicaux non ou peu lessivés ± drainés	6	Parc agroforestier
Linguère + 80 km VD4	15°13' N 14°29' O	400—600 mm (<400 mm)	Sols ferrugineux tropicaux non ou peu lessivés sur colluvions	7	Parcours
Khombole S2	14°46' N 16°41' O	500—600 mm (<500 mm)	Sols ferrugineux tropicaux non ou peu lessivés	8	Parc agroforestier
Doli VS2	14°39' N 15°05' O	600—700 mm (<500 mm)	Sols ferrugineux tropicaux faiblement lessivés, moins bien drainés	9	Parc agroforestier
Sonkonrong VSI5	13°55' N 15°25' O	700—800 mm (<800 mm)	Lithosols sur cuirasses	10	Parcours
Sonkonrong VS 15	13°55' N 15°25' O	700—800 mm (<800 mm)	Lithosols sur cuirasses	11	Parc agroforestier

Legende
Esp. = Espèces dominantes (Cycle 1993)

1. *Acacia nilotica* var. *tomentosa, Indigofera oblongifolia* associées à *Echinochloa colona, Panicum laetum* et *Eragrostis pilosa*
2. *Acacia tortilis* subsp. *raddiana, Balanites aegyptiaca* et *Boscia senegalensis* associées à *Chloris prieurii, Eragrostis pilosa et Indigofera senegalensis*
3. *Balanites aegyptiaca, Boscia senegalensis, Grewia bicolor* et *Guiera senegalensis* associées à *Aristida mutabilis, Schoenefeldia gracilis, Eragrostis pilosa, Panicum laetum* et *Indigofera senegalensis*
4. *Acacia senegal* et *Balanites aegyptiaca* associées à *Dactyloctenium aegyptium, Chloris prieurii, Eragrostis pilosa* et *Tephrosia purpurea*
5. *Balanites aegyptiaca* et *Acacia tortilis* subsp. *raddiana associées à Eragrostis pilosa, Dactyloctenium aegyptium* et *Alysicarpus ovalifolius*
6. *Acacia tortilis* subsp. *raddiana*
7. *Pterocarpus lucens, Guiera senegalensis* associées à *Zornia glochidiata, Andropogon pseudapricus, Schoenefeldia gracilis* et *Pennisetum pedicellatum*
8. *Faidherbia albida* et *Adansonia digitata*
9. *Guiera senegalensis, Combretum glutinosum* et *Sterculia setigera* associées à *Zornia glochidiata, Schoenefeldia gracilis, Aristida mutabilis* et *Andropogon pseudapricus*
10. *Combretum nigricans, Combretum glutinosum, Guiera senegalensis* et *Acacia macrostachya* associées à *Indigofera pilosa, Elionorus elegans* et *Pennisetum pedicellatum*
11. *Cordyla pinnata* et *Pterocarpus erinaceus*

LA VÉGÉTATION ADVENTICE DU MIL (*PENNISETUM TYPHOIDES* STAPF ET HUBBARD) DANS LE CENTRE OUEST DU SÉNÉGAL: ÉTUDE FLORISTIQUE ET PHYTOSOCIOLOGIQUE

Kandioura NOBA et Amadou Tidiane BÂ

Résumé
Noba, K. & A. T. Bâ. 1998. La végétation adventice du mil (*Pennisetum typhoides* Stapf et Hubbard) dans le Centre Ouest du Sénégal: étude floristique et phytosociologique. *AAU Reports* **39**: 113—125. — Ce travail présente une étude de la composition floristique et une étude phytosociologique de la végétation adventice des champs de mil dans le Département de Nioro. Du point de vue floristique, la végétation adventice du mil est caractérisée par la prédominance des Graminées et des Légumineuses suivies des Rubiaceae, Cyperaceae, Convolvulaceae, Malvaceae, Cucurbitaceae, Commelinaceae et Amaranthaceae. L'analyse de cette flore montre une plus grande richesse en fin de cycle. L'étude phytosociologique a permis de montrer que les adventices les plus dominantes et les plus constantes sont représentées par *Pennisetum pedicellatum, Cyperus esculentus, Cassia obtussifolia, Hibiscus asper, Commelina bengalensis, Digitaria velutina* et *Mitracarpus scaber.* Cette étude montre en outre qu'il existe une succession dans le temps des groupes d'espèces regroupées dans les espèces précoces, tardives et permanentes. Ces dernières représenteraient le passage progressif à la reconstitution de la végétation naturelle de la zone.

Introduction

Le mil (*Pennisetum typhoïdes*) occupe une place importante dans la production agricole sénégalaise. Il constitue avec le sorgho et le maïs la base de l'alimentation céréalière des populations rurales et se situe en deuxième position derrière l'arachide du point de vue de la production annuelle. Mais cette production reste encore caractérisée par des rendements faibles à cause de diverses contraintes dont les plus importantes sont le déficit en eau et ses effets sur la dégradation des sols ainsi que les pertes dues à la concurrence des adventices.

Certains auteurs estiment les pertes de rendements dues aux adventices à environ 30% de la production céréalière. Selon le CILSS la réduction à 1/3 de ces pertes aurait suffit à combler le déficit céréalier des pays sahéliens (Rapport CILSS, 1989).

Au Sénégal au cours de la campagne 1994-1995, malgré une pluviométrie normale ou même excédentaire, le mil a connu une baisse de rendement de 13% par rapport à la moyenne des années précédentes. En effet, l'enherbement excessif consécutif aux fortes pluies du mois d'Août a eu des conséquences néfastes sur le développement végétatif des cultures et a parfois conduit à l'abandon de certaines parcelles (Rapport Direction Agriculture, 1994-1995; Rapports ISRA, 1994-1995).

Aussi un contrôle efficace des adventices, en particulier les plus nuisibles, est nécessaire mais suppose une bonne connaissance de leur biologie, de leur physiologie et de leur écologie. Or la plupart des études dans ce domaine ont porté principalement sur les traitements herbicides (Hernandez, 1978; Deuse et Hernandez, 1978) qui permettent d'améliorer de manière significative la production mais présentent un impact écologique généralement négatif et un coût onéreux qui les met hors de portée de la majorité des paysans.

Dans ce contexte, nous nous sommes intéressés en premier lieu à l'étude de la végétation adventice du mil dans le Département de Nioro (Centre-Ouest du Sénégal). Dans cette zone encore appelée Bassin arachidier, le mil et l'arachide constituent les principales productions vivrières et sont cultivés dans un système de rotations culturales rarement espacées par des jachères.

Cette étude préliminaire comprend une présentation du milieu, une étude de la composition floristique en début et en fin de cycle, puis une étude phytosociologique afin de mettre en évidence les adventices dominantes, de décrire des groupements et associations caractéristiques des champs de mil en les comparant à la végétation naturelle originelle.

1. Présentation du milieu

1.1. LES SOLS

Dans le département de Nioro, on distingue deux grands types de sols: les sols ferrugineux tropicaux faiblement désaturés ou "sols beiges" et les sols ferralitiques tropicaux lessivés ou peu profonds ou "sols rouges". Ce sont des sols pauvres en matières organiques (2 à 3%), plus argileux en surface (8 à 12%), avec une capacité d'échanges cationiques (C.E.C.) de 3 me/100g. On y distingue cependant des formations hydromorphes provenant d'alluvions fluviales et qu'on retrouve au Sud-Est et au Nord-Est de Nioro.

1.2. LE CLIMAT

L'analyse des données climatiques recueillies à la station climatologique de l'ISRA de Nioro donne les indications suivantes sur les conditions climatiques:

1. la pluviométrie moyenne annuelle de 1981 à 1992 est de 669,5 mm avec des années excédentaires (1982; 1987—1990) et des années déficitaires (1983—1986; 1991—1992) par rapport à cette moyenne;
2. la saison des pluies va en moyenne de juin à octobre, soit 5 mois de saison de période humide; le mois le plus pluvieux est le mois d'Août (237,8 mm); l'indice des saisons pluviométrique est de type 4-1-7;
3. les températures les plus élevées ont été relevées au mois de Mai (31,3°C) et les plus basses au mois de Janvier (24,5°C);
4. l'évapotranspiration est maximale le mois d'Avril (347,6 mm) et minimale le mois de Septembre (78,8 mm).

Nos travaux ont débuté en 1992 qui est une année déficitaire (525,9 mm) avec un retard dans l'installation de la saison des pluies qui est intervenue 15 jours après la période normale.

Il ressort de ces informations climatiques que le Département de Nioro présente les caractéristiques d'un climat tropical sec de type sahélo-soudanais caractérisé par une saison sèche de 7 à 8 mois, une saison humide de 4 à 5 mois et un indice pluviométrique allant de 400 à 1000 mm.

1.3. LA VÉGÉTATION

Selon Trochain (1940) et à partir de la carte du couvert végétal (Stancioff, Staljanssens & Tappan, 1986) le Département de Nioro est situé entre la savane arbustive au Nord, la savane boisée et forêts claires au Sud. Cette végétation forme une savane arbustive à arborée mais toutefois fortement anthropisée (zones de culture, feux de brousse). Les espèces ligneuses les plus caractéristiques sont *Cordyla pinnata, Anogeissus leiocarpus, Pterocarpus erinaceus, Icacina senegalensis.*

2. Matériel et Méthodes

La composition floristique a été établie à partir d'un inventaire complet des espèces présentées dans une quarantaine de parcelles de mil de 1 hectare au moins réparties dans un rayon d'environ 30 km autour de Nioro et couvrant les localités de Paoskoto et Ndoffane au Nord, Porokhane et Keur Moussa à l'Ouest, Mabo et Kaymor à l'Est et Médina Sabakh au Sud. Les inventaires ont été effectués pendant la campagne agricole 1992-1993 de Juin-Juillet à Novembre-Décembre. Les déterminations ont été effectuées à l'aide des flores du Sénégal et de l'Ouest Africain (Bérhaut, 1970; Hutchinson et Dalziel, 1954; Merlier et Montegut, 1992), et grâce aux herbiers de l'Institut Fondamental d'Afrique Noire Cheikh Anta Diop (I.F.A.N.) et du Département de Biologie Végétale de la Faculté des Sciences.

Les treize (13) relevés effectués en début de cycle et les dix (10) en fin de cycle nous ont paru suffisant pour une étude phytosociologique appliquée à la végétation adventice des cultures de mil dans le Département de Nioro.

3. Résultats et Discussions

3.1. La composition floristique

Les tableaux 1 et 2 présentent la liste des adventices ordonnées en familles, genres et espèces en début et en fin de cycle.

L'analyse des tableaux 3, 4 et 5 montre que la flore adventice des cultures de mil est d'une grande richesse puisqu'elle est constituée au total de 25 familles représentées par 50 genres et 64 espèces. On y dénombre au total 4 familles de Monocotylédones et 21 familles de Dicotylédones représentant respectivement environ 34 et 66% des espèces.

Du point de vue quantitatif l'importance des différentes familles varie à peu près dans les mêmes proportions en pré-épiaison comme après la récolte. Les familles des Graminées et la super famille des Legumineuses représentent à elles seules près du 1/3 des espèces inventoriées (31 à 36%); viennent ensuite les familles des Rubiaceae, Cyperaceae, Convolvulaceae, Malvaceae, Cucurbitaceae et Amaranthaceae (33 à 44% des espèces). Les autres espèces, environ 1/3 des espèces, participent à la richesse floristique du milieu.

L'analyse comparative de la flore adventice de début de cycle et de fin de cycle fait ressortir une plus grande richesse floristique en fin de cycle avec la présence de certaines familles comme les Acanthaceae, Asclepiadaceae, Caryophyllaceae, Labiaceae, Pedaliaceae Scrophulariaceae, Solanaceae et Sterculiaceae. Seules quelques familles notamment les Ampelidaceae, Araceae et Euphorbiaceae ne se retrouvent qu'en début de cycle.

Des études sont en cours pour préciser les différents stades phénologiques en relation avec les conditions écologiques et les types biologiques. Ces informations ainsi que l'étude monographique des espèces devraient permettre d'établir une clé de détermination pratique des adventices relevées et de connaître certaines des caractéristiques biologiques et écologiques les plus importantes.

Taleau 1. Liste des adventices récoltées dans les champs de mil en préfloraison après le deuxième désherbage annuel.

MONOCOTYLEDONES	DICOTYLEDONES	
	Amaranthaceae	**Leguminoseae**
Araceae	*Amaranthus spinosus*	*Alysicarpus ovalifolius*
Stylochyton warnekei	*Amaranthus viridis*	*Bauhinia rufescens*
	Asteraceae	*Cassia obtusifolia*
Commelinaceae	*Acanthospermum hispidum*	*Faidherbia albida*
Commelina bengalensis	**Combretaceae**	*Indigofera dendroïdes*
Commelina forskalei	*Combretum glutinosum*	*Indigofera hirsuta*
	Guiera senegalensis	*Sesbania pachycarpa*
Cyperaceae	**Convolvulaceae**	**Malvaceae**
Cyperus esculentus	*Ipomaea eriocarpa*	*Hibiscus asper*
Cyperus rotondus	*Ipomaea dichroa*	*Hibiscus sabdariffa*
Fimbristylis exilis	*Ipomaea vagans*	*Sida rhombifolia*
Pychreus polystachyos	***Meremia kentrocaulos***	**Nyctaginaceae**
	Meremia pinnata	*Boerhavia erecta*
Graminées	***Meremia aegyptiaca***	**Rubiaceae**
Bracharia distychophylla	Cucurbitaceae	*Mitracarpus scaber*
Cenchrus biflorus	*Cucumis melo*	*Spermacoce strachydea*
Digitaria velutina	*Colocynthis cytrulus*	*Spermacoce verticillata*
Dactyloctenium aegyptium	**Euphorbiaceae**	**Tiliaceae**
Eragrostis ciliaris	*Phyllanthus niruri*	*Corchorus tridens*
Eragrostis tremula	**Icacinaceae**	**Vitaceae**
Pennisetum pedicellatum	*Icacina senegalensis*	*Ampelocissus multistriata*

Tableau 2. Liste des adventices * rencontrées dans les champs de mil après la récolte.

MONOCOTYLEDONES

Cyperaceae
Cyperus esculentus
Cyperus rotundus
Fimbristylis exilis
Kyllinga squamulata

Graminées
Aristida adscensionis
Brachiaria distychophylla
Brachiaria lata
Cenchrus biflorus
Chloris pilosa
Chloris prieurii
Dactyloctenium aegyptium
Digitaria velutina
Eragrostis ciliaris var. laxa
Eragrostis tremula
Pennisetum pedicellatum
Pennisetum violaceum

DICOTYLEDONES

Acanthaceae
Monechma ciliatum
Peristrophe bicaliculata

Amaranthaceae
Amaranthus spinosus
Celosia trigyna

Asclepiadaceae
Leptadenia hastata

Asteraceae
Vernonia galamensis

Caryophyllaceae
Polycarpea linarifolia

Combretaceae
Combretum glutinosum
Guiera senegalensis

Convolvulaceae
Ipomaea eriocarpa
Ipomaea kotschyana
Meremia aegyptiaca
Meremia pinnata

Cucurbitaceae
Cucumis melo
Mukia maderaspatensis
Colocynthis cytrulus

Icacinaceae
Icacina senegalensis

Lamiaceae
Hyptis spicigera

Malvaceae
Hibiscus asper
Hibiscus sabdariffa
Sida alba
Sida rhombifolia

Nyctaginaceae
Boerhavia diffusa
Boerhavia erecta

Leguminoseae
Alysicarpus ovalifolius
Bauhinia rufescens
Cassia mimosoides
Cassia obtusifolia
Crotalaria sp.
Crotalaria glaucoides
Crotalaria sp.
Crotalaria perottetii
Indigofera astragalina
Indigofera hirsuta
Sesbania pachycarpa

Pedaliaceae
Cerathoteca sesamoides

Rubiaceae
Mitracarpus scaber
Spermacoce chaetocephala
Spermacoce stachydea
Spermacoce velorensis

Scrophulariaceae
Striga gesnerioides

Solanaceae
Physalis angulata

Sterculiaceae
Waltheria indica

Tiliaceae
Corchorus olitorus
Corchorus tridens

*Le terme adventice est pris au sens écologique. Il désigne toutes les plantes qui se développent dans les milieux modifiés par l'homme. Il recouvre donc non seulement les plantes introduites qui ont franchi les limites de leur aire naturelle que les plantes qui sont passés de leur habitat primitif pour se répandre dans un milieu nouveau où la flore et toute la végétation présentent un caractère inaccoutumé, vraiment étranger à la région.
Au contraire le terme mauvaise herbe doit être pris ici au sens malherbologique. Sa notion est liée à celle de nuisibilité. On pourrait donc réserver le terme de mauvaise herbe aux éléments de cette flore adventice qui sont un fléau dans les champs cultivés.

Tableau 3. Composition de la flore adventive des cultures de mil en pré-épiaison après le deuxième désherbage annuel.

	Familles	Nombre Genres	Nombre Espèces	% d'espèces	% des classes Mono/Dicot.
Monocotylédones	Graminées	6	7	15.5	31.1
	Cyperaceae	3	4	8.9	
	Commelinaceae	1	2	4.4	
	Araceae	1	1	2.2	
Dicotylédones	Leguminoseae	7	8	15.5	68.9
	Convolvulaceae	2	6	13.3	
	Rubiaceae	2	3	6.7	
	Malvaceae	2	3	6.7	
	Amaranthaceae	1	2	4.4	
	Combretaceae	2	2	4.4	
	Cucurbitaceae	2	2	4.4	
	Ampelidaceae	1	1	2.2	
	Asteraceae	1	1	2.2	
	Euphorbiaceae	1	1	2.2	
	Icacinaceae	1	1	2.2	
	Nyctaginaceae	1	1	2.2	
	Tiliaceae	1	1	2.2	
TOTAL	16	34	45	100%	100%

Tableau 4. Composition de la flore adventive de Nioro après la récolte.

	Familles	Nombre Genres	Nombre Espèces	% d'espèces	% des classes Mono/Dicot.
Monocotylédones	Graminées	8	12	19	28,5
	Cyperaceae	3	4	6.5	
	Commelinaceae	1	2	3.2	
Dicotylédones	Léguminoseae	6	11	17	71,5
	Rubiaceae	3	4	6.3	
	Convolvulaceae	2	4	6.3	
	Malvaceae	2	4	6.3	
	Cucurbitaceae	3	3	4.8	
	Combretaceae	2	2	3.2	
	Acanthaceae	2	2	3.2	
	Amaranthaceae	2	2	3.2	
	Nyctaginaceae	1	2	3.2	
	Tiliaceae	1	2	3.2	
	Asclepiadaceae	1	1	1.6	
	Caryophyllaceae	1	1	1.6	
	Asteraceae	1	1	1.6	
	Compositeae	1	1	1.6	
	Icacinaceae	1	1	1.6	
	Labiées	1	1	1.6	
	Pedaliaceae	1	1	1.6	
	Scrophulariaceae	1	1	1.6	
	Solanaceae	1	1	1.6	
	Sterculiaceae	1	1	1.6	
TOTAL	21	45	63	100%	100%

Tableau 5. Structure de la flore adventice des champs de mil dans le Département de Nioro du Rip.

	Famille	Nombre genres	Nombre espèces	% des espèces
Monocotylédones	4	14	22	34,4
Dicotylédones	21	36	42	65,6
Total	25	50	64	100

3.2. ETUDE PHYTOSOCIOLOGIQUE

Dans l'interprétation des résultats obtenus en début de cycle, nous avons préféré tenir compte en premier lieu que du tableau de présence (tab. 6) qui permet de classer les espèces en fonction de leur importance relative dans l'enherbement. Ainsi en fonction de leur constance et de leur dominance nous pouvons distinguer trois groupes d'adventices.

- Le premier groupe est constitué d'espèces dominantes parmi lesquelles *Cyperus esculentus, Cassia obtusilofia, Commelina bengalensis, Pennisetum pedicellatum et Hibiscus asper* sont les plus constantes, suivies d'autres espèces comme *Digitaria velutina, Mitracarpus scaber, Fimbristylis exilis, Sida rhombifolia, Dactyloctenium aegyptium* et *Commelina forskalei.* Ces espèces peuvent être considérées comme les mauvaises herbes les plus caractéristiques du mil en début de cycle en même temps qu'elles sont les plus redoutées des paysans; ces groupes présentent quelques similitudes avec l'Association à *Cyperus rotundus* et *Amaranthus graecizans* (Maugeri, 1979) trouvée dans les champs d'agrumes en Etna en Sicile (Sud de l'Italie) pendant les périodes chaudes de l'année entre juillet et octobre.
- Le deuxième groupe est formé d'espèces moins dominantes, de fréquence comprise entre 10 et 40% et comprenant aussi bien des herbacées dont les plus représentatives sont *Brachiaria distychophylla, Cenchrus biflorus, Ipomaea eriocarpa, Eragrostis ciliaris* et *Cyperus rotundus,* que des arbustes avec *Piliostigma reticulatum, Icacina senegalensis et Guiera senegalensis.*
- Le troisième groupe est constitué d'espèces rares probablement à cause de l'effet du désherbage et/ou des conditions écologiques.

Tableau 6. Tableau de présence des relevés effectués en début de cycle.

	N° Relevés Espèces	1	2	3	4	5	6	7	8	9	10	11	12	13	P
	Exposition	100	100	100	100	100	100	100	100	100	100	100	100	100	r
	Recouvrement total	60	90	70	60	80	80	80	95	80	50	70	80	20	é
	Recouvrement du mil%	50	50	40	25	40	50	50	50	50	20	40	50	50	s
	Recouvr. des adventices%	10	40	30	35	40	30	30	45	30	30	30	30	40	e
	Hauteur moy. du mil (m)	1.	1.5	0.80	1.	1.4	1.10	1.5	2.4	1.7	1.	1.	1.4	1.4	n
	Hauteur moy. advent. (cm)	20	25	25	20	20	15	20	20	20	15	20	20	40	c
	Surface en m2	50	30	35	50	40	45	45	50	60	40	40	55	35	e
	Nombre d'espèces	19	19	23	15	14	17	15	17	11	22	13	11	15	
G I	*Pennisetum typhoides*	3.1	3.1	3.1	2.1	3.1	3.1	3.1	3.1	3.1	2.1	3.1	3.1	3.1	
	Cyperus esculentus	.	1.2	+	+	+	1.1	1.1	1.1	+	+	1.2	.	.	V
	Pennisetum pedicellatum	.	1.1	1.1	+	+	+	+	+	.	1.1	+	+	2.2	V
	Commelina bengalensis	+	1.1	+	+	.	+	+	+	.	+	1.1	2.2	+	V
	Cassia obtusifolia	+	+	+	+	+	+	1.1	+	+	+	+	+	.	V
	Hibiscus asper	+	+	+	+	+	+	+	+	+	+	+	+	.	V
	Mitracarpus scaber	.	1.1	.	+	.	+	.	1.1	+	1.1	1.1	.	+	IV
	Sida rhombifolia	+	+	+	+	.	.	+	+	+	1.1	.	.	.	IV
	Fimbristylis exilis	+	.	+	+	+	+	.	.	.	+	+	.	+	IV
	Digitaria velutina	+	+	+	+	+	+	.	.	+	+	+	.	+	IV
	Hibiscus sabdariffa	+	+	.	.	+	+	+	+	.	+	.	+	.	IV
	Dactyloctenium aegyptium	+	+	+	+	1.1	.	+	.	.	.	.	.	+	III
	Commelina forskalei	.	.	+	.	+	+	2.2	.	.	+	.	.	+	III
	Colocynthis cytrulus	+	.	+	+	.	.	.	+	+	.	+	.	.	III
G.II	*Bracharia distychophylla*	.	+	+	.	.	.	.	.	.	+	+	.	+	II
	Cenchrus biflorus	+	.	.	.	.	.	+	+	.	+	.	.	+	II
	Ipomaea eriocarpa	1.1	+	+	+	+	.	.	.	.	+	.	.	.	II
	Bauhinia rufescens	+	.	.	.	.	.	+	+	.	+	.	.	.	II
	Cucumis melo	.	+	+	.	.	.	.	+	.	+	.	.	.	II
	Eragrostis ciliaris	.	+	.	+	.	.	.	.	+	.	.	.	+	II
	Icacina senegalensis	.	.	+	+	+	.	+	.	.	.	.	.	.	II
	Stylochyton warnechei	.	.	+	.	.	.	+	.	.	+	.	.	+	II
	Alysicarpus ovalifolius	.	.	+	.	+	.	.	.	.	+	.	.	.	II
	Corchorus tridens	+	.	.	.	.	+	.	.	.	+	.	.	.	II
	Phyllanthus niruri	.	.	+	.	.	.	.	+	.	+	.	.	.	II
	Spermacoce verticillata	+	.	.	.	.	+	+	.	.	.	.	.	.	II
	Trianthema portulacastrum	+	+	.	.	.	.	.	.	.	.	.	+	.	II
	Acanthospermum hispidum	.	.	.	.	.	+	.	.	.	.	.	+	.	I
	Cyperus rotundus	.	.	.	.	.	+	.	.	.	.	+	.	.	I
	Guiera senegalensis	.	.	+	.	.	+	.	.	.	.	.	.	.	I
	Ipomaea vagans	.	+	.	.	.	.	.	.	.	.	+	.	.	I
	Meremia kentrocaulos	.	.	.	.	.	.	.	+	.	.	.	.	+	I
	Meremia pinnata	+	.	.	.	.	.	.	.	.	+	.	.	.	I
G III	*Sesbania pachycarpa*	.	.	.	.	.	.	.	.	+	.	.	.	.	+
	Amaranthus spinosus	.	+	.	.	.	.	.	.	.	.	.	.	.	+
	Amaranthus viridis	.	.	.	.	.	+	.	.	.	.	.	.	.	+
	Ampelocissus multistriata	.	.	.	.	.	.	.	.	.	.	.	+	.	+
	Arachis hypogea	.	.	+	.	.	.	.	.	.	.	.	.	.	+
	Boerhavia erecta	.	+	.	.	.	.	.	.	.	.	.	.	.	+
	Combretum glutinosum	.	.	+	.	.	.	.	.	.	.	.	.	.	+
	Eragrostis tremula	.	.	.	.	.	.	.	.	+	.	.	.	.	+
	Faidherbia albida	.	.	.	.	.	.	.	.	.	.	.	.	+	+
	Indigofera dendroides	.	.	.	.	+	.	.	.	.	.	.	.	.	+
	Indigofera hirsuta	+	.	.	.	.	.	.	.	.	.	.	.	.	+
	Ipomaea dichroa	+	.	.	.	.	.	.	.	.	.	.	.	.	+
	Meremia aegyptiaca	.	.	.	.	.	.	.	+	.	.	.	.	.	+
	Pychreus polystachyos	.	.	+	.	.	.	.	.	.	.	.	.	.	+

L'analyse du tableau synthétique (tab.7) relatif à la situation en fin de cycle montre en revanche que la végétation adventice est plus homogène et pourrait également être décomposée en trois groupes.

- Le premier groupe composé de *Mitracarpus scaber, Cassia obtusifolia, Eragrostis tremula, Pennisetum pedicellatum et Brachiaria lata* a une fréquence comprise entre 70 et 100% et une abondance dominance élevée. Ces espèces pourraient être valablement considérées comme les espèces adventices caractéristiques du mil en fin de cycle.
- Le deuxième groupe pourrait être formé d'espèces différentielles dont la présence serait liée à certaines conditions particulières du milieu ou à des pratiques culturales bien déterminées. Ces adventices pourraient se développer une année donné ou pendant une période bien déterminée de l'année. Les principales espèces sont: *Spermacoce chaetocephala, Sida alba, Aristida adscensionis, Cucumis melo.* Ces deux premiers groupes constitueraient les adventices *sensu stricto.*
- Le troisième groupe représenterait le passage à une situation para naturelle dans laquelle on assiste à la reconstitution progressive de la strate arbustive, principale composante de la végétation naturelle de la région de Nioro avec comme principales espèces *Piliostigma reticulatum, Combretum glutinosum, Guiera senegalensis, Icacina senegalensis* et son cortège d'espèces indifférentes ou compagnes comme *Leptadenia hastata, Chloris prieurii* entre autres.

Enfin, la comparaison des deux (2) tableaux précédents (tab.6 et tab.7) permet de noter selon la périodicité les groupes d'espèces suivants:

- les adventices précoces qui s'installent dès le début de l'hivernage. Leur présence est à attribuer aux conditions climatiques favorables en cette période de la saison avec généralement une bonne pluviométrie. Les principales espèces sont *Cyperus esculentus, Commelina bengalensis, Digitaria velutina, Mitracarpus scaber, Sida rhombifolia, Commelina forskalei, Dactyloctenium aegyptium, Cenchrus biflorus, Brachiaria distychophylla;*
- les adventices tardives qu'on ne rencontre qu'en fin de cycle et qui sont donc capables de résister à des conditions plus difficiles. Parmi celles-ci on peut citer *Eragrostis tremula, Spermacoce chaetocephala, Aristida adscensionis;*

- enfin des adventices permanentes rencontrées tout le long du cycle du mil qui sont indifférentes aux conditions climatiques du milieu et dont les plus caractéristiques sont *Cassia obtusifolia, Pennisetum pedicellatum, Hibiscus asper, Hibiscus sabdariffa, Fimbristylis exilis.*

Tableau 7. Tableau synthétique de la situation en fin de cycle.

	Numéro des relevés	1	2	3	4	5	6	7	8	9	10	Fréquence
	Surface en m^2	100	70	60	70	60	60	70	80	70	60	
	Couverture du mil%	5	10	10	10	25	10	10	30	10	10	
	Couverture des adventices%	40	45	40	40	70	60	60	50	40	30	
	Nombre d'espèces	11	12	09	13	15	11	10	11	08	09	
	Date	.	.	.	.	.	.	.	.	.	.	
GI	*Pennisetum typhoides* (mil)	+	1.1	+	1.1	2.1	1.1	1.1	2.1	1.1	1.1	100%
	Mitracarpus scaber	+	+	1.1	1.1	+	3.2	33	1.1	.	1.1	90
	Eragrostis tremula	+	+	.	+	+	+	+	1.1	1.1	.	80
	Cassia obtusifolia	+	.	+	+	1.1	+	+	+	+	+	90
	Pennisetum pedicellatum	+	+	.	+	+	+	+	1.1	.	.	70
	Brachiaria lata	+	+	.	+	+	+	+	+	.	.	70
GII	*Spermacoce chaetocephala*	+	+	1.1	+	3.1	.	-	.	.	.	50
	Cucumus melo	+	+	+	+	+	.	.	.	.	.	50
	Sida alba	+	1.2	.	+	+	+	.	.	.	.	50
	Hibiscus sabdariffa	+	.	+	+	.	.	.	.	.	.	30
	Aristida adscensionis	+	.	+	.	+	+	+	.	.	.	50
	Spermacoce velorensis	.	+	.	.	.	.	-	.	.	.	10
	Polycarpea linearifolia	.	.	.	.	+	.	.	.	.	.	10
	Physalis angulata	.	+	.	.	.	.	.	.	.	.	10
	Ipomaea eriocarpa	.	+	.	.	.	.	.	.	.	.	10
GIII	*Guiera senegalensis*	.	.	.	+	.	+	.	+	+	+	50
	Bauhinia rufescens	.	.	+	.	+	+	+	.	+	+	60
	Combretum glutinosum	.	.	.	+	+	.	.	+	+	.	40
	Hibiscus asper	.	+	.	.	+	.	.	+	+	.	40
	Mukia maderaspatensis.	.	.	.	+	.	.	.	.	+	+	30
	Icacina senegalensis	.	.	.	.	.	+	+	.	.	.	20
	Cenchrus biflorus	.	.	.	.	.	.	.	+	.	+	20
	Fimbristylis exilis	.	.	+	.	.	.	.	.	.	+	20
	Crotalaria astragalina	.	.	.	.	+	.	.	+	.	.	20
	Leptadenia hastata	.	.	.	.	.	.	.	.	.	+	10
	Chloris *prieurii*	.	.	.	.	.	.	+	.	.	.	10

Conclusion

Cette étude a permis de faire un large inventaire des adventices rencontrées principalement en début et en fin de cycle de culture, d'en évaluer la diversité floristiques pour les familles, genres et espèces. Cette flore adventice est relativement riche et est caractérisée par la prédominance des Graminées et Légumineuses suivies des Rubiaceae, Cyperaceae, Convolvulaceae, Malvaceae, Cucurbitaceae et Amaranthaceae. Du point de vue agronomique deux groupes peuvent être considérés comme étant les principales mauvaises herbes du mil:

- le premier et qui est le plus dominant est constitué de *Cyperus esculentus, Cassia obtusifolia, Commelina bengalensis, Pennisetum pedicellatum, Hibiscus asper* et *Mitracarpus scaber*;
- le second moins dominant est formé des espèces comme *Digitaria velutina, Fimbristylis exilis, Sida rhombifolia, Dactyloctenium aegyptium* et *Commelina forskalei.*

La suite de cette étude devrait permettre:

1. d'établir la liste la plus complète possible de toutes les adventices de la zone;
2. d'élaborer une clé de détermination pratique aux stades jeune plant et adulte;
3. de donner des indications utiles sur leur phénologie, leur type biologique et leurs propriétés ethnobotaniques.

Les résultats phytosociologiques obtenus ont permis d'identifier les espèces les plus constantes et les espèces dominantes, de reconnaître les contours provisoires des principaux groupements ainsi que certains aspects de leur périodicité et de leur évolution. La recherche d'une association végétale d'adventice au sens de Guinochet (1973) ainsi que sa position dans la systématique phytosociologique actuelle sont encore prématurées et rendues difficiles du fait que peu de travaux ont été consacrés sur la syntaxonomie en Afrique. Cette étude est donc plus pratique que strictement phytosociologique. Elle est préliminaire et sa poursuite devrait permettre de:

1) noter les variations qualitatives et quantitatives qui apparaissent au niveau de la flore adventice et l'effet des conditions climatiques et des pratiques agricoles sur la composition et la dynamique des groupements adventices;
2) préciser la valeur synsystématique des différents groupements ainsi définis;
3) confirmer ou infirmer la périodicité des différents groupements déjà reconnus.

Références bibliographiques

Bérhaut, J. 1967. Flore du Sénégal. 2 ème éd. Clairafrique Dakar. 485 p.

Braun-Blanquet, J. 1936. Podrome des groupements végétaux. Montpellier.

Braun-Blanquet, J. 1952. Les groupements végétaux de la France méditerranéenne. CNRS - Paris.

CILSS. 1989. Rapport annuel.

Deuse, J. P. L .& S. Hernandez. 1978. -Essais de désherbage du mil nain au Sénégal. 3 ème Symposium COLUMA sur le désherbage des cultures tropicales Dakar Sénégal.

Guinochet, M. 1973. Phytosociologie, Masson, Paris, 298 p.

Hernandez, S. 1978. Les mauvaises herbes et le désherbage des cultures au Sénégal. Conférence Internationale de Malherbologie. IITA Ibadan Nigeria.

Hutchinson, J. & J. M. Dalziel.1954. Flora of West Tropical Africa, 2nd éd. revised by R.W.J. Keay. The Whitefriars Press, London and Tonbridge. Vol. 1. Part. 1 p. 176—178.

ISRA , Rapport annuel.

Maugeri, G. 1979. La vegetazione infestante gli agrumenti dell Etna. Notiziario delà Société Italien, n°15.

Mercier, H. 1982. Adventices tropicales. ORSTOM-GERDAT-ENSH. Ministère des Relations Extérieures - Coopération et Développement, France.

Stancioff, A., M. Staljanssens & G. Tappan. 1986. Cartographie et Télédétection des Ressources de la République du Sénégal. Etude de la Géologie, de: l'Hydrogéologie des Sols, de la Végétation et des Potentiels d'utilisation des sols. Edité par le Ministère de l'Intérieur, Secrétariat d'Etat à la Décentralisation et l'Agence des Etats-Unis d'Amérique pour le Développement.

Trochain, J. 1940. Contribution à l'étude de la végétation du Sénégal. Mem. I.F.A.N. (Institut Fondamental d'Afrique Noire, 2: 1—433.

Aspects anatomiques de quelques espèces du genre *Combretum* Loefl.: importance de certains caractères anatomiques dans la systématique

Dibor DIONE et Amadou Tidiane BÂ

Résumé
Dione, D. et A. T. Bâ. 1998. Aspects anatomiques de quelques espèces du genre *Combretum* Loefl.: importance de certains caractères anatomiques dans la systématique. *AAU Reports* **39**: 127—139. — La classification des espèces africaines du genre *Combretum* est souvent basée sur des caractères morphologiques qui parfois sont très proches. Du fait de la variabilité de ces caractères, leur identification est rendue très difficile dans certains cas. Cette étude envisage d'améliorer la clé de détermination de sept espèces (*Combretum glutinosum, C. tomentosum, C. micranthum, C. nioroense, C. nigricans, C. aculeatum et C. lecardii*) à partir de caractères discriminants identifiés sur la structure anatomique de la tige et de la feuille, le type de trichome, les stomates et l'indice stomatique. Les résultats obtenus ont permis de constater que:

1. les deux espèces regroupées dans le sous-genre *Cacoucia* forment un groupe homogène au plan des caractères anatomiques;
2. les cinq espèces habituellement regroupées dans le sous-genre *Combretum* présentent des différences anatomiques appréciables.

Mots clés: *Cacoucia* - *Combretum* - Indice stomatique - Trichome - Structure anatomique.

Introduction

Le genre *Combretum* est largement représenté sur le continent africain. La classification des *combretum* africains est basée sur les caractères morphologiques des fleurs, des fruits et de l'appareil végétatif qui souvent sont susceptibles de variations parfois importantes. C'est pourquoi les botanistes éprouvent des difficultés dans la distinction de certaines espèces de ce genre.

La majorité des espèces du genre ont été étudiées au point de vue anatomique (Turquet, 1910; Bachmann, 1886 ; Heiden, 1893 in Turquet, 1910; Lefèvre, 1905; Stace, 1965; Strasburger, 1866; Peitzer, 1870; Sicard, 1875; Prantl, 1872; Vesque, 1881; Verhoeven & Vander Schijff, 1974). Cependant l'étude des écailles dont l'importance taxonomique n'est plus à démontrer n'a pas souvent donné des résultats satisfaisants chez certaines espèces. Chez ces espèces des sécrétions glutineuses rendent les écailles obscures et par conséquent pas bien visibles (Stace, 1969). En outre d'autres caractères surtout quantitatifs de l'épiderme ont été sous exploités. Pour cette raison, dans ce travail, tout en étudiant la structure anatomique de la tige et de la feuille, nous avons surtout insisté sur les caractères qualitatifs (type de poils et type de stomates) et quantitatifs (fréquence des stomates sur les deux faces) de l'épiderme foliaire.

Le genre Combretum est l'un des deux genres les plus importants au Sénégal. Il comporte selon Bérhaut (1974): *Combretum aculeatum, C. comosum, C. geitonophyllum, C. glutinosum, C. lecardii, C. micranthum, C. molle, C. nigricans, C. nioroense, C. paniculatum, C. racemosum, C. smeathmannii, C. trochainii.*

Certaines de ces espèces sont abondamment représentées dans la végétation du Sénégal. Parmi ces espèces sept sont particulièrement abondantes; il s'agit de *Combretum glutinosum, C. tomentosum, C. micranthum, C. nioroense, C. aculeatum et C. lecardii.* Ces espèces présentent un certain intérêt surtout dans la médecine traditionnelle et offrent un bois de service et de chauffe apprécié.

Il nous a semblé donc intéressant de réexaminer la systématique des espèces en utilisant des caractères microscopiques. C'est dans ce cadre que l'étude des caractères anatomiques des espèces les plus communes et les plus abondamment représentées dans la flore et la végétation du pays a été entreprise afin d'améliorer les clefs de détermination pour faciliter l'identification des espèces.

1. Matériel et méthodes

Le matériel végétal utilisé est composé de sept espèces récoltées ou examinées dans différentes régions du Sénégal et notamment dans celles de Kaolack et de Tambacounda.

Des coupes anatomiques ont été pratiquées dans des tiges et des feuilles; en même temps, des prélèvements d'épidermes des deux faces foliaires ont été réalisés à partir d'échantillons provenant de plants issus de semis effectués dans le jardin botanique du Département de Biologie Végétale de l'Université Cheikh Anta Diop de Dakar.

Pour l'étude anatomique, des portions de tiges et de feuilles après fixation dans du FAA (5 ml Formol + 5 ml Acide acétique + 90 ml Ethanol 70°) ou de l'alcool 70° ont été déshydratées dans une série de solutions d'alcool de concentration différente, puis incluses dans de la paraffine, colorées par le carmino vert de Mirande après déparaffinage et montées dans du baume du canada. Les coupes et les lambeaux d'épiderme ont été observés au microscope de type Zeiss.

Des observations sur le trichome ont été effectuées au microscope électronique à balayage. La description de Stace (1965) a été utilisée avec les mêmes terminologies pour la détermination du type de trichome.

Pour les prélèvements d'épidermes, nous avons adopté la technique de Barfod (1988). Le matériel est bouilli dans de l'eau distillée pendant environ 10 minutes puis traité aussitôt pendant un temps court d'environ 2 à 5 minutes par l'acide nitrique à 40%. Ceci ramollit le mésophylle et la cuticule se desquame facilement. Ce temps de traitement est critique et diffère d'une espèce à une autre suivant l'épaisseur de la cuticule et la nature de la feuille.

Après cette opération, les fibres et autres tissus inutiles peuvent être enlevés de l'épiderme avec un scalpel. Les stomates ont été dénombrés sur des portions de 1 mm^2 d'épiderme prélevé dans des régions à peu près identiques, en général entre la base et l'apex du limbe sur les faces inférieure et supérieure d'une dizaine de feuilles adultes de chaque espèce. 50 dénombrements ont été effectués pour chaque face et pour chaque espèce, soit en moyenne 5 mesures par face. Les lambeaux d'épidermes foliaires propres ont été montés dans du lugol qui différencie les stomates et permet de les compter facilement.

Après avoir évalué les moyennes des stomates et des cellules épidermiques banales par face et par espèce, nous avons calculé leur indice stomatique (IS) qui représente la fréquence relative c'est à dire le nombre de stomates (a) pour l'espèce par le nombre total de cellules épidermiques n = a + b ; b représente le nombre de cellules épidermiques banales:

IS = **Error!** x 100

Les indices stomatiques des différentes espèces étudiées ont été comparés par le test de comparaison des proportions (Schwartz, 1969)

2. Résultats

2.1. STRUCTURE ANATOMIQUE DE LA TIGE

La structure anatomique des jeunes tiges est à peu près la même pour toutes les espèces étudiées et comparable à celle des Combrétacées décrites par Verhoeven & Vanderschijff (1974). Elle présente de l'extérieur vers l'intérieur:

- un épiderme constitué de petites cellules allongées tangentiellement sur lesquelles sont insérés de nombreux poils simples, courts ou longs et des poils glanduleux;
- un cortex peu développé formé de petites cellules allongées tangentiellement;
- un anneau continu ou discontinu de fibres péricycliques à la périphérie du parenchyme;
- un périderme qui est contigü à l'anneau scléreux mais dans certains cas peut être entouré sur ses deux faces par les fibres péricycliques;
- un faisceau vasculaire qui forme un cylindre continu autour de la mœlle.
- une mœlle qui occupe le centre de la tige formée de cellules de grande taille à parois minces pouvant être épaisses et sclérifiées.

La structure du faisceau vasculaire est uniforme chez les espèces étudiées et montre:

- un phloème externe à la périphérie du xylème formé de cellules aplaties et allongées tangentiellement;
- un xylème bien développé avec des vaisseaux parfois de grande taille bornés de rayons parenchymateux. Chez certaines espèces, le xylème renferme du liber mou sous forme de nombreux îlots (*Combretum glutinosum, C. micranthum, C . nioroense*) ou sous forme d'anneau continu (*C. nigricans* et *C. tomentosum*). Ceci est en accord avec les observations de

Lefèvre (1905) et Turquet (1910). La présence ou l'absence de liber intraligneux mou qui a une grande importance permet de diviser les espèces étudiées en deux groupes;
- un phloème interne circumédullaire formé de cellules compressées les unes contre les autres.

Au niveau de la tige, la présence ou l'absence de liber intraligneux mou est le seul caractère différentiel des espèces qui peut être retenu.

2.2. STRUCTURE ANATOMIQUE DE LA FEUILLE
La structure anatomique de la feuille est commune chez les espèces étudiées. La structure du limbe est bifaciale et montre:
- un épiderme supérieur formé de cellules allongées tangentiellement, recouvertes d'une mince couche de cuticule. Sur ces cellules épidermiques on rencontre des poils simples longs ou courts, accompagnés de poils écailleux chez *Combretum glutinosum*, *C. micranthum*, *C. nigricans*, *C. nioroense* et *C. tomentosum* et de poils glanduleux chez *Combretum aculeatum* et *C. lecardii*;
- un parenchyme palissadique formé de cellules allongées longitudinalement et qui occupe environ la moitié de l'épaisseur du limbe;
- un parenchyme lacuneux formé de cellules laissant des espaces entre elles;
- un épiderme inférieur formé de cellules allongées tangentiellement portant les mêmes types de poils que l'épiderme supérieur.

Au niveau de la nervure médiane, elle est constituée d'un faisceau libéro-ligneux qui est entouré d'un anneau continu ou non de fibres sclérifiées faisant suite respectivement à un parenchyme, un collenchyme, et un épiderme.

Dans la structure anatomique des feuilles, les tissus sont les mêmes et ne diffèrent que par leur disposition. Cependant on note une différence au niveau du trichome sur les types de poils.

2.2.1. Le trichome foliaire
Chez les espèces de *Combretum* étudiées, le trichome fournit de loin les caractères taxonomiques de l'épiderme les plus importants (Stace, 1965).

Pour les espèces étudiées le trichome est essentiellement constitué de poils non glanduleux et glanduleux avec des particularités caractérisant chaque type.

Les poils non glanduleux sont en forme de poils simples unicellulaires, plus ou moins allongés ou courts suivant les espèces, pointus, avec des parois épaisses. Ce type de poil est observé sur les deux faces des feuilles de toutes les espèces étudiées ou sur les tiges jeunes des plantes. Il est très commun chez les *Combretum* et connu sous le nom de "*Combretum* hair" ou "Combretaceen Haare" (Heiden, 1893).

Les poils glanduleux sont pluricellulaires. D'après la structure de la tête glandulaire (Bachmann, 1886 et Heiden, 1893), on distingue deux formes:

- des poils glanduleux dits poils à pédicelle qui sont plus ou moins courts et constitués d'une rangée de cellules superposées en nombre variable et supportant une tête pluricellulaire pouvant être plus ou moins ovale, sphérique ou allongée. Ce type de poils est plus fréquent sur la face inférieure des feuilles et surtout au niveau des nervures latérales. Il est observé en association avec les poils simples chez *Combretum aculeatum* et *C. lecardii;*
- des poils glanduleux appelés poils écailleux. Ce type de poils est constitué d'un court pédicelle surmonté d'une tête pluricellulaire constituée d'une seule couche de cellules et allongée latéralement. La tête est couverte de cuticule qui peut être très épaisse.

L'épaisseur de la cuticule dépend de l'activité et de l'âge du poil (Stace, 1969). Les différentes observations des poils écailleux faites au microscope électronique à balayage nous ont permis de constater une certaine variation dans la forme et la structure de ces derniers. Les types les plus simples à contour plus ou moins circulaire et festonné sont constitués de 5 à 6 cellules disposées en rosette du centre à la périphérie et séparées par des parois 1 ry radial et 2 ry radial (*Combretum tomentosum)* ou de huit cellules allongées et disposées radialement en rosette du centre à la périphérie, les cellules étant séparées par des parois épaissies de type 1ry radial (*Combretum nioroense*). Un autre type de poils à contour plus ou moins circulaire, légèrement ondulé, est constitué d'un nombre plus important de cellules délimitées généralement par huit parois 1 ry radial, des parois tangentielles et partielles radiales. Quelques cellules sont allongées radialement et quelques unes arrivent au centre (*Combretum nigricans*). Un autre type à contour plus ou moins circulaire et festonné est constitué par un nombre non limité de cellules qui ne sont pas disposées comme précédemment, c'est à dire allongées radialement du centre à la périphérie. Dans cette catégorie de poils, on distingue au centre:

- des cellules au nombre de huit environ disposées radialement en rosette. A la périphérie, ces cellules sont délimitées par des parois 1 ry radial, 2 ry radial, partial radial et tangential (*Combretum micranthum*);
- des cellules dont le nombre est supérieur à huit, non disposées en rosette mais tangentiellement (*Combretum glutinosum*). Chez cette espèce, les cellules sont de petite taille et délimitées par des parois 1 ry radial, 2 ry radial, partial radial et tangential.

Nos résultats sont concordants avec ceux de Stace (1969). Cependant, chez *Combretum glutinosum*, il a trouvé un nombre de cellules moins important dans la plaque cellulaire.

2.2.2. Les stomates

Strasburger (1866) eut l'idée d'utiliser les caractères stomatiques comme base de classification. Vesque (1881, 1885 et 1889) reconnut des types stomatiques définis d'après le nombre, la forme et la disposition des cellules épidermiques entourant les cellules de garde.

Il a été montré que les caractères stomatiques peuvent être d'une grande importance sur le plan taxonomique pour résoudre certains problèmes posés dans certains taxa (Guyot, 1966; Dupont, 1968; Gorenflot et Moreau, 1970; Gorenflot, 1971). Leur fréquence ou indice stomatique est un caractère d'une grande variabilité (Timmerman, 1927) qui dépend des conditions du milieu (Salisbury, 1927). Mais au delà de cette variabilité il a été noté la constance de certains caractères. Ainsi Metcalfe et Chalk (1950) rapportent les stomates des Dicotylédones à quatre types principaux: anomocytique, anisocytique, paracytique et diacytique c'est à dire aux types renonculacé, crucifère, rubiacé et caryophyllacé de Vesque (1881).

L'étude du trichome nous a amené à nous intéresser aux stomates pour compléter l'étude des caractères épidermiques des feuilles. Dans cette étude des stomates deux aspects ont été abordés: les types stomatiques et l'indice ou fréquence stomatique.

Dans cette étude des stomates deux aspects ont été abordés: les types stomatiques et l'indice ou fréquence stomatique.

L'étude des stomates a été faite sur les épidermes inférieur et supérieur des feuilles mâtures et la classification utilisée est celle de Metcalfe et Chalk (1950).

2.2.2.1. Les types stomatiques
L'observation des épidermes foliaires a permis de distinguer chez les espèces étudiées deux types stomatiques. Des stomates entourés d'un nombre de cellules supérieur ou égal à quatre disposées irrégulièrement et des stomates entourés d'un nombre limité de cellules, en général trois, toujours disposées irrégulièrement. Ces types de stomates correspondent respectivement aux types anisocytique et anomocytique de Metcalfe et Chalk(1950). Cette étude montre que ces types stomatiques sont présents sur l'épiderme des deux faces foliaires de *Combretum glutinosum, C. nioroense, C. nigricans, C. aculeatum* et *C. lecardii* et sont absents dans l'épiderme supérieur de *Combretum micranthum* et *C. tomentosum*. Les stomates sont en général disposés sans ordre et présentent un contour plus ou moins circulaire ou elliptique. Les feuilles des espèces étudiées sont toutes amphistomatiques à l'exception de *Combretum micranthum* et *C. tomentosum* qui sont hypostomatiques. Les épidermes inférieur et supérieur sont constitués de cellules allongées à contour généralement sinueux disposées sans ordre. La sinuosité du contour des cellules est plus accentuée chez *Combretum tomentosum*. Chez cette espèce les cellules sont de petite taille également. Les cellules épidermiques sont généralement plus hautes que larges et ont généralement la même taille au niveau des deux faces.

2.2.2.2. L'indice stomatique
L'indice stomatique (IS) qui représente la fréquence relative des stomates est calculé à partir des moyennes du nombre de stomates et de cellules épidermiques banales évaluées par face et par espèce selon la formule suivante:

$$IS = \frac{a}{a+b} \times 100$$

où a représente le nombre de stomates et b le nombre de cellules épidermiques banales.

Tableau 1. Résultat du calcul des indices stomatiques.

	C. aculeatum	*C. glutinosum*	*C. lecardii*	*C. m icranthum*	*C. nigricans*	*C. nioroense*	*C. tomentosum*
Nombre de stomates/unité de surface de la face supérieure	1,4	5,8	2,6	0,0	1,3	0,1	0,0
Nombre de stomates/unité de surface de la face inférieure	17,7	13,7	18,4	19,5	24,2	15,9	49,1
Nombre de cellules épidermiques banales/unité de surface face supérieure	98,7	86,3	56,3	83,0	95,1	88,5	208
Nombre de cellules épidermiques banales/unité de surface face inférieure	120,2	103,1	83,4	95,4	117,8	101,6	160,7
Nombre de stomates/unité de surface des deux faces (a)	9,6	9,8	10,5	9,7	12,8	8,0	24,7
Nombre de cellules épidermiques banales/unité de surface des deux faces (b)	109,5	94,7	69,9	89,2	106,4	95	184,4
n=a+b	119,0	104,5	80,3	98,9	119,2	103	208,9
Indice stomatique moyen: $IS = \frac{a}{a+b} \times 100$	8%	9,4%	13%	9,8%	10,7%	7,8%	11,8%

L'indice stomatique moyen (tab. 1) est compris entre 7,8 et 13%. Il est variable d'une espèce à une autre mais reste faible dans l'ensemble. Il est plus bas chez *Combretum nioroense* et plus élevé chez *Combretum lecardii*. Pour les différentes espèces, les indices stomatiques ont été comparés par le test de l'écart-réduit (e) des proportions qui permet de montrer ceux qui sont effectivement différents ($e > 1,96$) et ceux qui ne le sont pas ($e < 1,96$). Les résultats sont consignés dans le tableau 2.

La comparaison des indices stomatiques des espèces par le test de comparaison des proportions (Schwartz, 1969) montre que l'écart-réduit (e) est supérieur à 1,96 seulement entre *Combretum lecardii* et *C. aculeatum* et entre *Combretum lecardii* et *C. tomentosum*.

Tableau 2. Ecart-réduit (e) des indices stomatiques des espèces prises 2 à 2.

	aculeatum	*glutinosum*	*lecardii*	*micranthum*	*nigricans*	*nioroense*	*tomentosum*
aculeatum		0,63	2,13	0,85	0,64	0,24	0,39
glutinosum	0,63		1,48	0,22	0,0	0,37	1,11
lecardii	2,13	1,48		1,25	1,54	1,82	2,86
micranthum	0,85	0,22	1,25		0,23	0,58	1,36
nigricans	0,64	0,0	1,54	0,23		0,37	1,14
nioroense	0,24	0,37	1,82	0,58	0,37		0,65
tomentosum	0,39	1,11	2,86	1,36	1,14	0,65	

3. Discussion et conclusion

La structure anatomique de la tige est relativement homogène chez les espèces étudiées. Le seul caractère pouvant être considéré comme différentiel est l'absence de phloème intraligneux chez *Combretum aculeatum* et *C. lecardii.* Ce caractère permet de distinguer deux groupes caractérisés par la présence ou l'absence de phloème intraligneux. Verhoeven et Vaderschijf (1974) ont observé la même chose chez les Combretaceae d'Afrique du Sud.

La structure anatomique de la feuille est homogène chez les espèces étudiées qui présentent les mêmes types de tissus. Par contre les mêmes feuilles présentent des différences au niveau du trichome où on peut observer trois types de poils:

- des poils simples longs ou courts rencontrés chez toutes les espèces étudiées;
- des poils écailleux chez *Combretum glutinosum, C. micranthum, C. tomentosum, C. nigricans* et *C. nioroense;*
- des poils glanduleux chez *Combretum aculeatum* et *C. lecardii.*

La présence et la signification des poils glanduleux permettent de distinguer deux groupes parmi les espèces étudiées. Ces groupes correspondent aux sous-genres Cacoucia et *Combretum* du genre *Combretum* (Stace, 1965, 1969), le premier possédant des poils glanduleux et le second possédant des poils écailleux. Cette subdivision confirme les observations des nombreux auteurs (Bachmann, 1886; Heiden, 1893; Duvigneaud, 1956 et Stace, 1965) et confirme en même temps l'importance taxonomique des poils glanduleux. Ces poils ne permettent cependant pas de distinguer *Combretum aculeatum* de *Combretum lecardii* .

Ainsi, nos observations sur les poils permettent de distinguer deux sous-genres (Cacoucia et *Combretum*) dans le genre *Combretum.* Ce résultat confirme par ailleurs l'hypothèse émise par Verhoeven et Vaderschijf (1974), selon laquelle le regroupement des espèces suivant la présence ou l'absence de phloème intraligneux serait étroitement lié au regroupement des espèces suivant la structure des écailles.

Au sein des espèces du sous-genre *Combretum,* les poils écailleux montrent une variation considérable dans leur structure, permettant ainsi de distinguer les espèces les unes des autres, ce qui n'est pas le cas des deux espèces du sous-genre *Cacoucia.*

Les feuilles sont amphistomatiques chez *Combretum glutinosum, C. nioroense, C. nigricans, C. aculeatum* et *C. lecardii* et hypostomatiques chez *Combretum micranthum* et *C. tomentosum.*

Les stomates de types anisocytique et anomocytique sont présents à la fois sur les feuilles de toutes les espèces étudiées. La comparaison des indices stomatiques par le test de comparaison des proportions (Schwartz, 1969) a montré que la différence entre les indices stomatiques n'est significative qu'entre *Combretum lecardii* et *C . aculeatum* d'une part et *Combretum lecardii* et *C . tomentosum* d'autre part.

Les poils simples unicellulaires sont présents sur les feuilles de toutes les espèces. Chez *Combretum aculeatum* et *C. lecardii,* ils sont accompagnés de poils glanduleux, tandis que chez *Combretum glutinosum, C. micranthum, C. nigricans, C. nioroense* et *C. tomentosum* ils sont accompagnés de poils écailleux dont la structure varie d'une espèce à l'autre. L'observation au microscope électronique à balayage a montré que ces poils écailleux présentent une structure morphologique particulière pour chacune des espèces étudiées.

Nos observations sur l'anatomie de la tige et de la feuille, le trichome, les stomates et l'indice stomatique permettent d'établir la clé de détermination ci après. Pour des raisons d'efficacité, les caratères rares rencontrés chez quelques espèces seulement sont mis au premier rang puis les caractères communs à la plupart des espèces en deuxième position. Les poils glanduleux qui caractérisent les deux espèces du sous-genre *Cacoucia,* même s'ils constituent une aide dans la distinction d'espèce du sous-genre, ne figurent pas dans la clé car étant jugés inefficaces pour distinguer l'une de l'autre des espèces.

Clé de détermination des espèces étudiées

1. Absence de phloème intraligneux et de poils écailleux
   - 1a. Indice stomatique < 10 % — *Combretum aculeatum*
   - 1b. Indice stomatique > 10 % — *Combretum lecardii*
1. Présence de phloème intraligneux et de poils écailleux
   - 2a. Poils écailleux constitués de 5 à 6 cellules limitées par des parois 1 ry radial et 2 ry radial — *Combretum tomentosum*
   - 2b. Poils écailleux constitués de 8 cellules allongées et disposées radialement en rosette du centre à la périphérie et séparées par des parois épaissies de types 1 ry radial — *Combretum nioroense*
   - 2c. Poils écailleux constitués de 16 à 17 cellules délimitées par des parois 1 ry radial, tengential et radial — *Combretum nigricans*
   - 2d. Poils écailleux constitués d'un nombre important de cellules d'assez grande taille dont les cellules centrales disposées radialement en rosette et les cellules périphériques délimitées par des parois 1 ry radial, partial radial et tangential — *Combretum micranthum*
   - 2e. Poils écailleux constitués d'un nombre très important de petites cellules séparées par des parois 1 ry radial partial radial et tangential — *Combretum glutinosum.*

Références bibliographiques

Barfod, A. 1988. Leaf anatomy and its taxonomic significance in phyteleplantoid palms (Arecaceae). Nord. J. Bot. 8: 341—348.

Bérhaut, J. 1974. Flore illustrée du Sénégal. Gouvernement du Sénégal, Tome 2, Dakar, p. 323—409.

Dupont, S. 1968. Révision des caractères des épidermes et des plantules chez les Mesembryanthémacées. Systématique. Evolution, Thèse d'univ. Paul Sabatier, Toulouse.

Duvigneaud, P. 1956. Géographie des caractères et évolution de la flore soudanozambézienne III: les Combretum arborescents des savanes et forêts claires du Congo Méridional. Bull. Soc. Roy. Bot. Belg. 88: 59—82.

Gorenflot, R. et F. Moreau. 1970. Types stomatiques et phylogénie des Saxifraginées (Saxifragacées). C.R. Acad. Sc. Paris. 270: 2802—2805.

Gorenflot, R. 1971. Intérêt taxonomique et phylogénique des caractères stomatiques (application à la tribu des Saxifragacées). Boissiera, 19: 181—192.

Guyot, M. 1966. Les stomates des Ombillifères. Bull. soc. bot. Fr.; 113 (5—6), 244 —270.

Heiden. 1893. Anatomische charakteristik der Combretaceen. bot. zbl. 55: 353—360; 56: 225—230.

Lefèvre, G. R. 1905. Contribution à l'étude anatomique et pharmacologique des Combrétacées. Thèse Doct. Univ. Pharm., Paris.

Metcalfe, & K. Chalk. 1950. Anatomy of the Dicotyledons. Clarendon Press édit, oxford, T. 1 et 11 (2e éd. 1957).

Peitzer, 1870. Beiträge zur Kenntnis der Hautgewebe der Pflanzen. Jahrb. wiss. Bot. 7: 532—587.

Prantl, K. 1872. Die Ergrebnisse der neueren Untersuchungen ii berdie spaltöffnungen. Flora 55 (20), 304—320.

Salisbury, E. T. 1927. On the causes and ecological significance of stomatal frequency with special reference to the woodland flora. Phil. Trans. Royal. Soc. (London) B. 241: 1—65.

Schwartz, D. 1969. Méthodes statistiques à l'usage des médecins et des biologistes. 3e Ed. Médicales, Flammarion, Paris.

Sicard, H. 1875. Observations sur quelques épidermes végétaux. Thèse Paris, 1875.

Stace, C. A. 1965. The significance of the leaf epidermis in the taxonomy of the Combretaceae. I.A. general review of tribal, generic and specific characters. J. Linn. soc. (Bot.) 59: 229—252.

Stace, C. A. 1969. The significance of the leaf epidermis in the taxonomy of the Combretaceae. Il. The genus Combretum Subgenus Combretum in Africa. Bot. J. Linn. Soc., 62: 131—168.

Strasburger, H. A. 1866. E in Beitrag zur Entwicklungsgeschichte der spaltoffnungen. Jb. wiss. Bot. 5: 297—342.

Timmerman, H. A. 1927. Stomatal numbers: their value for distinguishing species. Pharm. J. 118: 241—243.

Turquet, J. 1910. Recherches anatomiques sur les Combretum africains. Thèse de doctorat 181 p. Paris.

Verhoeven, R. L. & H. P. Vanderschijff. 1974. Anatomical aspects of Combretaceae in South Africa. Phytomorphology 24: 158 —164.

Vesque, J. 1881. De l'anatomie des tissus appliquée à la classification des plantes. Nouv. Arch. Mus. hist. Nat. Ser. 2, 4: 1—56.

Vesque, J. 1885. Leaf anatomy of the principal gamopetalous families Ann. Sc. Nat., Bot., 7è série 1.: 183—360.

Vesque, J. 1889. De l'emploi des caractères anatomiques dans la classification des végétaux. Bull. Soc. Bot. Fr.,Congrès Bot. août, 36: 41—89.

LES ASTERACEAE DU CAMPUS UNIVERSITAIRE D'ABIDJAN, CÔTE D'IVOIRE: INVENTAIRE, TAXONOMIE, ÉCOLOGIE ET CLÉ DE DÉTERMINATION

Mamounata BÉLEM OUÉDRAOGO et Laurent AKÉ ASSI

Résumé

Bélem Ouédraogo, M. et L. Aké Assi 1998. Les Asteraceae du campus universitaire d'Abidjan, Côte d'Ivoire: inventaire, taxonomie, écologie et clé de détermination. *AAU Reports* **39**: 141—149. — Cette étude a été effectuée dans la ville d'Abidjan (Sud de la Côte d'Ivoire), sur le Campus de l'Université d'Abidjan. Elle a consisté en un inventaire, une taxonomie et une étude écologique des Asteraceae du Campus Universitaire. L'inventaire floristique a été effectué par des relevés itinérants qui ont consisté à noter toutes les espèces d'Asteraceae rencontrées. Les études taxonomique, chorologique et écologique des espèces ont été inspirées de Aké Assi (1984) et la détermination des espèces a été faite par lui. Ce travail nous a permis de cataloguer 17 espèces d'Asteraceae réparties en 15 genres et en 4 tribus. Cela représente 15% des 110 espèces d'Asteraceae du pays. A part le genre *Vernonia*, qui est trispécifique, tous les autres genres comprennent chacun 1 espèce. L'étude nous a permis, par ailleurs, de préciser les caractères botaniques de 17 espèces d'Asteraceae et d'en proposer une clé de détermination. Les espèces étudiées sont essentiellement pluricontinentales, rudérales, et généralement éclectiques; d'autres sont ségétales. Une dizaine d'entre elles sont utilisées dans la pharmacopée traditionnelle.

Mots clés: Côte d'Ivoire - Campus Universitaire - Abidjan - Asteraceae - Recensement - Rudérales - Ethnobotanique.

Introduction

La flore de la Côte d'Ivoire a fait, depuis plus de trois quarts de siècle, dans tous les domaines de la Botanique, l'objet de nombreuses investigations par différents chercheurs. Le mérite d'avoir commencé l'étude floristique de la Côte d'Ivoire revient essentiellement à Auguste Chevalier. Georges Mangenot dès 1946 entreprit une étude taxonomique et phytosociologique de la Côte d'Ivoire. Malgré les efforts d'éminents scientifiques, la flore du pays est encore loin d'être bien connue. Cependant, les travaux des uns et des autres ont permis aujourd'hui d'avoir une connaissance relativement bonne de la flore et de la végétation. Il reste néanmoins à publier une Flore générale de la Côte d'Ivoire et à caractériser la flore du point de vue phytogéographique.

Les Asteraceae de l'ordre des Astérales sont des gamopétales inferovariées et tétracycliques. La famille renferme surtout des plantes herbacées, quelquefois des arbustes et rarement des arbres. Les feuilles sont simples ou diversement découpées, alternes, opposées, basales ou caulinaires et sans stipules. Les inflorescences sont des capitules homogames ou hétérogames entourées d'un involucre d'une à plusieurs séries de bractées libres ou soudées. Le réceptacle portant des bractéoles (paillettes, ou soies) entre les fleurs est nu ou alvéolé. Il est généralement convexe et rarement allongé ou creux.

Les fleurs sont hermaphrodites, unisexuées ou stériles. Celles qui occupent la position externe sont souvent ligulées alors que celles qui occupent la position interne sont tubuleuses ou toutes ligulées. La corolle et l'androcée sont pentamères ou rarement tétramères. Les 5 étamines sont soudées les unes aux autres au niveau des anthères, les filets restant libres. Les 5 pétales sont soudés et constituent une corolle tubuleuse actinomorphe. Le calice n'est représenté que par une couronne de soies ou d'écailles appelées pappus. Il est même parfois absent. L'ovaire est infère et toujours uniovulé. Il est surmonté d'un style portant 2 stigmates munis de poils collecteurs de pollen. Les fruits sont des akènes surmontés d'un calice persistant ou pappus.

Les Asteraceae sont cosmopolites et constituent la famille la plus nombreuse des Angiospermes. Cette famille renferme plus de 20 000 espèces réparties en 1100 genres et 13 tribus. L'Afrique compte 350 espèces et 84 genres dont 110 espèces et 48 genres sont représentés en Côte d'Ivoire. La plupart de ces espèces sont rudérales. C'est le cas de la majorité de celles rencontrées sur notre zone d'étude.

1. Méthodes d'étude

L'inventaire et la systématique de ces espèces constituent l'essentiel de notre étude. L'inventaire a été effectué sur la base des méthodes ordinaires de recensement botanique. Nous avons procédé à la récolte systématique des espèces rencontrées. Ensuite nous avons séché puis conservé les échantillons en herbier. La détermination des specimens à été effectuée avec "Flora of West Tropical Africa". Certains échantillons ont été déterminés par Aké Assi.

Nous avons considéré les caractères du capitule comme point de départ pour dresser une clé de détermination des espèces étudiées. Ainsi, nous avons opposé les capitules solitaires des capitules groupés. Dans chacun de ces 2 groupes nous avons poursuivi l'opposition en considérant soit la présence de pédoncule sur les capitules, soit le port herbacé ou ligneux de la plante. Le procédé consiste donc à opposer toujours les caractères 2 à 2.

2. Résultats

2.1. TAXONOMIE

Nous avons recensé 17 espèces regroupées en 15 genres. Les 15 genres recensés appartiennent à la sous famille des Asteroideae qui regroupe les 4 tribus suivants:

- Eupatoriae: espèces caractérisées par des anthères à base arrondie et des styles aux branches généralement glabres;
- Heliantheae: espèces caractérisées par des fleurs externes ligulées neutres et des fleurs centrales hermaphrodites;
- Senecioneae: espèces caractérisées par une série de bractées involucrales;
- Vernonieae: espèces caractérisées par des styles dont les branches sont très poilues.

2.2. ECOLOGIE

2.2.1. Les types biologiques

Parmi les cinq types biologiques de Raunkiaer cité par Bélem (1991), quatre ont été recensés au cours de cette étude. Ce sont: les Thérophytes (41%), les Chaméphytes (6%), les Phanérophytes (47%) représentés par les Nanophanérophytes (29%) et les Microphanérophytes (18%) et enfin les Hydrophytes (6%), (tab. 1).

Les genres plurispécifiques représentent 6% des specimens collectés et les genres unispécifiques 94%. La rareté des Chaméphytes pourrait s'expliquer par une compétition avec d'autres plantes rudérales. En effet, la seule Chaméphyte recensée est *Tridax procumbens*. Il est abondant dans les pelouses, en association avec des Cyperaceae, des Poaceae et quelques Rubiaceae (*Diodia* spp., *Oldenlandia* spp., etc.). Cette compétition interspécifique pour l'espace est si prononcée que *Tridax procumbens* a tendance à présenter un port étalé sur le sol. Ce comportement est une adaptation biologique. En effet, les rameaux de l'espèce émettent au niveau des noeuds des racines adventives qui favorisent ce port étalé. Ainsi, les rameaux peuvent s'étaler sur 50 à 70 cm alors que la hauteur de la plante ne dépasse guère 25 cm.

Tableau 1. Répartition en tribus, noms, types biologiques et types morphologiques des Asteraceae étudiées.

TRIBUS	NOMS	T.B.	R.G.	T.M.
Eupatoriale	*Ageratum conyzoides*	Th	Pt	H
	Eupatorium odoratum	Np	AN	L
	Mikania cordata	Mp	PT	l
Heliantheae	*Acanthospermum hispidum*	Th	AN	H
	Aspilia africana	Np	A	H
	Bidens pilosa	Th	Pt	H
	Eclipta prostrata	Th	Pt	H
	Enydra fluctuans	Hy	Pt	H
	Spilanthes uliginosa	Th	Pt	H
	Synedrella	Th	Pt	H
	Tithonia diversifolia	Np	N	L
	Tridax procumbens	Ch	Pt	H
Senecioneae	*Emilia sonchifolia*	Th	Pt	H
Vernonieae	*Struchium sparganophora*	Np	Pt	H
	Vernonia amygdalina	Mp	A	L
	Vernonia cinerea	Np	A	H
	Vernonia colorata	Mp	A	L

Légende:
T.B.: Type Biologique; T.M.: Type Morphologique; Th: Thérophyte
Ch: Chaméphyte; Np : Nanophanérophyte; Mp: Microphanérophyte
Hy: Hydrophyte; H: Herbacé; L: Ligneux
l: Liane; A: Africaine; AN: Afronéotropicale
N: Néotropicale; PT: Paléotropicale; Pt: Pantropicale.

La rareté des Hydrophytes pourrait s'expliquer par le fait que la zone du Campus Universitaire ne comporte pas de sol hydromorphe ou de points d'eau. Cependant, *Enydra fluctuans* a été retrouvée dans des flaques d'eau en bordure d'une lagune.

L'absence d'Hémicryptophytes dans notre zone d'étude (Basse Côte d'Ivoire) semble militer en faveur de l'hypothèse selon laquelle le Nord Soudano-Zambézien paraît être le berceau des

Asteraceae Hémicryptophytes en Côte d'Ivoire. En effet, le nombre élevé d'Hémicryptophytes dans le Nord de la Côte d'Ivoire, constaté par Aké Assi (1984), semble confirmer cette hypothèse. Nous nous accordons avec Devineau (1978) qui pense que l'hémicryptophytie est une preuve de sédentarité et d'ancienneté de certaines plantes en savane.

Sur les pelouses régulièrement tondues et sur les terrains vagues souvent brûlés en saison sèche,*Vernonia cinerea* qui est une Nanophanérophyte se comporte comme une Hémicryptophyte pyrophytique.

Les Asteraceae étudiées se répartissent en 3 types morphologiques comme l'indique le tableau 1: les Herbacés (71%), les Ligneux (23%) et les Lianes (6%).

2.2.2. Dissémination et Chorologie

Le fruit des Asteraceae comme défini plus haut est un akène. Cet akène peut être simple ou muni d'un pappus qui est un ensemble de poils, d'épines ou d'aigrettes (fig. 1). Suivant l'existence ou non de pappus sur l'akène, les 15 espèces étudiées se répartissent en 3 groupes (tab. 2).

Tableau 2. Répartition des genres recensés en fonction de la configuration des akènes.

	CONFIGURATION DES AKÈNES		
	Sans pappus	Avec pappus	Avec épines ou aigrettes
Genres:	*Eclipta* *Enydra* *Spilanthes* *Struchium* *Tithonia*	*Aspilia* *Emilia* *Eupatorium* *Mikania* *Tridax* *Vernonia*	*Acanthospermum* *Ageratum* *Bidens* *Synedrella*

La morphologie des akènes des Asteraceae est à l'origine de leur grande expansion géographique. Les espèces à akènes dépourvus de pappus sont généralement aquatiques ou marécageuses et ont par conséquent une dissémination hydrophile qui ne nécessite aucun dispositif spécial sur l'akène (à l'exception de *Tithonia diversifolia*). Par contre, les épines barbelées ou non couronnant certains akènes serviraient beaucoup dans le transport entomophile ou anthropophile. Elles s'accrochent sur les poils des

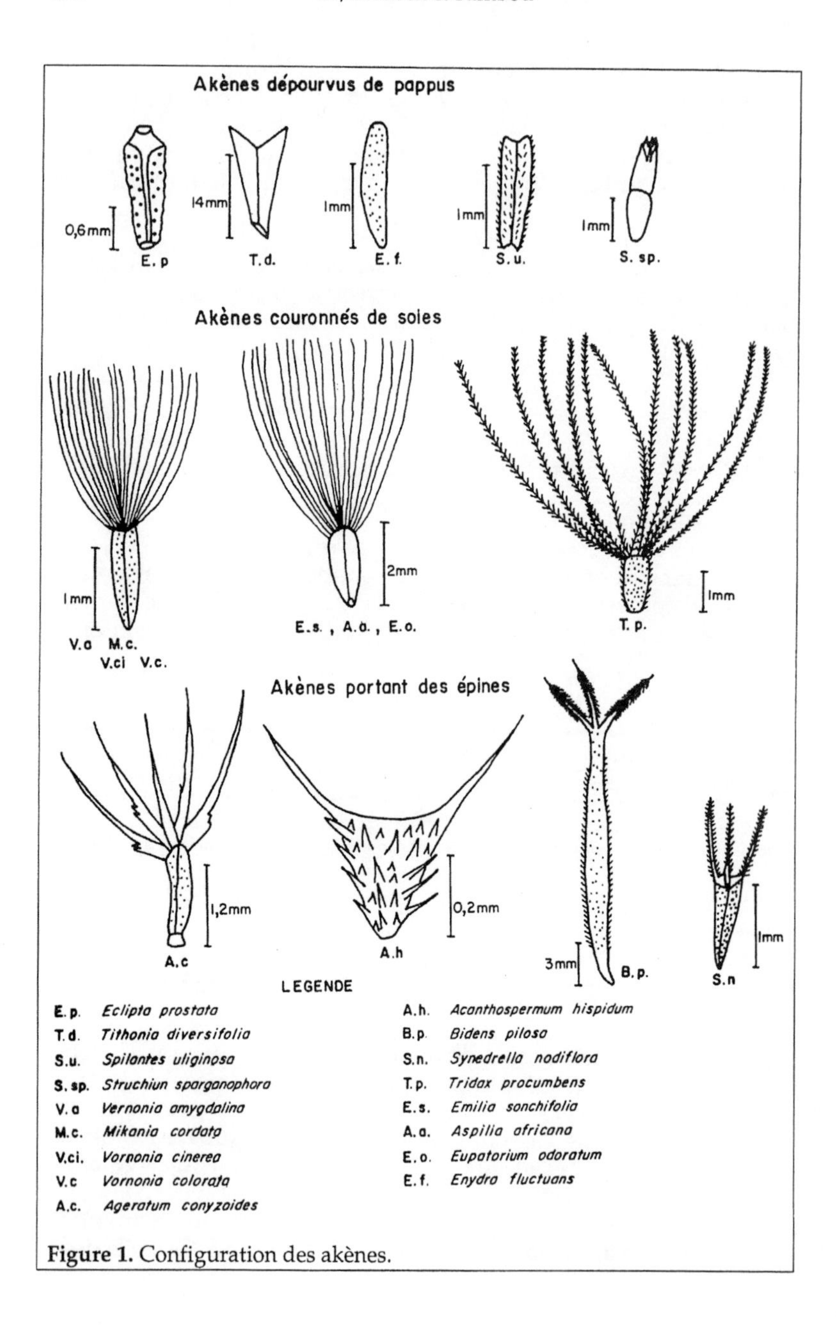

Figure 1. Configuration des akènes.

insectes ou sur les habits.

Les 17 espèces cataloguées sont soit typiquement africaines (18%), soit pluricontinentales et se classent comme suit: Afronéotropicales (12%), Néotropicales (6%), Paléotropicales (6%), Pantropicales (58%).

2.2.3. Différents milieux de vie des Asteraceae
Les spécimens étudiés ont des milieux de vie variés. On les rencontre dans les espaces piétinés, sur les bords des chemins, dans les champs, dans les endroits inondés et autour des habitations.

Conclusion
Sur les 110 espèces d'Asteraceae que compte la Côte d'Ivoire, seules 17 ont été retrouvées dans le Campus Universitaire. La majorité des espèces étudiées est pluricontinentale.

Toutes les espèces inventoriées sont rudérales, généralement éclectiques. D'autres comme *Ageratum conyzoides, Bidens pilosa, Spilanthes uliginosa, Synedrella nodiflora* sont ségétales.

Neuf des espèces sont utilisées en pharmacopée traditionnelle. Il s'agit de *Ageratum conyzoides, Bidens pilosa, Eclipta prostrata, Emilia sonchifolia, Eupatorium odoratum, Mikania cordata var. cordata, Vernonia amygdalina, Vernonia cinerea et Vernonia colorata.*

Clé de détermination des espèces étudiées

1. Capitules solitaires
   2. Capitules sessiles, axillaires ou terminaux
      3. Feuilles alternes, subsessiles, ovales — *Struchium sparganophora*
      3. Feuilles opposées décussées, sessiles, linéaires ou lancéolées — *Enydra fluctuans*
   2. Capitules pédonculés
      4. Capitules terminaux
         5. Capitules gros avec des ligules étalées horizontalement
            6. Pédoncule long et grêle, très poilu
               7. Capitule hétérogame à 2 couleurs; fleurs ligulées externes, blanc-jaunâtre; fleurs centrales jaunes; feuilles opposées, lancéolées, dentées — *Tridax procumbens*
               7. Capitule hétérogame à 1 couleur; fleurs externes et fleurs centrales jaunes; feuilles opposées décussées, dentées et poilues — *Aspilia africana* var. *africana*
6. Pédoncule long et gros, renflé au sommet; capitules hétérogames, jaunes — *Tithonia diversifolia*
         5. Capitules petits, ovoïdes, hétérogames; fleurs ligulées blanches et à fleurs centrales jaunes; feuilles opposées décussées, subtrifoliolées à pennées — *Bidens pilosa*
      4. Capitules axillaires
         8. Capitule sessile; tiges à ramification dichotomiques; akènes trigones, spinescents, portant 2 grosses épines latérales — *Acanthospermum hispidum*
         8. Capitule pédonculé; feuilles opposées, lancéolées; tiges poilues; capitules hétérogames à 2 couleurs
            9. Capitule vert, fleurs blanches; tiges peu ramifiées, assez robustes; fleurs ligulées et fleurs centrales blanches; akènes obconiques, denticulés au sommet — *Eclipta prostrata*
            9. Capitule jaune, fleurs jaunes; tiges assez ramifiées, grêles — *Spilanthes uliginosa*
1. Capitules groupés en panicules, en grappes ou en corymbes
   10. Plantes à port arborescent, ligneux, atteignant de 3 à 5 de hauteur; feuilles alternes
      11. Feuilles pubescentes ou glabrescentes sur les 2 faces, à bords entiers ou légèrement ondulés — *Vernonia colorata*
   10. Plantes sarmenteuses, grimpantes ou volubiles
      12. Plante sarmenteuse ou grimpante, semi-ligneuse; feuilles opposées, ovales triangulaires, dentées, odorantes; fleurs bleuâtres — *Eupatorium odoratum*
      12. Plantes herbacées
         13. Tiges volubiles; feuilles opposées, cordiformes, comportant 5 nervures basales saillantes en dessous — *Mikania cordata* var. *cordata*
         13. Tiges non volubiles, dressées atteignant jusqu'à 60 cm de hauteur
         14. Capitules en glomérules axillaires sessiles; fleurs jaunes, en capitules hétérogames; plante à ramification dichotomique; feuilles ovales ou elliptiques, poilues, scabres, pétiolées — *Synedrella nodiflora*
         14. Capitules formant des cimes ou des panicules terminales
            15. Feuilles opposées, ovales-triangulaires, dentées, pétiolées; plante hispide, odorant; fleurs blanches ou quelquefois bleuâtres, en capitules homogames — *Ageratum conyzoides*
            15. Feuilles alternes
               16. Feuilles sessiles, allongées, irrégulièrement dentées, pennatilobées ou pennatifides, quelquefois amplexicaules; plante poilue ou glabrescente; capitules homogames pourpres — *Emilia sonchifolia*
               16. Feuilles pédonculées, elliptiques, spatulées ou linéaires - lancéolées; plante pubescente; capitules homogames pourpres — *Vernonia cinerea*

Références bibliographiques

Aké Assi, L. 1984. Flore de la Côte d'Ivoire . Etude descriptive et biogéographique, avec quelques notes ethnobotaniques. Thèse doctorat d'état. Faculté des Sciences de l'Université d'Abidjan, 6 fascicules, 1206 p.

Aké Assi, L. 1987. Fleurs d'Afrique Noire. Ed. S.A.E.P., Ingersheim, 89 p.

Anoma, G. 1962. Recherches cytologiques sur les grains de pollen des composées. Thèse de Doctorat de 3 ème cycle, Faculté des Sciences de l'Université de Paris, 38 p.

Bélem, O. M. 1991. Etudes floristique et structurale des galeries forestières de la réserve Biosphère de la Mare aux hippopotames; Rapport Unesco, RCS / Sahel.

Bélem, O. M. 1988. Recensement, Systématique et Ecologie des Asteraceae du Campus Universitaire d'Abidjan DEA d'Ecologie Tropicale Option Botanique.

Guillaumet, J. L. et Adjanohoun, E. 1971. Le milieu naturel en Côte d'Ivoire: la végétation de la Côte d'Ivoire. Mémoires O.R.S.T.O.M n° 50: 16—261, Paris.

Hutchinson, J., et Dalziel, J.M. 1954—1972. Flora of west Tropical Africa (ed. 2 par keay, R.W.J. et Hepper, F.N.) Crown agents, London, 3 vol.

IRRADIATIONS DE LA FLORE SAHÉLIENNE EN BASSE CASAMANCE (SÉNÉGAL)

C. VANDEN BERGHEN

Résumé
Vanden Berghen, C. L. 1998. Irradiations de la flore sahélienne en Basse Casamance (Sénégal). *AAU Reports* **39**: 151—161. — La notion "espèce sahélienne" est précisée. Vingt et un taxons relevant de ce groupe d'espèces ont été reconnus en Basse Casamance. La plupart d'entre eux croissent dans des stations à végétation xérique et peuvent être considérés comme des reliques d'un tapis végétal datant d'une époque géologique "sèche" révolue. Quelques espèces, en particulier *Cenchrus biflorus* et *Guiera senegalensis*, ont un comportement agressif et sont actuellement en voie d'expansion rapide.

Introduction

Les voyageurs arabes qui ont exploré, au Moyen-Age, l'Afrique continentale, reconnaissaient déjà le Sahel en tant que zone bioclimatique bien individualisée, intercalée entre le Sahara désertique et le Soudan, domaine des forêts claires (Cornevin, 1964). Ce sont d'ailleurs eux qui ont introduit en géographie les mots "Sahel" et "Soudan", d'origine arabe, "sahil" signifiant "rivage", le rivage du grand désert lorsqu'on traverse le Sahara en prenant la route du sud. La zone sahélienne - en dehors des massifs montagneux - porte effectivement, sur d'énormes surfaces, un tapis végétal relativement uniforme, ouvert et pauvre en espèces, qui a été considéré par Keay (1959) comme une "steppe boisée avec abondance d'*Acacia* et de *Commiphora*". White (1983) y a reconnu des formations, les unes herbacées semi-désertiques, les autres buissonnantes-décidues ou boisées. La limite méridionale du Sahel, dont le tracé a été accepté par la généralité des géographes, correspond approximativement à celle de l'aire d'*Acacia radiana*, un petit arbre épineux, répandu dans tout le territoire et souvent abondant (Trochain, 1940).

Les botanistes, pourtant, rencontrent de grandes difficultés à définir la zone sahélienne en utilisant des critères floristiques.

L'introduction du territoire dans un système chorologique, soit hiérarchisé (Trochain, 1940; Lebrun, 1947), soit non hiérarchisé (White, 1976), est également un sujet de discussion.

L'absence d'un cortège important de taxons endémiques au Sahel est responsable de cet embarras. Presque toutes les "espèces sahéliennes" croissent aussi au Soudan! Ces plantes sont seulement plus apparentes dans le Sahel, soit parce qu'elles sont relativement plus abondantes au nord qu'au sud, soit parce que l'absence des plantes les plus typiquement "soudaniennes" met leur présence en évidence.

Le phénomène peut probablement être expliqué par les vicissitudes du peuplement végétal de l'Afrique continentale au cours du Tertiaire récent et du Quaternaire. De nombreux paléobotanistes ont mis en évidence la permanence, au nord de l'Equateur, d'un Sahara, d'une zone désertique, devenant parfois temporairement subdésertique, au cours de l'histoire géologique des derniers millions d'années. On sait aussi que les limites de cette zone désertique, insérée entre le monde méditerranéen et le monde sahélo-soudanien, ont subi d'importants déplacements en latitude. En particulier, ceux de la limite méridionale sont particulièrement spectaculaires (Alimen, 1987; Bonnefille, 1987; Lézine, 1988; Petit-Maire, 1992, 1993a et 1993b).

Ces translations en latitude des limites des grandes zones bioclimatiques de l'Afrique septentrionale contrastent avec les variations subies par l'aire d'autres zones bioclimatiques africaines. Les auteurs ont notamment montré que la zone des forêts denses humides a été fragmentée, durant le Quaternaire, en territoires relativement exigus, isolés les uns des autres (Maley, 1987). Chacun de ces "refuges" est devenu un véritable "centre d'endémisme" (au sens propre!) dans lequel la flore a évolué de façon autonome durant de longues périodes de temps, donnant naissance à de nombreuses espèces nouvelles.

Apparemment, rien de tel ne s'est produit avec la flore sahélo-soudanienne. On peut supposer qu'elle n'a pas cessé d'occuper une aire continue, malgré les déplacements de celle-ci et la variation de sa superficie. Lors d'une péjoration du climat général, accompagnée d'une avancée du Sahara vers le sud, les espèces les plus résistantes à la sécheresse restaient en place dans les territoires qui subissaient une désertification. Au retour d'un climat plus favorable à la végétation, les plantes "abandonnées" étaient rejointes par celles qui avaient subsisté plus au sud. Ceci sans que des groupes importants de taxons aient été isolés dans des aires, rigoureusement séparées les unes des autres, où le phénomène de spéciation aurait pu se manifester.

La flore du Sahel, riche de 1200 espèces environ, ne comprend, effectivement, qu'un petit nombre de taxons probablement endémiques; White, en 1983, en recense moins de 40! En réalité, cette flore est principalement constituée de plantes à aire très vaste, débordant largement les limites du Sahel des géographes, adaptées à vivre dans un territoire au climat général sec. Un grand nombre d'entre elles sont soit herbacées et annuelles, soit ligneuses et pourvues de nombreuses épines et de feuilles de petites dimensions; quelques-unes possèdent des organes aériens plus ou moins succulents.

Un certain nombre de ces espèces de tempérament "sahélien" croissent en Basse Casamance, considérée ici comme un Secteur chorologique correspondant à l'extrémité septentrionale occidentale de l'immense "Zone de transition guinéo-congolaise/soudanienne" (White, 1976). Les limites et les subdivisions de ce Secteur apparaissent sur la figure 1.

Nous nous proposons de préciser la localisation des espèces "sahéliennes" dans le tapis végétal de la Basse Casamance - située loin du Sahel! - et d'étudier leur comportement actuel. Sont-elles en voie d'expansion ou, au contraire, doivent-elles être considérées comme des "reliques" d'un peuplement végétal qui occupait jadis de vastes superficies?

1. La "flore sahélienne" en Basse Casamance

Nous savons que le peuplement végétal de la Basse Casamance a subi, au cours du Quaternaire, les effets de l'alternance de périodes à climat sec et d'autres à forte pluviosité. Ces événements font comprendre que la structure chorologique de la flore casamançaise soit relativement complexe. Ce qui peut paraître paradoxal, vus la faible étendue du territoire, l'absence de tout relief digne de ce nom (le point culminant se trouve à l'altitude de 30 m environ!) et un climat actuellement uniformément tropical sur toute la surface du pays. C'est donc bien le passé du tapis végétal qui explique, en ordre principal, que la florule de la Basse Casamance comprenne des espèces souvent qualifiées de "sahéliennes", ou plus correctement de "sahéliennes-soudaniennes", parce qu'elles sont présentes et éventuellement abondantes dans le Sahel.

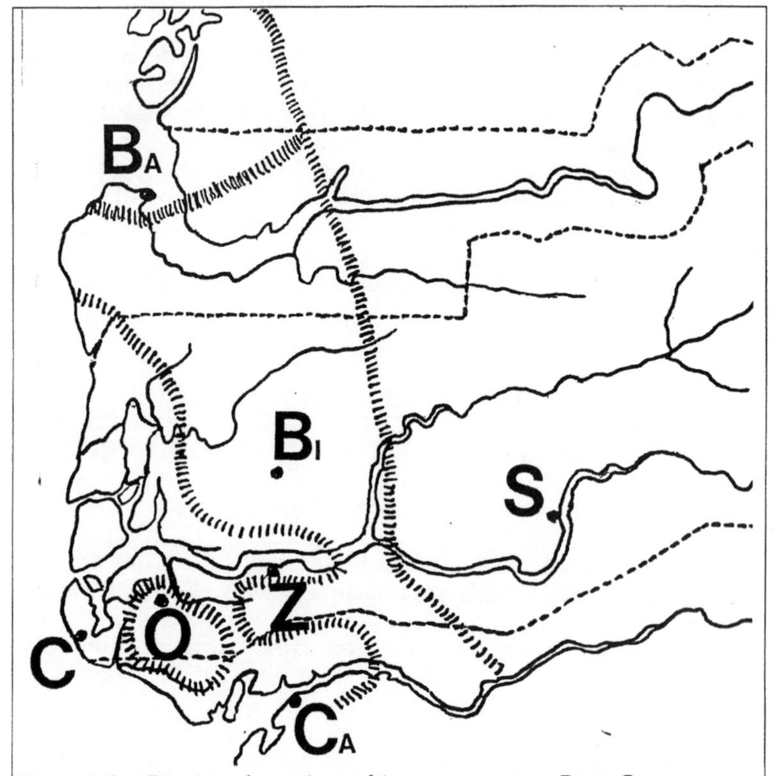

Figure 1. Les Districts phytogéographiques reconnus en Basse Casamance.

Légende de la carte
Les Districts phytogéographiques reconnus en Basse Casamance.- Les frontières des Etats sont indiquées par des tirets. Les Districts phytogéographiques sont limités par des tirets parallèles entre eux. - Ba: Banjoul, à l'embouchure du fleuve Gambie. - Bi: Bignona, dans le District septentrional. - C: Cap Skirring. - Ca: Cacheu, en Guinée-Bissau, à l'embouchure de la rivière de Cacheu. - S: Sédhiou, en Moyenne-Casamance. - Z: Ziguinchor, sur le fleuve Casamance. - Le segment de droite, à droite, représente une longueur de 25 km.

Le District le plus septentrional est celui du Sine-Saloum. Les influences sahéliennes et guinéennes sont atténuées dans le District de Bignona (Bi). Le District littoral correspond à la plus grande partie de la Basse Casamance méridionale. Le District d'Oussouye, enclavé dans le District littoral, est centré sur la ville d'Oussouye (O).

Deux remarques peuvent être formulées:

1. La plupart des espèces "sahéliennes" sont notées dans le District littoral de la Basse Casamance, sur des sols jeunes dont la végétation, naturelle ou semi-naturelle, est aberrante par rapport au couvert végétal observé dans la plus grande partie du territoire. Les plantes "sahéliennes" trouvent dans ces stations des conditions d'existence qui rappellent celles observées dans la plus grande partie du territoire qu'elles occupent.
2. Quelques espèces "sahéliennes" croissent, parfois de façon luxuriante, dans des parcelles soumises à une forte influence anthropique. Leur environnement, dans ce cas, n'a apparemment rien de "sahélien"!

2. Les espèces "sahéliennes" du District littoral casamançais

Des espèces "sahéliennes" participent aux principaux groupements végétaux reconnus dans les dunes maritimes (Vanden Berghen, 1990) ainsi que sur les sédiments grossiers des plaines littorales.

a) Trois espèces, répandues dans le Sahel sénégalais et mauritanien, sont présentes dans le groupement herbacé ouvert à *Schizachyrium pulchellum* noté dans les dunes en voie de stabilisation.

- *Indigofera diphylla* (Papilionaceae) est observé uniquement au nord du fleuve Casamance, souvent en peuplements importants.
- *Centaurea perrottetii* (Asteraceae) croît au sud du fleuve Casamance, principalement à proximité de la frontière avec la Guinée-Bissau. Un hiatus important sépare les populations méridionales de cette espèce de celles repérées au nord du Saloum.
- *Leptadenia hastata* (Asclepidiaceae), à longues tiges traînant sur le sable, apparaît par pieds isolés.

b) Les sables dunaires stabilisés, pacagés extensivement, sont occupés par une steppe à *Aristida sieberiana* ponctuée d'arbres isolés et de boqueteaux à *Detarium senegalense* et *Lepisanthes* (*Aphania*) *senegalensis*. Plusieurs espèces du groupement herbacé ont une aire de distribution principalement sahélienne.

- *Aristida sieberiana*: (Syn. *A. longiflora*) (Poaceae) est parfois la plante dominante dans le couvert. L'espèce, en Basse

Casamance, est strictement liée à une végétation installée sur des sables grossiers non rudéralisés.

- *Ctenium elegans* (Poaceae) accompagne *Aristida sieberiana* dans la steppe littorale, principalement au nord du fleuve Casamance.
- *Striga gesnerioides* (Scrophulariaceae) est une plante parasite rarement observée dans le District littoral casamançais. L'espèce est notée dans les régions paléotropicales à climat aride ou sub-aride.

c) Quelques espèces "saheliennes" croissent principalement sur les sables maritimes dont le tapis végétal a été fortement perturbé par la création de pistes, par l'édification d'hôtels et de campements, par l'installation d'ateliers de séchage du poisson.

- *Cenchrus biflorus* (Poaceae) était une espèce rare en Basse Casamance avant 1970, peut-être absente des dunes littorales. Depuis 25 ans, elle a envahi les sables dunaires rudéralisés et s'y est multipliée de façon explosive.
- *Pupalia lappacea* (Amaranthaceae) n'a été observé qu'à partir de 1980 au sud du fleuve Casamance. L'espèce est actuellement en voie d'expansion.
- *Gisekia pharnacoides* (Molluginaceae) n'a été observé qu'au nord du fleuve Casamance.
- *Indigofera berhautiana* (Papilionaceae) apparaît souvent dans les relevés floristiques notés au nord du fleuve Casamance; la plante est moins fréquente au sud de cette barrière. En dehors du District littoral, la Papilionacée n'a été vue qu'exceptionnellement en Casamance, toujours sur des sables rudéralisés.

d) Deux Graminées "saheliennes" annuelles et halo-tolérantes participent à l'Association à *Eragrostis gangetica* installée sur des sables en voie de dessalement, dans les plaines alluviales de la Basse Casamance. Les racines de ces plantes exploitent la couche supérieure du substrat filtrant qui contient de l'eau douce durant la saison des pluies.

- *Enteropogon prieurii* (Syn.: *Chloris prieurii*) est noté fréquemment dans ce type de station "primaire". A partir de celle-ci, la Graminée colonise parfois des sites rudéralisés.
- *Enteropogon prieurii* à une aire de distribution très vaste en Afrique tropicale et en Arabie. Elle est fréquente et souvent abondante dans le Sahel où l'espèce ne manifeste pas les exigences écologiques précises qui sont les siennes en Basse

Casamance. Avec *Schoenefeldia gracilis*, très rarement observé en Casamance, elle forme fréquemment l'essentiel de la strate herbacée du "pseudo-climax" à *Acacia raddiana* (Trochain, 1940).

- *Pennisetum pedicellatum* subsp. *unispiculum* a été reconnu récemment dans le District littoral casamançais. Le taxon y occupe des stations semblables à celles colonisées par *Enteropogon prieurii*. Son aire, en Afrique, est principalement sahélienne.

e) Les "tannes" des plaines alluviales (de grandes surfaces salées, nues ou couvertes d'une végétation herbacée clairsemée) sont parfois ponctuées de bombements sablonneux dont les plus élevés sont rarement hauts de plus de 5 mètres. La réserve d'eau douce accumulée sous leur sommet est fréquemment suffisante pour qu'une végétation ligneuse puisse s'y développer. Des arbustes et de petits arbres caducifoliés, éventuellement épineux, forment des fourrés ou des boqueteaux dont la physionomie est celle du tapis végétal d'une région à climat aride. La plupart des espèces ligneuses qui y ont été recensées ont d'ailleurs une aire de type "sahélien".

- *Adansonia digitata* (Bombacaceae) apparaît de façon spontanée sur les bosses du relief, principalement à l'emplacement d'accumulations de coquilles ou d'autres mollusques qui signalent les sites de campement de pêcheurs, souvent abandonnés depuis des temps très anciens.
- C'est probablement dans un même type de station que croît *Balanites aegyptiaca* (Zygophyllaceae) signalé par Vieillefon (1975) à Samatite, au NW d'Oussouye, sur des bosses sablonneuses arides, en bordure du "plateau" d'Oussouye. Cette population isolée de *Balanites* est la seule connue au sud du fleuve Gambie. On y observe aussi *Schoenefeldia gracilis* (Poaceae), répandue dans tout le Sahel, dont l'aire de distribution ne dépasse le fleuve Gambie qu'à Samatite.
- Les arbustes épineux *Maytenus senegalensis* (Celastraceae) et *Capparis tomentosa* (Capparidaceae) n'ont été observés qu'au nord du fleuve Casamance.
- *Annona senegalensis* (Annonaceae), par contre, est répandu dans toute la Basse Casamance.
- *Dichrostachys cinerea* subsp. *africana* ainsi que *Acacia albida* (Mimosaceae) sont souvent présents dans le District littoral de la Basse Casamance. Ces deux espèces sont aussi répandues dans les autres Districts du Sénégal méridional et ne sont pas spécialement liées à un substrat sablonneux et sec. Les deux

taxons s'installent sur des sols variés, souvent en des stations faiblement rudéralisées: pacages abandonnés, forêts dégradées et clairiérées, surfaces dénudées lors des travaux du génie civil.

3. Les espèces "sahéliennes" dans les autres Districts chorologiques de la Basse Casamance

Hors du District littoral, les espèces "sahéliennes" sont peu nombreuses. Nous avons déjà cité *Dichrostachys cinerea* et *Acacia albida,* communs dans des stations dont la végétation est fortement influencée par des activités humaines. Par contre, *Annona senegalensis,* également commun, croît dans des stations à végétation semi-naturelle. *Cenchrus biflorus* est d'apparition récente en quelques localités; nous avons notamment observé un petit nombre de pieds de cette espèce à Badiouré, à l'Est de Bignona, dans des terrains fortement anthropophisés. La présence de la Graminée reste exceptionnelle dans les terrains vagues de Ziguinchor ainsi qu'aux environs des villages.

Guiera senegalensis (Combretaceae) est actuellement très commun en Basse Casamance, sauf peut-être dans le District d'Oussouye. L'apparition de cet arbuste est apparemment contemporaine de l'introduction de la culture de l'arachide, vers 1860. Les paysans âgés se souviennent encore de l'arrivée de l'arbuste dans leur village et de sa diffusion rapide sur les terres cultivées de façon non traditionnelle. Dans le canton d'Essil-Séléky, la plante est d'ailleurs nommée "l'arbuste-médicament des Mandingues", ce qui laisse supposer que son arrivée date des premiers contacts avec des commerçants mandingues, vers 1900-1920 probablement. *Guiera senegalensis* colonise les terres sablonneuses qui ont perdu leur fertilité par suite de pratiques culturales maladroites. La Combrétacée devient notamment l'espèce dominante dans les défrichements abandonnés après avoir été cultivés plusieurs années consécutives, sans que des engrais aient été apportés à la terre. *Guiera* forme des fourrés à l'emplacement de villages temporaires, créés par des réfugiés chassés de chez eux par la guerre en Guinée-Bissau, et actuellement abandonnés. On trouve aussi l'espèce sur les parcelles cultivées, sans souci de l'avenir, par des agriculteurs récemment émigrés.

Conclusion

Vingt et un taxons végétaux, espèces ou sous-espèces, de "tempérament" sahélien sont présents en Basse Casamance, nettement au sud de la zone bio-climatique qui est leur aire de dispersion principale. Ce nombre est relativement faible, la florule de la Basse Casamance comprenant un millier d'espèces.

La majorité des taxons "sahéliens" recensés en Basse Casamance croissent exclusivement dans la partie littorale du territoire et contribuent à caractériser une unité chorologique du rang du District. Ces taxons sont localisés en des stations à végétation ouverte présentant un caractère xérique, du moins durant une partie de l'année. Ils constituent probablement une fraction ancienne de la florule locale actuelle. On peut présumer que ces plantes sont installées en Basse Casamance depuis, au moins, le dernier épisode sec du climat général de la région. Le dynamisme de la plupart de ces taxons est actuellement faible. Certains d'entre eux sont exclusivement notés au nord du fleuve Casamance et paraissent être incapables de coloniser des territoires situés plus au sud.

Au contraire des espèces précédentes, *Cenchrus biflorus, Guiera senegalensis, Dichrostachys cinerea, Acacia albida* et, dans une moindre mesure, *Pupalia lappacea* et *Gisekia phanacoides*, ont un tempérament résolument "agressif" qui leur permet d'envahir avec facilité les espaces qui leur conviennent en profitant immédiatement de la création involontaire de pareilles stations par l'homme. La libération de diaspores accrochantes chez *Cenchrus* et *Pupalia*, le transport par le vent des fruits de *Guiera* sont certainement des atouts pour ces espèces. Par contre, les gousses de *Dichrostachys* et d'*Acacia albida* mûrissent lentement et ne s'ouvrent que tardivement pour libérer des graines relativement volumineuses. Il serait intéressant d'étudier par quels moyens ces deux plantes ligneuses arrivent à étendre leur aire de dispersion.

Références bibliographiques

Alimen, H. 1987. Evolution du climat et des civilisations depuis 40 000 ans du Nord au Sud du Sahara occidental. Bull. Ass. fr. Etude Quaternaire 1987 (4): 215—227.

Bérhaut, J. 1971—1979. Flore Illustrée du Sénégal. Six volumes, respectivement de 626, 695, 634, 625, 658, 636 p. Dakar.

Bille, J.-C., M. Lepage, G. Morel & H. Poupon. 1972. Recherches écologiques sur une savane sahélienne du Ferlo septentrional (Sénégal). Présentation de la région. Terre et Vie 26: 332—350.

Bille, J.-C. & H. Poupon. 1972. Recherches écologiques sur une savane sahélienne du Ferlo septentrional (Sénégal). Description de la végétation. Terre et Vie 26: 351—365.

Bille, J.-C. & H. Poupon. 1972. Recherches écologiques sur une savane sahélienne du Ferlo septentrional (Sénégal). La régénération de la strate herbacée. Terre et Vie 26: 21—48.

Bonnefille, R. 1987. Evolution des milieux tropicaux africains depuis le début du Cénozoïque. Mém. Trav. E.P.H.E. Inst. Montpellier 17: 101—110.

Bonnefille, R. (1993). Afrique, paléoclimats et déforestation. Sécheresse 4(4): 221—231.

Bonnefille, F. & coll. 1978. In: Lamotte, M. & Bourlière, F. Problèmes d'Ecologie. Ecosystèmes terrestres. La savane sahélienne du Fété Olé, Sénégal. Masson et Cie, Paris: 187—229. Une importante bibliographie.

Cornevin, R. & M. 1964. Histoire de l'Afrique, des origines à la deuxième guerre mondiale. 4e éd. Paris: 1—306.

Diallo, A.-K. & J. Valenza. 1972. Etude des pâturages naturels du Nord Sénégal. IEMVT. Etudes agrostologiques. Maisons-Alfort.

Knapp, R. 1973. Die Vegetation von Afrika unter Berücksichtigung von Umwelt, Entwicklung, Wirtschaft, Agrar-un Forstgeographie. Stuttgart: 1—626.

Lebrun, J. 1947. La végétation de la plaine alluviale au sud du lac Edouard. Exploration du Parc National Albert 1: 1—800.

Lebrun, J. 1962. Le couloir littoral atlantique, voie de pénétration de la flore sèche en Afrique guinéenne. Bull. Ac. Sc. Outre-Mer Bruxelles n.s. 8(4): 719—735.

Lebrun, J.-P. 1973. Enumération des planes vasculaires du Sénégal. IEMVT. Etude botanique n° 2. Maisons-Alfort: 1—209. Une importante bibliographie.

Lezine, A.-M. 1988. Les variations de la couverture forestière mésophile d'Afrique occidentale au cours de l'Holocène. C.R. Acad. Sci. Paris 307(II): 439—445.

Maley, J. 1987. Fragmentation de la forêt dense humide africaine et extension des biotopes montagnards: nouvelles données polliniques et chorologiques. Implications paléoclimatiques et biogéographiques. Paleoecology of Africa and surrounding islands 18: 307—327.

Michel, P., A. Naégelé & C. Toupet. 1969. Contribution à l'étude biologique du Sénégal septentrional. I. Le milieu naturel. Bull. IFAN 31: 756—839.

Miège, J., P. Hainard & G. Tcheremissinoff. 1976. Aperçu phytogéographique sur la Basse Casamance. Boissiera 24: 461—471.

Petit-Maire, N. 1992. Environnements et climats de la ceinture tropicale nord-africaine depuis 140 000 ans. Mém. Soc. Géol. France 160: 27—33.

Petit-Maire, N. 1993. Les variations climatiques au Sahara: du passé au futur. La religione della sete. Centro studi archeologia africana. Milan: 7—21.

Petit-Maire, N. 1993. Past global climatic changes and the tropical arid-semi-arid belt in the North of Africa. Geoscientific Research in NE Africa (éd.: Thornweihe & Schandelmeir): 551—560.

Poupon, H. & J.-C. Bille. 1974. Recherches écologiques sur une savane sahélienne du Ferlo septentrional, Sénégal. Influence de la sécheresse de l'année 1972-73 sur la strate ligneuse. Terre et Vie 28: 49—75.

Quezel, P. 1965. La végétation du Sahara, du Tchad à la Mauritanie. Stuttgart. 1—333.

Reichelt, R., H. Faure & J. Maley. 1992. Die Entwicklung des Klimas im randtropischen Sahara-Sahelbereich während des Jungquartärs - ein Beitrag zur angewandten Klimakunde. Petermanns Geographische Mitteilungen 136: 69-79.

Trochain, J. 1940. Contribution à l'Etude de la végétation du Sénégal. Mém. IFAN 2: 9—433.

Vanden Berghen, C. 1988. Flore illustrée du Sénégal (J. Bérhaut). Tome IX: Monocotylédones: 1—523. Dakar.

Vanden Berghen, C. 1990. La végétation des sables maritimes de la Casamance (Sénégal méridional). Lejeunia 133: 1—84.

Vieillefon, J. 1975. Notice explicative n° 57. Carte pédologique de la Basse Casamance (domaine fluvio-marin) au 1/100 000e. ORSTOM. Dakar: 1—59.

White, F. 1976. The vegetation map of Africa: the history of a complete project. Boissiera 24: 659—666.

White, F. 1983. The vegetation of Africa. UNESCO. Paris. 1—356.

White, F. 1986. La végétation de l'Afrique. Mém. accompagnant la carte de la végétation de l'Afrique. ORSTOM et UNESCO. 1—384. Une bibliographie importante.

Zolotareusky, B. & M. Murat. 1938. Divisions naturelles du Sahara et sa limite méridionale. Mém. Soc. Biogéographie Paris 6: 335—350.

Grasses in steppes and savannas of Senegal

Simon LAEGAARD

Abstract
Laegaard, S. 1998. Grasses in steppes and savannas of Senegal. *AAU Reports* **39**: 163—167. — In all grass-steppes and savannas the grasses are the most important plant group and certain morphological characters of these grasses are very important for the stability/instability of the vegetation against damage from grazing, fire and erosion by water or wind. A full vegetation analyses with identification of all plant species will be needed for some purposes but this can generally only be carried out by an expert. It is suggested, that for a first and quick assessment of the vegetation and its stability, it may be sufficient to make a record of some of these characters (life-forms) and their dominance in the vegetation, e.g., 1) Annuals, 2) Stoloniferous perennials, 3) Loosely tufted perennials, 4) Densely caespitose perennials, and 5) Rhizomatous perennials. This may be combined with a record of the absolute size of the plants for an additional assessment of the productivity of the vegetation.

Introduction

Grasses are the most important plant family in Senegal. Very large areas are dominated by grasses as the main vegetation in steppes or as ground layer in savannas and open woodland. There is hardly any major vegetation type that does not contain at least some grasses as an important element. Therefore the qualities of the grasses present are extremely important for the stability of any vegetation type.

In this context, stability is defined as the resistance of the vegetation to fire, to heavy grazing and to erosion by water or wind. Many vegetation types are regularly burned in the dry season and only consist of species that are adapted to survive annual fires. No species without such an adaptation will be able to invade these vegetation types. In large areas of Senegal there is also regular grazing by cattle, sheep or goats belonging to local farmers or to specialized pastoral tribes and because of the restricted areas there is often an overgrazing. Erosion by water may in some cases be a severe threat to the soil surface because the sparse rain sometimes fall in severe showers during which the rainwater cannot penetrate the soil and therefore is running off on the surface. Wind erosion may also be a severe threat to the surface, especially where the vegetation cover has been broken by heavy grazing or by water erosion.

The qualities of the grasses and other plants of the ground vegetation that are of most importance in this context are the life-ranges of the species, i.e., if they are annuals or perennials, and for the perennials also their life-forms, i.e., if they are bamboo-like, caespitose, rhizomatous, or stoloniferous.

Annual grasses are usually germinating at the beginning of the rainy season and they are able to flower and produce new seeds before they are withering and dying at the end of the season. Numerous seeds will be eaten by predators and some will be destroyed by fires but sufficient will survive for germination the following season.

During fieldwork in Senegal some stray observation were made on various growth strategies of annual plants. Some species start flowering very early and may produce seeds rather few weeks after germination and will then die (e.g. *Microchloa indica* and *Ctenium elegans*). Others also start early but will be able to produce seeds as long as the rain continues. Some of these can even start withering in case of periods of dry weather but start new growth and flowering if and when more rain comes (e.g. *Eragrostis pilosa* and *Panicum laetum*). A third and probably the most specialized group of species go on growing vegetatively as long as the rain continues and only when the rain stops they have a short and rich period of flowering and seed production while the last remains of soil water are utilized (e.g. *Andropogon pinguipes*). A more detailed study of such strategies may be of interest for future studies.

However, it is common for all annual grasses and for most other annual plants that their root systems are weak and superficial. When the plants die after the rainy season the structure of their root systems will only persist for a short period and will give very little stability to the soil surface.

From records in 'Flora of West Tropical Africa' (Clayton, 1972) and the yet unpublished manuscript for the Poaceae in Berhaut's: 'Flore Illustrée du Sénégal' (Vanden Berghen, in prep.) it is found that app. 57% of all Senegalese grasses are annuals. Of these app. 18% of the total are from more or less permanently moist vegetation types while the remaining app. 39 % are from biotopes where they are depending on the short annual rainy season for water. A simple count of annual species occurring in the country may not be very relevant but from field observations it is clear that annual species of grasses are dominant in nearly all dry biotypes of the dry regions in Central and Northern Senegal.

Other grasses are perennials. In these (except for the bamboo-types) the above-ground parts generally die back every year after the rainy season while rejuvenation buds are resting at or below the soil surface and will sprout again in the next rainy season. In relation to stability the most important quality of the perennial grasses is that their root systems are persistent from one year to the next and that they are usually much deeper and more dense and therefore will give the soil surface a better protection against erosion.

Apart from the bamboo-type, perennial grasses can be treated as three groups according to their growth-forms and especially in relation to their susceptibility or resistance to regular fires and erosion:

1. Caespitose or tufted perennials. In these, the rejuvenation buds are at or just below the soil surface and they are usually well protected, at least in the center of the tussocks. The tussocks are often rather tough and to some degree also resistant to grazing and trampling.
2. Rhizomatous perennials with runners and rejuvenation buds below the soil surface. Theoretically, these are the best protected against fire and desiccation as all buds are below the soil surface.
3. Stoloniferous perennials with runners and buds above the soil surface. Generally, this group is very susceptible to fire and hardly any will survive in sites with regularly repeated fires while they may be better adapted to survive other types of disturbance.

As shown in Tab. 1., only caespitose perennials are rather numerous in dry biotopes. However, from field observations I

Table 1. Life-forms and biotope preferences of Senegalese grasses as recorded from literature, with absolute numbers and percentage of total.

	Dry biotypes	Moist biotypes
Annual	110 (39)	51 (18)
Perennial, bamboos	2 (-)	0
Perennial, Caespitose	41 (14)	34 (12)
Perennial, rhizomatous	8 (3)	26 (9)
Perennials stoloniferous	3 (1)	8 (3)
Total	164 (58)	119 (42)

know that only in a few and scattered sites they are dominant in dry regions.

As there are good reasons to believe that the vegetation would be much more stable if it was dominated by perennial grasses, I think it would be interesting to know why they are so scattered and also to know if it is possible to promote a vegetation with more perennial grasses.

I do not think it is only because of climatic conditions, e.g., in Zimbabwe, there are much more perennial grasses and they are dominant in most undisturbed biotopes. Presumably the reason is more cultural. When a cover of perennial grasses has been broken for agriculture it is difficult to get a new cover of the same type even if agriculture stops. I have field observations from two different areas in the Niololo-Koba National Park. Both are regularly burned. In one of these areas there has never been agriculture and the grass cover is dominated by perennial species. The other area has been cultivated but was abandoned about 30 years ago. Here is still a total dominance of annual grasses and the soil surface is subject to erosion.

What can be done ?

We need to know more about the ecology of the grasses and grassland and especially about the conditions for the establishment of perennial grasses after disturbance from agriculture or from severe erosion.

Theoretically, it must be supposed that young plants of perennial grasses are much more susceptible to fire or to grazing than mature plants but I do not know of any studies in this.

I suggest that experiments are carried out with sowing or planting of some local, perennial grasses as, e.g., *Andropogon gayanus*, and then protecting the area against fire and too heavy grazing for the first years after the establishment.

Literature Cited

Clayton, W. D. 1972. Gramineae. In Hutchinson, LL.D & J. M. Dalziel (first eds.); F. N. Hepper (second ed.): Flora of West Tropical Africa 3, part 2: 349—512.

Vanden Berghen[1], C. in prep. Poacées Flore Illustrée du Senegal, Tome X.

[1] Editors note: The editors would like to use this opportunity to express their gratitude to Prof. Vanden Berghen who kindly gave our institutions access to consult his yet unpublish manuscripts for the Illustrated Flora of Senegal. We wish Vanden Berghen good luck with the temination of his valuable work.

INFLUENCE DU COUVERT LIGNEUX SUR LA DIVERSITÉ SPÉCIFIQUE DE LA VÉGÉTATION HERBACÉE DANS LA FORÊT CLASSÉE DE BAKOR (HAUTE CASAMANCE)

Léonard-Elie AKPO et Michel GROUZIS

Résumé
Akpo, L.-E. et M. Grouzis. 1998. Influence du couvert ligneux sur la diversité spécifique de la végétation herbacée dans la forêt classée de Bakor (Haute Casamance). *AAU Reports* **39**: 169—181. — L'objectif de ce travail est d'examiner l'effet du couvert ligneux sur la diversité spécifique de la végétation herbacée dans la forêt classée de Bakor située dans le Ndorna en Haute Casamance (sud du Sénégal). Les données collectées dans des bosquets et dans des clairières ont été soumises aux méthodes d'analyse multivariée. L'analyse factorielle de correspondance a permis de distinguer nettement les relevés effectués dans les bosquets de ceux réalisés dans les clairières. Il existe donc un "effet couvert " qui se traduit par un cortège floristique inféodé aux différents biotopes. Dans les bosquets, la végétation se caractérise par un faible recouvrement avec une richesse spécifique relativement élevée.

Mots-clés: Arbre - Herbe - Bosquet - Diversité - Floristique - Casamance

Introduction

Les savanes couvrent de vastes étendues en Afrique (Malaise, 1973), de même qu'en Amérique du Sud et en Australie (Huntley & Walker, 1982).

En zone soudanienne, ces formations dérivent de la dégradation de forêts denses sèches caducifoliées (Unesco, 1981). Elles occupent une place importante dans le paysage. Ce sont des écosystèmes où coexistent une strate herbacée plus ou moins continue et une strate ligneuse dont le couvert est plus ou moins discontinu (Bourlière & Hadley, 1983). La fragilité de ces systèmes écologiques est liée non seulement à l'importance de cette végétation herbacée qui favorise les passages des feux de brousse, mais aussi à l'importante place économique qu'ils occupent, notamment sur le plan agropastoral.

Au Sahel, la présence de l'arbre dans l'écosystème modifie la composition de la flore herbacée en augmentant de manière significative la richesse spécifique et allonge le cycle de vie des espèces (Akpo, 1993).

Cette étude menée dans la forêt classée de Bakor située en Haute Casamance (sud du Sénégal) porte sur les relations Herbe/Arbre en région soudano-deccanienne (au sens de Trochain, 1940). Elle examine particulièrement l'influence du couvert ligneux sur la structure, la diversité spécifique et le fonctionnement de la végétation herbacée.

1. Présentation de la zone d'étude

La forêt classée de Bakor (1851 ha) est situé en Haute Casamance (centre sud du Sénégal), entre 12° 50' et 13° 05' N et 14° 38' et 14° 58' W.

Cette zone est caractérisée par une succession de bas plateaux au modelé plat et peu marqué (Michel & Sall, 1983). Ces plateaux sableux sont situés à faible altitude sur le grand et profond bassin sédimentaire sénégalo-mauritanien (Michel, 1969).

La Haute-Casamance se situe dans le domaine biogéographique dit « soudano-guinéen », qui correspond à une zone intermédiaire entre le domaine des savanes boisées et des forêts claires au nord, ou domaine soudanien, et le domaine de la forêt claire caducifoliée dense au sud, ou domaine guinéen (Ndiaye, 1983). Le climat, sahélo-soudanien de type continental (Le Houérou, 1989), est caractérisé par une longue saison sèche (7 mois) et une courte période humide (5mois). Les températures moyennes mensuelles minimales et maximales sont respectivement des 23°C (janvier) et de 32°C (mai) pour une moyenne annuelle de l'ordre de 27°C. Les précipitations varient de 900 à 1100 mm par an. Août et septembre en totalisent environ 60 à 80%.

Le paysage s'organise selon une toposéquence typique où les plateaux interfluviaux et les vallées se relaient, sans discontinuité majeure, dans un continuum spatial à faibles contrastes. La végétation ligneuse des zones d'interfluve est dominée par

Bombax costatum, Pterocarpus erinaceus, Daniellia oliveri, Cordyla pinnata, Parkia biglobosa, Terminalia macroptera et *Prosopis africana. Oxytenanthera abyssinica* y forme des populations assez importantes. Dans les vallées, l'emprise de l'agriculture est très forte et les arbres présents apparaissent isolés comme c'est le cas pour *Adansonia digitata, Ceiba pentandra, Ficus sp., Mitragyna inermis, Elaeis guineensis.*

2. Méthodes d'étude

L'inventaire floristique de la strate herbacée a été effectué dans des clairières et dans des bosquets (56 relevés dont 30 sous bosquets et 26 dans des clairières). Le rayon des bosquets varie entre 6 et 16 mètres avec une moyenne de 7 mètres. La densité est de 34 individus par hectare. La surface ombragée a été estimée à 7500 m2 par hectare. Le couvert moyen des arbres isolés est de 6.5 mètres. Les relevés floristiques ont été réalisés sur une surface de 150 m2. Cette surperficie est largement supérieure à l'aire minimale (16 à 45 m2) déterminée par différents auteurs (Poissonet & César, 1972; Cornet, 1981; Grouzis, 1988; Fournier, 1991) pour la strate herbacée de différentes formations tropicales.

Pour chaque relevé, la liste floristique et la structure des populations des espèces ligneuses ont été établies. Le recouvrement de chaque espèce est estimé sur une échelle allant de 0 à 100%.

La détermination des taxons a été effectuée à l'aide de la Flore du Sénégal (Berhaut, 1967). Les synonymes ont été actualisés et normalisés sur la base de l'Enumération des plantes à fleurs d'Afrique tropicale (Lebrun & Stork, 1991).

Une matrice espèces-relevés floristiques a été soumise à une analyse factorielle de correspondance afin de dégager les similitudes écologiques et/ou floristiques éventuelles. L'interprétation des résultats repose sur l'inertie qui indique le pouvoir explicatif d'un axe factoriel et, les contributions absolues et relatives, qui donnent respectivement l'importance des relevés et des espèces dans la détermination des axes et la qualité de leur représentation sur ceux-ci.

3. Résultats

3.1. CARACTÉRISTIQUES DU PEUPLEMENT LIGNEUX

3.1.1. Composition floristique

Nous avons recensé sur le quadrat expérimental (4 hectares) seize espèces ligneuses comportant 959 individus dont 60 individus isolés et 899 individus regroupés en bosquets. Ces espèces recensées appartiennent à 11 familles (fig. 1 a) parmi lesquelles les Léguminoseae (Cesalpiniaceae, Fabaceae et Mimosaceae), avec 6 espèces, représentent 37.5% de la richesse spécifique. A

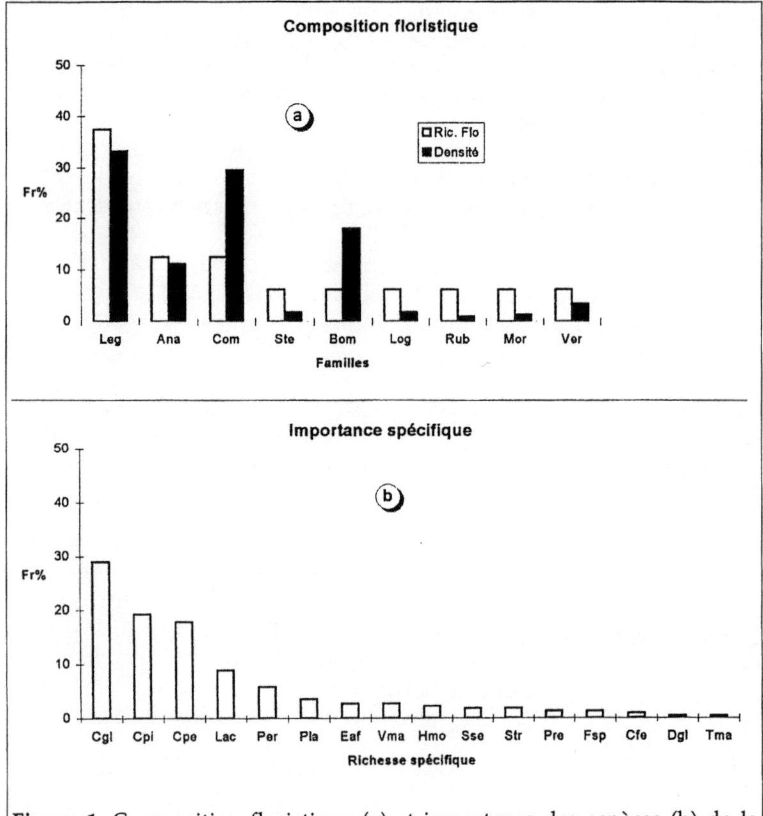

Figure 1. Composition floristique (a) et importance des espèces (b) de la végétation ligneuse de la forêt classée de Bakor.

l'exception des Anacardiaceae et Combretaceae, qui possèdent chacune 2 espèces, toutes les autres familles ne sont représentées que par une espèce.

En considérant le nombre d'individus, les Légumineuses représentent 33% du peuplement. Viennent ensuite les Combretaceae (29.5%), les Bombacaceae (17.9%) et les Anacardiaceae (11.2%). Dans le groupe des Légumineuses, les Cesalpiniaceae ou légumineuses à larges feuilles sont les plus importantes (20.5%). Elles sont suivies des Fabaceae (12.1%). Les Mimosaceae (légumineuses à foliolules) sont rares; elles ne représentent que 0.5%.

L'équirépartition qui est le rapport entre la diversité observée (indice de Shannon) et la diversité maximale est de 0.7635. Cet indice est élevé. Il ne semble donc pas y avoir de forte dominance. Une faible équitabilité traduit en effet une répartition très irrégulière des effectifs entre les espèces (Devineau et al., 1984).

Ainsi, quatre espèces dominantes (*Combretum glutinosum*: 29%, *Cordyla pinnata*: 19.2%, *Ceiba pentandra*: 17.9% et *Lannaea acida*: 8.9%) avec 168 individus représentent 75% du peuplement (fig. 1b). Dans le groupe des espèces compagnes, se retrouvent *Pterocarpus erinaceus, Erythrophleum africanum, Pericopsis laxiflora, Piliostigma reticulata, Crossopterix febrifuga, Vitex madiensis, Hexalobus monopetalus, Sterculia setigera, Terminalia macroptera* et *Dichrostachys cinerea.*

3.1.2. Structure du peuplement

Le peuplement ligneux comporte une forte proportion d'individus de faible circonférence. 85% des effectifs se retrouvent ainsi dans les classes de circonférence inférieures à 130 cm. Les individus de gros diamètres sont rares (fig. 2).

L'examen de la structure de la population de quelques espèces principales permet d'apporter quelques précisions par rapport à cette structure globale.

La population de *Cordyla pinnata* se concentre dans les classes 50 à 170 cm de circonférence, celle de *Lannaea acida* de 50 à 130 cm. Quant à la population de *Combretum glutinosum*, l'espèce la plus abondante, les plus gros individus ne dépassent guère 90 cm de

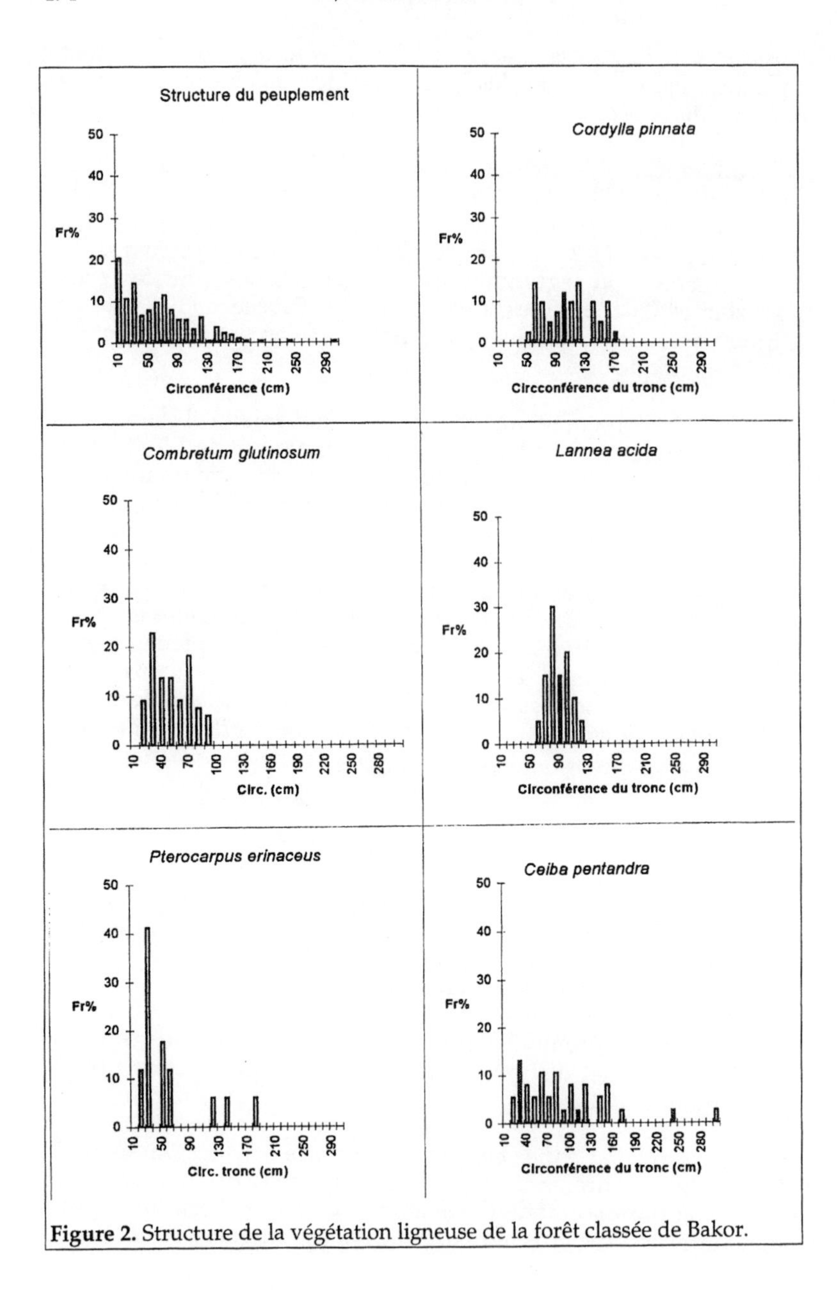

Figure 2. Structure de la végétation ligneuse de la forêt classée de Bakor.

circonférence; l'effectif étant aussi concentré dans les classes 20 à 90 cm. Nous avons observé des individus de 300 cm de circonférence au niveau de *Ceiba pentandra.*

Au niveau des espèces ligneuses principales, les populations sont déséquilibrées par l'absence d'individus dans les classes extrêmes de circonférence. La faible représentation des individus jeunes chez ces espèces suppose une régénération naturelle difficile tandis que celle des gros individus témoigne d'une exploitation non contrôlée. En effet ces espèces foumissent du bois d'oeuvre, qui est utilisé soit dans la construction des pirogues (*Ceiba pentandra, Cordyla pinnata, Lannea acida*) soit dans le fabrication des meubles (*Pterocarpus erinaceus, Ceiba pentandra*).

Nous avons cependant considéré, comme Poupon (1980), la même amplitude de classes de circonférence (10 cm) pour toutes les espèces bien que cette valeur n'ait pas la même signification pour une espèce pouvant mesurer 100 ou 150 cm que pour une autre ne dépassant guère 40 cm.

L'importance des individus de faible circonférence du peuplement ligneux provient en fait essentiellement des populations de *Combretum glutinosum, Hexalobus monopetalus, Piliostigma reticulatum, Dichrostachys cinerea* et *Vitex madiensis* dont les individus se retrouvent entre 5 et 30 cm de circonférence. Ce sont des espèces en expansion.

3.2. DIVERSITÉ SPÉCIFIQUE DE LA STRATE HERBACÉE SOUS ET HORS BOSQUETS

3.2.1. L'approche par l'analyse factorielle de correspondance de la composition floristique

Le taux d'inertie permet de quantifier la part d'information contenue par chaque axe. Il est de 15.7% pour le premier axe, de 10.4% pour le second, de 9.4% pour le troisième, de 6.3% pour le quatrième, soit 41.8% pour l'ensemble des 4 axes factoriels.

L'information est donc essentiellement contenue dans le plan principal puisque la somme des valeurs propres des axes 1 et 2 représente 62.9% de l'ensemble de celles-ci.

La contribution mesure l'importance d'un individu ou d'une variable (points-ligne ou points-colonne) par rapport à un axe factoriel. Elle permet de donner une signification écologique à chacun des axes. Ainsi peuvent intervenir de manière significative, les points dont la contribution est supérieure à la moyenne (18.2% pour les relevés et 13.5% pour les espèces).

Nous pourrons alors retenir pour les abscisses positives S25 (108), S1 (95), S3 (92), S2 (39), S28 (29) et S15 (22) d'une part et pour les abscisses négatives H8 (54), H30 (42), H27 (42), H16 (34), H22 (33), H7 (29) d'autre part sur l'axe 1 (Fig. 3).

L'axe 1 oppose ainsi les relevés effectués dans les bosquets (S) à ceux réalisés dans les clairières (H). Il représente le facteur ombrage, généré par le couvert des bosquets d'arbres.

A ces deux groupes de relevés sont associées des espèces. Sous les bosquets, *Dioscorea praensis* (127), *Phaulopsis barteri* (79), *Pennisetum violaceum* (55), *Setaria pallide-fusca* (29), Dig (26), *Indigofera stenophylla* (25) et *Tacca involucrata* (25) présentent des contributions supérieures à la contribution moyenne. Dans les clairières, ce sont *Cochlospermum tinctorium* (363) et *Andropogon gayanus* (124) qui sont déterminantes.

L'axe 2 distingue nettement 3 groupes (G1, G2, G3) dans les relevés sous bosquets, qui correspondent à des conditions écologiques précises: G3 (taches d'hydromorphie à pseudogley), G2 (termitières) et G1 (plateau typique). Cette séparation met en évidence certainement l'abondance plus ou moins variable de l'argile sous ces bosquets, ainsi que l'eau du sol. Cet axe pourrait représenter le gradient de l'humidité du sol.

Pour ce qui est de l'axe 3, deux espèces seulement se dégagent des autres de par leur contribution. Ces espèces, *Rhynchosia minima* (148) et *Andropogon gayanus* (139), se situent de part et d'autre de cet axe.

La présence d'arbres ou de bosquets d'arbres crée donc une plus grande hétérogénéité du milieu. C'est cette hétérogénéité qui, en définitve, est à la base des différentes communautés inféodées aux différents biotopes, d'où l'étalement des relevés dans ce plan factoriel.

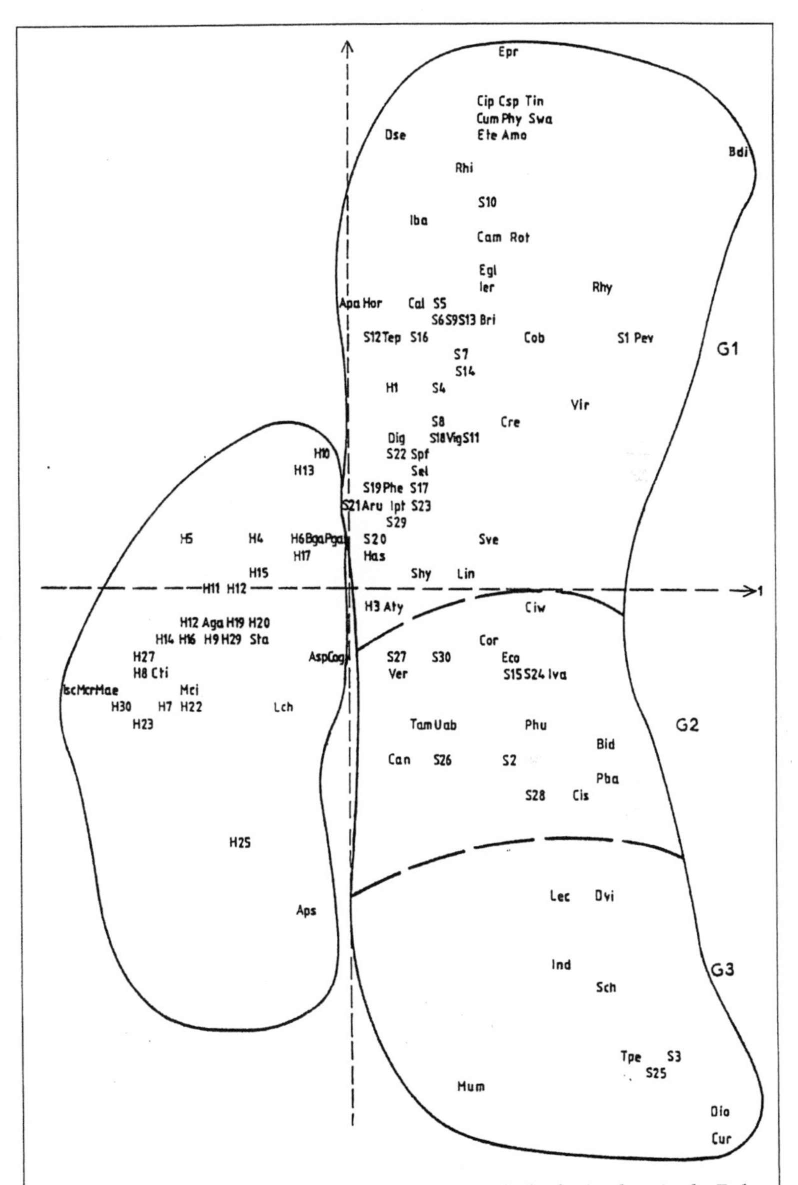

Figure 3. AFC de la matrice espèces - relevés de la forêt classée de Bakor (H: relevés des clairières; S: relevés des bosquets).

3.2.2. Le cortège floristique

La richesse floristique varie de 50 espèces (dans les clairières) à 70 espèces (dans les bosquets). Elle est de 74 espèces pour l'ensemble de la zone étudiée.

La composition floristique relevée permet de distinguer deux grands groupes. Le premier groupe (39.2%) est constitué d'espèces exclusives des bosquets ou des clairières, c'est-à-dire des biotopes sous et hors bosquets. Ce sont les espèces sciaphiles (sous bosquets) et héliophiles (clairières). Le nombre d'espèces sciaphiles (24) est 5 fois plus élevé que celui des espèces exclusives des clairières (5). Le second groupe (60.8%) est représenté par les espèces indifférentes, c'est-à-dire que l'on retrouve aussi bien dans les clairières que dans les bosquets.

Les espèces les plus fréquentes des différents groupes sonts reportées dans le tableau 1.

Tableau 1. Cortège floristique: espèces sciaphiles, xérophiles et indifférentes.

Caractéristiques des espèces	Effectif des espèces	Espèces
Sciaphiles	24	*Amorphophalus aphyllus, Bidens engleri, Rhynchosia minima, Cassia obtusifolia, Dioscorea praensis, Ipomoea eriocarpa, Brachiaria distichophylla, Cissus waterlotii, Desmodium tortuosum, Commelina forskalei, Crotalaria spherocarpa, Cissus populnea*
Héliophiles	5	*Blainvillea gayana, Ischaemum sp., Monechma ciliatum, Merrmia aegyptiaca, Polygala eriptera*
Indifférentes	45	*Andropogon gayanus, A. pseudapricus, Cassia mimosoides, Digitaria longiflora, Hibiscus aspera, Indigofera* sp., *Phaulopsis barteri, Pennisetum violaceum, Setaria pallide-fusca, Crotalaria retusa, Panicum tambacoundense, Tephrosia pedicellata, Spermacoce stachidea, Triumfeta pentandra, Vigna retusa, Euphorbia convolvuloides*

Le nombre d'espèces par relevé varie de 10 à 22 dans les bosquets et de 7 à 14 dans les clairières, avec respectivement 16 et 10 espèces en moyenne. Le coefficient de variation est respectivement de 19.4 et 23%. Cette richesse spécifique moyenne est significativement plus élevée dans les bosquets (t = 8.0583 pour ddl = 53).

3.2.3. Le couvert herbacé
Le recouvrement global du tapis herbacé varie de 20 à 60 % sous les bosquets et de 40 à 90% dans les clairières, avec une moyenne de 45 et de 60% respectivement. Il est donc 1.5 fois plus faible dans les bosquets.

4. Discussions et conclusion
Le couvert ligneux est important. Cependant les principales espèces ne présentent pas toujours d'individus dans les classes extrêmes de circonférence. Elles se régénèrent difficilement.

Les résultats relatifs à la végétation herbacée permettent de dégager deux systèmes écologiques. Le premier est constitué d'une strate herbacée; c'est la végétation des clairières. Le second est composé d'un système complexe bosquet-herbe. Chacun de ces phytocénoses est caractérisé par des groupes d'espèces.

Dans les bosquets, le couvert herbacé est faible (50%). Les richesses floristiques totale, moyenne et exclusive y sont nettement plus élevées. Les bosquets d'arbres contribuent au maintien de la diversité spécifique de la strate herbacée.

A l'exception du recouvrement global du tapis herbacé, des résultats comparables ont été obtenus dans d'autres zones climatiques par Ovalle (1986) au Chili, Vacher (1984) en Espagne, Boubaker (1988) en Tunisie, Hamidou (1987) en France, et Akpo (1993) en zone sahélienne du Sénégal.

Dans les zones semi-arides, cet effet favorable du couvert ligneux sur la diversité spécifique de la végétation herbacée est généralement attribué à l'atténuation de la demande évaporative de l'air (effet tampon du couvert sur les variations des facteurs microclimatiques) et au relèvement de la fertilité (hydrique et minérale) des sols.

Dans une zone où l'eau n'est pas un facteur limitant des productions végétales, et où la fertilité globale reste plus élevée sous ombrage, il semble que le facteur déterminant soit l'éclairement (Mordelet, 1993). Il importe de poursuivre les investigations afin de savoir si l'effet bénéfique du couvert des bosquets sur la diversité se manifeste aussi sur la production et dégager le déterminisme de l'effet du couvert sur la végétation herbacée.

Références bibliographiques

Akpo, L.E. 1993. Influence du couvert ligneux sur la structure et le fonctionnement de la strate herbacée en milieu sahélien. Orstom éd., TDM, 174 p.

Bérhaut, J. 1967. Flore du Sénégal. Clairafrique éd., Dakar, 485 p.

Boubaker, B. A. 1988. Relation Acacia cyanophylla (Lindl) - végétation herbacée en conditions pâtureés (Tunisie du nord-ouest). Thèse USTL, Montpellier, 145 p.

Bourlière, F. & M. Hadley. 1983. Present day savannas: an overview. Tropical savanas. Ecosystems of the World, 13, 1—17.

Cornet, A. 1981. Le bilan hydrique et son rôle dans la production de la strate herbacée de quelques phytocénoses sahéliennes au Sénégal.These USTL Montpellier, 353 p.

Devineau, J. L., C. Lecordie & R. Vuattoux. 1984. Evolution de la diversité spécifique du peuplement ligneux dans une succession préforestière de colonisation de savane protégée des feux (Lamto, Côte d'Ivoire). Candollea, 39, 103—134.

Fournier, A. 1991. Phénologie, croissance et productions végétales dans quelques savanes d'Afrique de l'Ouest.Variation selon un gradient climatique. Orstom éd., Etudes et Thèses, 371 P.

Grouzis, M. 1988. Structure, productivité et dynamique des systèmes écologiques sahéliens: la mare d'Oursi au Burkina Faso. Orstom éd.,. Etudes et Thèses, 336 p.

Hamidou, B. 1987. Relation herbe-arbre en conditions pâturées. Influence du recouvrement arbopré dans les taillis de chêne pubescent (Quercus pubescens Willd.). Thèse USTL, Montpellier, 114 p.

Huntley, B. F. & B. M. Walker. 1982. Ecology of tropical savanas. Springer Verlagh, Berlin, 885 p.

Le Houerou, H. N. 1989. The grazing land ecosystems of the African Sahel. Springer-Verlag, Berlin, 282 p.

Lebrun , J. P. & A. Stork. 1991. Enumération des plantes à fleurs d'Afrique tropicale. Conservatoire et Jardin botaniques, Genève (vol. 1. Généralités et Annonaceae à Pandiacaceae, 249 p.; vol. 2. Chrysobalanaceae à Apiaceae, 257 p.

Malaise, F. 1973. Contribution à l'écosystème forêt claire (Niombo). Note 8, le projet Niombo. Ann. Univ. Abidjan, E, 6, 227—250.

Michel, P. 1969. Les bassins des fleuves Sénégal et Gambie. Etude géomorphologique. Doct. es-sciences, Strasbourg, 1167 p.

Michel, P. & M. Sall.1983. Modelé et sols, et géologie et hydrogéologie in Pélissier et al. (1983): Atlas du Sénégal, 2e édition (Coll. « Les atlas Jeune Afrique », Paris, Editions Jeune Afrique.

Mordelet , P. 1993. Influence of tree shading on carbon assimilation of grass leaves in Lamto savanna, Côte d'Ivoire. Acta Oecologica, 14,1,119—127

Ndiaye, P. 1983. Végétation et faune in Pélissier et coauteurs (1983): Atlas du Sénégal, 2è édition (Coll. « Les atlas Jeune Afrique », Paris, Editions Jeune Afrique.

Ovalle, C. 1986. Etude du système écologique sylvo-pasroral à Acacia caven (Mol.) Hook. et Arn. Applications à la gestion des ressources renouvelables dans l'aire 224 p.

Poissonet, J. & J. César. 1972. Structure spécifique de la strate herbacée dans la savane à plamier rônier de Lamto (Côte d(lvoire). Ann. Univ. Abidjan, E, 5, 577— 601.

Poupon, H. 1980. Structure et dynamique de la strate ligneuse d'une phytocénose sahélienne au nord du Sénégal. Orstom éd., Etudes et travaux, 317 p.

Trochain, J. 1940. Contribution à l'étude de la végétation du Sénégal., Mémoires de l'IFAN, 2, 433 p. (+ annexes).

Unesco 1981. Ecosystèmes pâturés tropicaux. Un rapport sur l'état des connaissances. in Recherches sur les ressources naturelles, XVI, Paris, 675 p.

Vacher, J. 1984. Les pâturages de la Sierra Norte. Analyse phyto et agroécologique des dehesas pastorales de la Sierra Norte (Andalousie occidentale, Espagne). Thèse USTL, Montpellier, 195 p.

QUELQUES CARACTÉRISTIQUES DES SAVANES À COMBRETACEAE DANS LA PROVINCE DU GOURMA (BURKINA FASO)

Adjima THIOMBIANO, Jeanne MILLOGO-RASOLODIMBY et Sita GUINKO

Résumé
Thiombiano, A., J. Millogo-Rasolodimby et S. Guinko, 1998. Quelques caractéristiques des savanes à Combretaceae dans la Province du Gourma (Burkina Faso). *AAU Reports* **39**: 183—191. — La province du Gourma située à l'Est du Burkina Faso, appartient au domaine soudanien et plus précisément au secteur nord-soudanien. Sa végétation reste dominée par les savanes à Combretaceae, Mimosaceae et Caesalpiniaceae. Les différents groupements à Combretaceae décrits dans les jachères de cette zone sont constamment soumis à l'influence de l'homme, des animaux et de tous les autres facteurs abiotiques tels le climat, le sol etc. Une étude de 2 années nous a permis de ressortir 6 groupements à Combretaceae selon l'âge des jachères ayant des sols identiques et 6 autres en fonction des caractéristiques pédologiques (en utilisant la classification locale des sols) sur des sites de même âge.

Mots clés: Age - Burkina Faso - Combretaceae - Gourma - Groupements - Jachères - Sol.

Introduction

La désertification est aujourd'hui un phénomène qui compromet de jour en jour l'existence et l'épanouissement de la vie dans de nombreuses régions. Ce phénomène se manifeste particulièrement dans certaines zones comme le Sahel où prévalent des conditions climatiques et écologiques précaires.

Au-delà des campagnes de sensibilisation sur les plantations d'arbres, une gestion rationnelle du patrimoine floristique s'impose. Une meilleure connaissance de la flore encore existante tant sur le plan biologique qu'écologique constitue une tâche prioritaire. Nous nous sommes donc proposés d'apporter notre contribution à travers une étude des Combretaceae entreprise depuis 1991.

De nombreuses études menées dans différentes régions du Burkina Faso attestent que les Combretaceae constituent l'une des familles les plus représentées dans les formations savanicoles ou forestières (Guinko, 1984; Thiombiano, 1992; Bélem, 1994; Ganaba, 1995). Ces Combretaceae qui font encore la fierté de nombreuses régions sont cependant menacées depuis quelques années en raison de certains facteurs écologiques et anthropiques. L'influence de l'Homme reste essentiellement liée à l'exploitation abusive de certaines espèces de cette famille dans le domaine de la médecine traditionnelle; la régénération peut être compromise en raison des prélèvements des organes vitaux de la plante et de la mauvaise régénération naturelle par graines des Combretaceae au Burkina Faso (Gamène, 1987).
Afin de préciser les facteurs qui entravent la pérennité de certaines espèces, une étude écologique de ces dernières s'impose. En effet, au Gourma, les pratiques culturales contribuent à l'existence de jachères plus ou moins anciennes où se développent différentes espèces de Combretaceae. Des jachères d'âges différents ont donc été observées dans le but de percevoir l'influence de la durée de la jachère sur la population de Combretaceae. En outre, il était nécessaire de mener une étude sur la répartition des Combretaceae en fonction des différents types de sols connus dans la province du Gourma.

Le but de cette étude est alors de faire ressortir les relations entre la population de Combretaceae avec les caractéristiques physiques du sol d'une part, et avec l'âge de la jachère d'autre part.

1. Caractéristiques générales des Combretaceae

Les Combretaceae se présentent sous forme d'arbustes, d'arbres ou de plantes lianescentes. Les feuilles sont simples, très polymorphes, alternes, opposées ou verticillées par 3 ou 4. Les inflorescences sont en racèmes spiciformes, en glomérules ou en panicules. Les fleurs sont toujours petites avec un réceptacle inférieur renflé à la base ou au centre. Les fruits sont secs, indéhiscents et présentent 2, 4 ou 5 ailes. Les principaux genres rencontrés au Burkina Faso sont *Anogeissus*, *Combretum*, *Guiera*, *Quisqualis*, *Pteleopsis* et *Terminalia*.

2. Présentation de la zone d'étude

La province du Gourma dont le chef-lieu est Fada N'Gourma, est située à l'Est du pays. Elle s'étend sur 26 613 km^2, soit 9,7% du territoire national. Elle est limitée au nord par les provinces de la Gnagna et du Seno, au nord-est par la République du Niger, à l'est par la province de la Tapoa, à l'ouest par les provinces du Kouritenga et du Boulgou, au sud par les Républiques du Bénin et du Togo.

La population totale en 1985 était estimée à 294 235 habitants, majoritairement constituée de gourmantchés qui représentent environ 54,8%. Les activités principales restent l'agriculture et l'élevage (Koalga, 1993).

Le climat est de type soudanien (Guinko, 1984) avec la majeure partie située dans le secteur nord-soudanien. La pluviosité en année normale est de 750 à 1000 mm.

Les principaux sols rencontrés selon Boulet et Leprun (1969) sont les sols peu évolués d'origine non climatique d'érosion regroupant les associations à lithosols sur cuirasse ferrugineuse, les associations à sols gravillonnaires et à sols ferrugineux lessivés sur matériaux argilo-sableux.

La végétation est formée dans sa majeure partie de savanes arborée et arbustive dominées par les Combretaceae (essentiellement les espèces des genres *Combretum* et *Terminalia*), les Mimosaceae (essentiellement les espèces du genre *Acacia*) et les Caesalpiniaceae.

3. Méthodologie

Notre travail est d'abord basé sur une enquête menée auprès des populations. Cette enquête qui s'est déroulée dans les différents villages de la province, et qui a permis d'approcher 100 personnes âgées d'au moins 50 ans, comportait plusieurs rubriques:

- le premier consistait à comprendre la méthode de classification des sols en milieu gourmantché. L'enquête étant menée dans une région qui possède sa propre classification des sols, nous avons préféré utilisé les noms locaux des sols; une étude de correspondance entre les classifications locale et scientifique est envisagée dans les futurs travaux;
- le second visait à recenser tous les types de sols rencontrés et colonisés par les Combretaceae;

- le dernier avait pour but de retrouver l'âge de chaque jachère étudiée pour permettre d'établir une dynamique des populations de Combretaceae dans le temps.

Dans un second temps, nous avons réalisé un inventaire des espèces de Combretaceae sur les différents sites retenus en fonction des paramètres choisis; la superficie retenue pour inventorier chaque site est de 400 m^2.

4. Résultats et discussion

Cette étude qui donne une succession des Combretaceae sur des jachères d'âges différents et qui illustre quelque peu l'impact du sol sur cette famille de plante, ne repose aucunement sur des bases phytosociologiques pures. Il s'agit là d'une approche qui nous donne des résultats préliminaires que nous devons compléter par une étude beaucoup plus détaillée.

4.1. Influence de l'âge sur les groupements de Combretaceae

Afin de mieux percevoir l'influence de ce facteur sur la population de Combretaceae, nous avons choisi de travailler sur un même type de sol présentant des conditions assez favorables à presque toutes les espèces ("Tin-piènu") et se trouvant dans des jachères d'âges différents.

Le tableau 1 montre que sur les jeunes jachères apparaissnt quelques espèces telles que *Combretum glutinosum*, *C. collinum* et

Tableau 1. Influence de l'âge de la jachère sur la population de Combretaceae.

	Ages en années					
	0—1	2—5	6—10	11—15	16—20	21—25
Anogeissus leiocarpus				*	*	*
Combretum collinum		*	*	*	*	*
Combretum glutinosum	*	*	*	*	*	*
Combretum micranthum		*	*	*		
Combretum molle				*	*	*
Combretum nigricans				*	*	*
Combretum paniculatum				*	*	*
Pteleopsis suberosa			*	*		
Terminalia avicennioides			*	*	*	
Terminalia laxiflora				*	*	*
Terminalia macroptera				*	*	*

C. micranthum; il faut noter que l'apparition de cette dernière espèce est surtout dictée par le sol.

Progressivement, au fur et à mesure que la jachère vieillit, le nombre d'espèces augmente. Un équilibre plus ou moins stable se manifeste dans les jachères suffisamment âgées.

A partir de 20 ans, une régression se fait sentir du fait de la disparition de certaines espèces non forestières ou peu adaptées à une forte concurrence. Ceci correspond sensiblement à l'âge d'apparition de *Anogeissus leiocarpus* dans la population. En effet, cette espèce est reconnue par de nombreux auteurs comme étant une espèce forestière (Liben,1983). Aubréville (1950) souligne la dominance de *Terminalia avicennioides* dans les vieilles jachères.

4.2. LES PRINCIPAUX TYPES DE SOLS DU MILIEU GOURMANTCHÉ ET LEUR INFLUENCE SUR LA RÉPARTITION DES COMBRETACEAE

La classification gourmantché des sols repose essentiellement sur la texture et la couleur des horizons supérieurs des sols ainsi que leur degré de fertilité (en terme de rendement agricole); la topographie constitue également un critère de classification. De l'enquête qui a été menée, il ressort principalement 6 types de sols fréquemment colonisés par les espèces de Combretaceae (tab 2). Les espèces de cette famille se retrouvent aussi bien depuis les hauts de glacis jusque dans les bas fonds; chacune retrouvant son plein épanouissement dans des conditions pédo-climatiques et topographiques particulières.

Sur le premier type de sol qui est sableux en surface ("Tambima"), les espèces de Combretaceae fréquemment rencontrées sont *Guiera senegalensis* et *Combretum glutinosum*. Ceci traduirait l'affinité de ces 2 espèces pour des sols bien drainés. Toutefois, en ce qui concerne la deuxième espèce, nous avons pu remarquer qu'elle se trouve sur presque tous les types de sols.

Quant au "Pempeli" qui signifie clairière (sols tassés presqu'imperméables), il renferme essentiellement des espèces comme *Combretum aculeatum* et *Combretum micranthum* qui sont adaptées aux rudes conditions de sécheresse.

"Tin-moanli" caractérise les sols suffisamment argileux généralement jugés moyennement fertiles. Les Combretaceae qu'on y trouve sont *Terminalia avicennioides, Combretum collinum,*

Tableau 2. Répartition des espèces de Combretaceae sur les différents types de sols des jachères de plus de 10 ans.

	Tambima	Li pempeli	Li Tin-moanli	Li Tin-boanli	O Tin-piènu	O Tanpkiakou
Anogeissus leiocarpus			*		*	*
Combretum micranthum		*				
Combretum aculeatum		*				
Combretum collinum			*		*	
Combretum fragrans				*		
Combretum glutinosum	*		*		*	*
Combretum molle					*	*
Combretum nigricans					*	*
Combretum paniculatum				*		
Guiera senegalensis	*					*
Pteleopsis suberosa					*	*
Terminalia avicennioides			*		*	
Terminalia glaucescens				*		
Terminalia laxiflora				*		
Terminalia macroptera				*		

Anogeissus leiocarpus et *Combretum glutinosum*. Ces espèces sont adaptées aux conditions plus ou moins asphyxiantes du milieu. Cependant, le nombre d'espèces est plus élevé que sur les sols précédents.

Sur "Tin-boanli" qui est en fait un sol hydromorphe de bas fond ou un sol peu évolué d'apport alluvial hydromorphe, avec une profondeur dépassant souvent un mètre, se développent des Combretaceae présentant un système racinaire adapté aux inondations temporaires. Ce sont *Terminalia laxiflora, T. macroptera, T. glaucescens, Combretum fragrans* et *C. paniculatum*. Cependant, il faut signaler l'existence de *C. fragrans* sur certains sols appelés "Li gbali", sols présentant le plus souvent des variations extrêmes de taux d'humidité marquées par un craquèlement en surface pendant les périodes sèches.

Concernant "Tin-piènu", sol grisâtre en surface jugé également d'une fertilité moyenne par les paysans, le nombre de Combretaceae augmente avec un épanouissement particulier de

Combretum collinum, Pteleopsis suberosa, Terminalia avicennioides, Anogeissus leiocarpus, Combretum molle, C. nigricans et *C. glutinosum.*

Enfin, les sols gravillonnaires ou "Tanpkiaku" qui sont les plus répandus dans la province, présentent des caractéristiques favorables à *Combretum nigricans, C. molle, C. glutinosum, Guiera senegalensis, Pteleopsis suberosa* et *Anogeissus leiocarpus*. Ces sols gravillonnaires sont surtout marqués par la présence constante de *Combretum nigricans* et de *C. molle*, espèces plus ou moins xérophytiques. En effet, Von Maydell (1983) note également la présence constante de *C. nigricans* sur les sols gravillonnaires ou pierreux qui sont des milieux arides. Par ailleurs, nous convenons avec Guinko (1984) de la haute spécialisation de *C. glutinosum* dans l'adaptation aux substrats arides.

De cette étude, il se dégage un constat général: les Combretaceae sont en nombre limité sur les sols extrêmes tels les sols sableux, les sols indurés et imperméables, les sols hydromorphes des bas fonds. Par contre, ils sont plus présents sur les sols gravillonnaires et sur les sols moyennement fertiles localisés tous sur les pentes et les hauts de glacis. Seul *C. micranthum* se trouve confiné aux sols suffisamment arides; Aubréville (1950) note également la présence presque constante de cette espèce dans les clairières et l'auteur ajoute que lorsque l'espèce apparaît au sahel en dehors des mares, cela serait l'indice d'un affleurement rocheux latéritique ou non. Quant à *Anogeissus leiocarpus* qui se retrouve sur presque tous les sols, il s'agirait alors d'une espèce indifférente. En effet, Aubréville (1950) et Kambou (1992) s'accordent à dire que cette espèce présente une amplitude biologique exceptionnelle lui permettant de coloniser tous les milieux ou presque.

Conclusion et recommandations

Au terme de cette étude, il ressort que les Combretaceae sont présentes sur les jachères de tous les âges et sur presque tous les types de sols; ce qui leur confère une fréquence suffisamment élevée. Ceci s'explique par une amplitude biologique particulièrement élevée des espèces.

Le vieillissement des jachères permet une évolution positive de la population de Combretaceae marquée par une augmentation progressive du nombre d'espèces jusqu'à l'apparition de

Anogeissus leiocarpus; puis il s'en suit une légère stabilisation et une régression marquée par la disparition d'espèces comme *Pteleopsis suberosa* et *Combretum micranthum;* ce dernier se trouve généralement remplacé par *C. paniculatum.*

De plus, certaines espèces exigent des conditions texturales et structurales de sol assez particulières pour leur épanouissement. Ainsi, sur les sols à charge graveleuse élevée se présentent souvent des espèces plus ou moins xérophytiques telles que *Combretum nigricans, C. molle* et *C. glutinosum. C. micranthum* qui matérialise souvent les termitières dégradées engendrant des sols compacts plus ou moins imperméables, se retrouve en général sous forme de poche dans les différentes formations. Enfin, les sols hydromorphes sont surtout des sites où l'on retrouve les espèces adaptées à une inondation temporaire.

Des études plus détaillées devront permettre de situer les groupements de Combretaceae au sein de la flore constituant les savanes du Burkina Faso. Par ailleurs, des recherches sur leur importance socio-économique contribueront à expliquer leur fréquence, leur diversité et surtout leur sélection dans les diverses formations de la province.

Références bibliographiques

Aubréville, A. 1950. Flore forestière soudano-guinéenne: A.O.F, Cameroun, A.E.F; société d'Editions géographiques, maritimes et coloniales, Paris, p. 90—141.

Bélem, M. 1993. Contribution à l'étude de la flore et de la végétation de la forêt classée de Toessin, Province du Passoré (Burkina Faso). Université de Ouagadougou, Thèse de 3è cycle en Sciences biologiques appliquées, option biologie et écologie végétales, 122 p.

Boulet, R. & Leprun J.C. 1969. Carte pédologique de reconnaissance de la République de Haute Volta, feuille Est au 1 / 500 000, ORSTOM, Dakar.

Gamene, C. S. 1987. Contribution à la maîtrise des méthodes simples de prétraitement et de conservation des semences de quelques espèces ligneuses récoltées au Burkina Faso. Mémoire de Fin d'étude, Option Eaux et Forêts, IDR, p. 21—61.

Ganaba, S. 1994. Rôle des structures racinaires dans la dynamique du peuplement ligneux de la région de la mare d'Oursi (Burkina Faso) entre 1980 et 1992; Université de Ouagadougou, Thèse 3è cycle en Sciences biologiques appliquées option biologie et écologie végétales, 142 p.

Guinko, S. 1984. La végétation de la Haute Volta; Thèse de Doctorat ès Sciences, Université de Bordeaux III, 2 vol, 318 p.

Kambou, S. 1992. Contribution à l'étude de la biologie florale et de la régénération de *Anogeissus leiocarpus* (DC.) Guill. et Perr. au Burkina Faso; Université de Ouagadougou, DEA de Sciences biologiques appliquées, option biologie et écologie végétales, 124 p.

Koalga, E. 1993. Population et développement dans la province du Gourma, secrétariat permanent du conseil national de la population (CONAPO), DDES/FNUAP, 58 p.

Liben, L. 1983. Flore du Cameroun; Combrétacées, Fascicule 25; Délégation Générale à la Recherche Scientifique et Technique, Yaoundé 98 p.

Maydell, H. J. V. 1983. - Arbres et arbustes du sahel, leurs caractéristiques et leurs utilisations; Eschborn, 531 p.

Thiombiano, A. 1992. - Les Combrétacées du Gourma; Université de Ouagadougou, DEA de Sciences biologiques appliquées, option biologie et écologie végétales 92 p.

STRUCTURE ET DYNAMIQUE DU PEUPLEMENT LIGNEUX DE LA RÉGION DE LA MARE D'OURSI (BURKINA FASO)

Souleymane GANABA et Sita GUINKO

Résumé
Ganaba, S. et S. Guinko, 1998. Structure et dynamique du peuplement ligneux de la région de la mare d'Oursi (Burkina Faso). *AAU Reports* **39**: 193—201. — Située en zone sahélienne du Burkina Faso, la région de la mare d'Oursi connaît depuis la sécheresse des années 1973 une mortalité massive des plantes ligneuses. L'analyse des tendances évolutives du peuplement ligneux par rapport à la période 1980 montre un appauvrissement surtout en qualité, marqué par une réduction de la variété spécifique, une domination de *Acacia raddiana* qui colonise tous les milieux exondés contre une forte mortalité de *Pterocarpus lucens*, un retrait des ligneux dans les bas niveaux de pente laissant des plages dénudées. Les espèces soudaniennes disparaissent tandis que celles envahissantes et caractéristiques des milieux dégradés se répandent. L'évolution du peuplement tend vers un nouvel équilibre différent de celui qui existait auparavant et qui fut rompu par les facteurs mésologiques dégradants. Les effets dégradants de l'aridité climatique sont amplifiés par les prélèvements des organes ligneux aériens et souterrains pour le bétail.

Mots clés: Peuplement ligneux - Dynamique - Mortalité - Mare d'Oursi - Burkina Faso.

Introduction

Depuis plusieurs décennies, le Sahel est confronté à des difficultés de toute nature dont la plus grave semble être les déficits pluviométriques. Ces difficultés se manifestent par une mortalité massive des plantes ligneuses. Certaines espèces sont très touchées et d'autres présentent une résistance remarquable.

Les espèces ligneuses jouent un rôle essentiel dans la vie des populations sahéliennes en constituant non seulement un fourrage de relais des pâturages herbacés, mais aussi une ressource fourragère stable pendant tout le cycle annuel, moins tributaire de la répartition des pluies de la saison précédente. De plus, ces espèces apportent un complément alimentaire et sont utilisées comme bois de service, bois d'oeuvre, médicaments etc.

1. Zone d'étude

La région de la mare d'Oursi est située au nord du Burkina Faso, dans la province sahélienne de l'Oudalan (Chevalier et al., 1985; Claude et al., 1991). La végétation est constituée de steppes et de "brousses tigrées". Les herbacées annuelles dominent largement sur les espèces pérennes. Le peuplement humain est composé d'agriculteurs sédentaires (Sonraï et Touareg) et de pasteurs nomades (Bella et Peul). Ces populations sahéliennes dépendent étroitement des ressources du milieu naturel bien que n'ayant aucun droit de propriété sur la terre et l'eau.

2. Matériel et méthodes

Le terme régénération regroupe tous les ligneux de moins de 1 m de hauteur ou de diamètre à la base du tronc inférieur ou égal à 2,5 cm. Celui de coupe englobe toutes les formes de prélèvement aérien par ébranchage, élagage, émondage et étêtage. La mortalité désigne tout ligneux à appareil végétatif totalement sec après la saison pluvieuse, dressé ou couché. La dynamique du peuplement (D) est définie par la différence entre la régénération (R) et la mortalité (M); (D = R-M).

3. Résultats et interprétation

3.1. Composition et structure du peuplement

La liste floristique ligneuse de 1992 (tab. 1) comprend 58 espèces appartenant principalement à 4 familles dans les proportions suivantes: Asclepiadaceae (9%), Combretaceae (9%), Capparidaceae (13%), et Mimosaceae (23%). Les caractéristiques du peuplement végétal sont présentées par la figure 1.

3.2. Evolution qualitative

L'analyse des résultats qualitatifs du peuplement ligneux montre:

- l'absence de certaines espèces rencontrées en 1980 (Piot et al., 1980). Parmi ces espèces on peut citer *Acacia polyacantha, Crateva adansonii, Cordia myxa, Diospyros mespiliformis, Ziziphus spina-christi;*
- des espèces répandues en 1980 et qui sont devenues rares; c'est le cas de *Acacia ataxacantha, Anogeissus leiocarpus, Adansonia digitata, Dalbergia melanoxylon, Feretia apodanthera, Grewia bicolor, Grewia tenax, Grewia villosa;*

- des espèces très répandues comme *Acacia raddiana* et *Balanites aegyptiaca*.

Les coupes, la régénération naturelle et la mortalité des arbres et arbustes permettent d'analyser l'évolution du peuplement.

Tablau 1. Liste des espèces ligneuses naturelles rencontrées dans la région de la mare d'Oursi avec leur biotope.

Famille	Espèce (biotope)
Anacardiaceae	*Sclerocarya birrea* (D)
Arecaceae	*Hyphaene thebaica* (D,T)
Asclepiadaceae	*Calotropis procera* (C,D,G,P)
	Caralluma retropiscens (D)
	Leptadenia hastata (C,D,G,P,T)
	Leptadenia pyrothecnica (D,P)
	Oxystelma bornouensis (T)
Bignoniaceae	*Stereospermum kunthianum* (T)
Bombacaceae	*Adansonia digitata* (D,T)
Burseraceae	*Commiphora africana* (D,G,T)
Caesalpiniaceae	*Bauhinia rufescens* (T)
	Piliostigma reticulatum (T)
	Tamarindus indica (T)
Capparaceae	*Boscia angustifolia* (D,G,T)
	Boscia salicifolia (D)
	Boscia senegalensis (D,P,T)
	Cadaba farinosa (D)
	Cadaba glandulosa (D)
	Capparis corymbosa (T)
	Maerua angolensis (D)
	Maerua crassifolia (D,T)
Combretaceae	*Anogeissus leiocarpus* (T)
	Combretum aculeatum (T)
	Combretum glutinosum (D)
	Combretum micranthum (P,T)
	Guiera senegalensis (D,G,P)
Cucurbitaceae	*Momordica balsamina* (D)
Euphorbiaceae	*Euphorbia balsamifera* (C,D)
	Securinega virosa (T)
Hyppocrateaceae	*Loeseneriella africana* (T)
Loranthaceae	*Tapinanthus globiferus* (T)
Menispermaceae	*Tinospora bakis* (D)
Mimosaceae	*Acacia albida* (D)
	Acacia ataxacantha (T)
	Acacia ehrenbergiana (D)
	Acacia laeta (D,G,P)
	Acacia nilotica (D,G,T)
	Acacia nilotica (T)
	Acacia nilotica (T)
	Acacia penneta (D,T)
	Acacia raddiana (C,D,G,P,T)
	Acacia senegal (D,G)
	Acacia seyal (C,G,T)
	Dichrostachys cinerea (C,D,T)
	Entada africana (D)
Moraceae	*Ficus gnaphalocarpa* (T)
Papilionaceae	*Dalbergia melanoxylon* (D,G,P)
	Pterocarpus lucens (G,P,T)
Rhamnaceae	*Ziziphus mauritiana* (T)
Rubiaceae	*Feretia apodanthera* (T)
	Mitragyna inermis (T)
Salvadoraceae	*Salvadora persica* (T)
Tiliaceae	*Grewia bicolor* (T)
	Grewia flavescens (T)
	Grewia tenax (T)
	Grewia villosa (T)
Ulmaceae	*Celtis integrifolia* (T)
Zygophyllaceae	*Balanites aegyptiaca* (G,P,T)

Légende:
C = Champs et jachères
G = Glacis
T = Talwegs et dépressions
D = Dunes et ensablements
P = Piémonts de buttes et reliefs

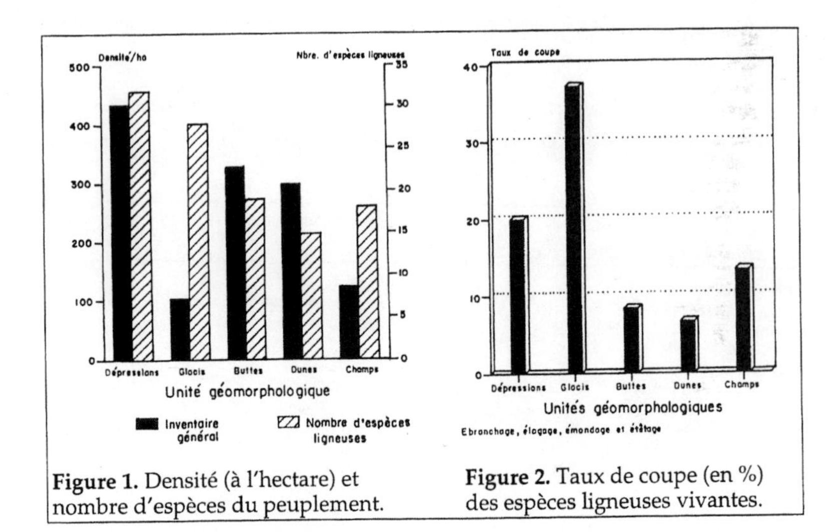

Figure 1. Densité (à l'hectare) et nombre d'espèces du peuplement.

Figure 2. Taux de coupe (en %) des espèces ligneuses vivantes.

3.3. LES COUPES

La figure 2 montre que la coupe affecte beaucoup plus les glacis (37,2 % des pieds). Elle est relativement moyenne dans les dépressions (20% des pieds) et dans les champs (13,4% des pieds), et faible sur les buttes (8,4 % des pieds) et les dunes (8,4% des pieds).

Les espèces les plus exploitées sont *Bauhinia rufescens, Pterocarpus lucens, Acacia nilotica* var. *adansonii, Acacia raddiana* et *Balanites aegyptiaca* (tab. 2).

3.4. LA RÉGÉNÉRATION

Elle est relativement faible sur les glacis (52 plants ha^{-1}) et dans les champs et jachères (62 pied ha^{-1}). Elle est par contre élevée dans les dépressions et le long des talwegs (161 plants ha^{-1}), au niveau des piémonts des buttes (115 plants ha^{-1}), de même que sur les zones d'ensablement et les dunes (95 plants ha^{-1}) (fig. 3). Au plan spécifique, la régénération est plus élevée chez *Acacia raddiana* et *Balanites aegyptiaca* (tab. 2). Celle de *Acacia raddiana* équivaut au quart (1/4) de la régénération totale de la région. Cette espèce tend de ce fait à dominer les autres espèces.

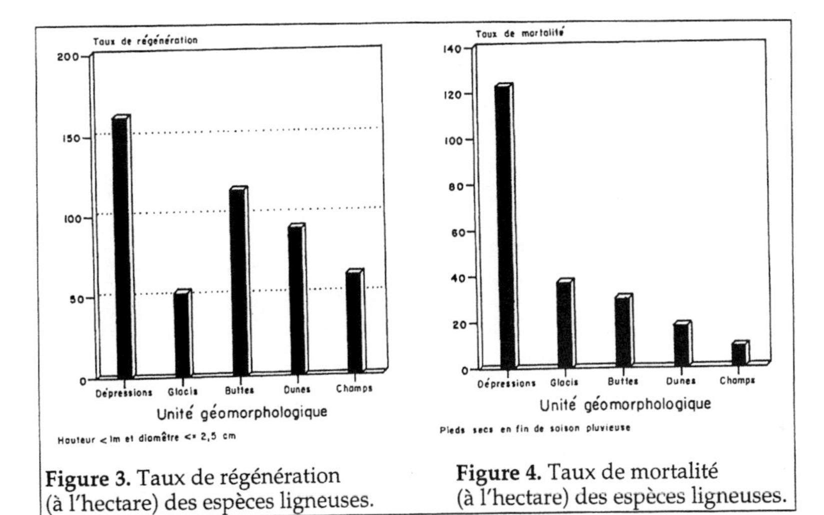

Figure 3. Taux de régénération (à l'hectare) des espèces ligneuses.

Figure 4. Taux de mortalité (à l'hectare) des espèces ligneuses.

3. 5 - LA MORTALITÉ

La mortalité est paradoxalement importante au niveau des dépressions et des talwegs (123 pieds ha^{-1}) (fig. 4). Elle affecte principalement *Grewia bicolor, Pterocarpus lucens, Acacia nilotica* et *Acacia senegal*. Elle est par contre faible chez *Acacia raddiana* et *Balanites aegyptiaca* (tab. 2). Avec une forte mortalité et une faible régénération, *Grewia bicolor, Pterocarpus lucens, Acacia nilotica* et *Acacia senegal* sont menacées de disparition si cette tendance se poursuit (tab. 2).

Tablau 2. Caractéristiques dynamiques par rapport aux pieds vivants de quelques espèces ligneuses de la région de la mare d'Oursi

Espèces ligneuses	Taux de régénération (R)	Taux de mortalité (M)	Taux de coupes	Taux de dynamique (R-M)
Acacia nilotica	2,9%	57,3%	6,8%	-54,4%
Acacia raddiana	35,5%	4,2%	6,9%	+31,3%
Acacia senegal	12,5%	28,6%	7,7%	-16,1%
Balanites aegyptiaca	28,1%	3,8%	6,4%	+24,3%
Bauhinia rufescens	8,3%	8,3%	31,3%	0%
Grewia bicolor	2,9	65,6%	5,7%	-62,8%
Pterocarpus lucens	1%	60%	11%	-59%

On constate donc que la tendance évolutive du peuplement ligneux entre 1980 et 1992 est positive sur les buttes, les dunes, les zones d'ensablement, les champs et jachères; elle est négative dans les dépressions et talwegs et au niveau des glacis.

3.6. CARACTÉRISTIQUES DE LA DYNAMIQUE

L'évolution du peuplement ligneux de la région de la mare d'Oursi se manifeste par les faits suivants:

- un appauvrissement floristique marqué par la disparition de certaines espèces; celles qui se maintiennent et qui sont bien appétées par le bétail se rabougrissent avec pour conséquence la perturbation du cycle végétatif et une baisse du pouvoir reproducteur des pieds (cas de *Balanites aegyptiaca* et *Maerua crassifolia*);
- une expansion des espèces sahéliennes et une réduction des espèces soudaniennes et sub-sahéliennes;
- une prolifération des espèces adaptées aux sols dégradés comme *Calotropis procera*, *Leptadenia hastata* et *Leptadenia pyrotechnica*; la dernière est considérée par la population comme un véritable indicateur du désert;
- une apparition de vastes cimetières d'arbres morts et une tendance à leur répartition dans les points bas des toposéquences (mares, talwegs et creux interdunaires);
- un avivement des dunes fixées auparavant dont les sables comblent les dépressions, notamment les mares naturelles (cas de la mare d'Oursi).

3.7. CAUSES ET MÉCANISMES DE LA DÉGRADATION DE LA VÉGÉTATION LIGNEUSE

Les causes sont généralement classées en 2 grandes catégories: les facteurs climatiques (déjà évoqués par de nombreux auteurs) et les facteurs anthropiques.

L'augmentation de la pression démographique de par les coupes et l'extension des surfaces cultivées accentue la dégradation de la végétation ligneuse. Dans les champs, on assiste à la destruction des derniers pieds de *Balanites aegyptiaca* par brûlis. Ces pieds sont considérés comme des abris d'oiseaux destructeurs des céréales cultivées.

De nombreuses espèces ligneuses (59%) sont appétées par le bétail. La recherche du fourrage aérien est très répandue dans la région. En effet, de par les parties vertes et les fruits, la plupart des ligneux sahéliens possèdent une valeur fourragère très bonne à assez bonne pendant toute l'année. Les feuilles toujours vertes de certaines espèces (*Balanites aegyptiaca, Boscia senegalensis, Salvadora persica* et *Ziziphus mauritiana*) et les fruits de celles à feuilles caduques (*Acacia spp. Maerua crassifolia, Pterocarpus lucens*) sont très recherchés en saison sèche, période au cours de laquelle ils constituent les seules sources en matières azotées indispensables à une ration équilibrée. Seule *Caralluma retrospiciens* est reconnue toxique. Son latex servirait pour l'empoisonnement des hyènes.

Les épineux sont aussi utilisés pour la construction d'enclos d'animaux et de champs et comme bois d'oeuvre ou bois de service. Les racines de *Acacia laeta, Acacia raddiana, Acacia senegal* et *Combretum glutinosum* sont déterrées sur les dunes et les zones sableuses pour la confection de corbeilles servant à la récolte du fonio sauvage et pour la construction de tentes. Le prélèvement des fibres par écorçage des pieds de *Acacia nilotica, Acacia raddiana* et surtout *Adansonia digitata* réduit la résistance des arbres à l'aridité du milieu.

4. Dicussions

Les formes de prélèvement aérien sont nombreuses et seraient loin d'exercer les mêmes effets sur les différentes espèces. Des modes d'ébranchage effectués à titre d'essai sur *Acacia seyal* et *Pterocarpus lucens* en zone sahélienne et en zone nord soudanienne au Mali de 1978 à 1983 par Cissé (1987) révèlent que l'ébranchage pratiqué après la saison des pluies tant chez *Acacia albida* que chez *Pterocarpus lucens* fournit les biomasses foliaires cumulées les plus élevées. L'ébranchage répété a un effet dépressif de 90% sur la production foliaire cumulée chez *Acacia seyal* et *Pterocarpus lucens*. Par contre, il est stimulateur chez *Acacia albida*.

La coupe au ras du sol ou à 1 m de hauteur entraîne la mort des souches de *Acacia seyal* au cours de la saison sèche suivant l'intervention. Le traitement le moins préjudiciable au développement du pied est l'ébranchage au tiers du houppier, les branches étant totalement détachées de l'arbre (Toutain et Piot, 1980).

La forte baisse du niveau de la nappe phréatique d'environ 15 m en une décennie (Ricolvi, 1989 et 1994 non publié) est une cause importante de la mortalité de certaines espèces comme *Pterocarpus lucens* (Ganaba, 1994). En effet, certaines espèces ligneuses indicatrices de la proximité du niveau de la nappe phréatique sont localisées au bord des mares habituellement pérennes qui deviennent semi-pérennes. C'est le cas de *Anogeissus leiocarpus, Ficus gnaphalocarpa, Hyphaene thebaica, Mitragyna inermis, Tamarindus indica.* D'autres comme *Diospyros mespiliformis* et *Acacia sieberiana* ont simplement disparu.

Le pseudoclimax évolue vers un paratype de substitution dans lequel *Acacia raddiana* est dominant à cause de sa régénération abondante et sa mortalité faible par rapport à toutes les autres espèces de la région.

Dans une reconstitution des paysages du Sahel burkinabè depuis le début de l'Holocène, Ballouche et Newmann (1994) montrent la particularité de la végétation de cette région qui est à l'origine de nature graminéenne dense et accessoirement à *Acacia.* L'emprise des activités agro-pastorales vers - 3 000 ans et son intensification vers - 600 ans a favorisé le développement des espèces ligneuses. Nous affirmons avec ces auteurs que la végétation de la région évolue essentiellement sous l'effet dominant de l'action de l'homme qui semble masquer les conséquences de l'aridité climatique.

Références bibliographiques

Ballouche , A. & K. Newmann. 1995 . A new contribution to the Holocene history of the West African Sahel : pollen from Oursi, Burkina Faso and charcoal from three sites in northeast Nigeria. Veget. Hist. Archaeobot. 4: 31—39.

Bunasol, S. 1981. Etude pédologique de reconnaissance de la région de la mare d'Oursi, Echelle 1/50 000, Rapport technique n° 25, Projet BKF/UPV/007.

Chevalier, P., J. Claude, B. Pouyaud & A. Bernard. 1985. Pluies et Crues au Sahel. Hydrologie de la mare d'Oursi (Burkina Faso) 1976—1981, Editions de l'ORSTOM, Collection Travaux et Documents n° 190, Paris, 251 p.

Cissé, M. I. 1987. Aménagements sylvo-pastoraux au Sahel: rôle des ligneux pour l'élevage. In: Rapport Final du Séminaire Régional sur l'Aménagement des Forêts Naturelles, CILSS, Bamako (Mali), 21 au 28 mai , 1987.

Claude, J., M. Grouzis & P. Milleville. 1992. Un espace sahélien. La mare d'Oursi, Burkina Faso, Editions ORSTOM, 241 p. + cartes.

C.R.T.O. 1989. Cartographie des unités écologiques, Projet PNUD/FAO/ BKF/003, 58 p. + carte.

Ganaba, S. 1994. Rôles des structures racinaires dans la dynamique du peuplement ligneux de la région de la mare d'Oursi (Burkina Faso) entre 1980 et 1992. Thèse de doctorat 3e cycle en Sciences Biologiques Appliquées, option Biologie et Ecologie Végétales, Université de Ouagadougou, 147 p.

Grouzis, M. 1988. Structure et dynamique des systèmes écologiques sahéliens (Mare d'Oursi, Burkina faso), Editions de l'ORSTOM, Paris, 336 p.

Piot, J., J. P. Nebout, R. Nanot & B. Toutain. 1980. Utilisation des ligneux sahéliens par les herbivores domestiques. Etude quantitative dans la zone sud de la mare d'Oursi (Haute-Volta), C.T.F.T-I.E.M.V.T, rapport multigr.

Ricolvi, M. 1989. Actualisation de factibilité d'un programme d'hydraulique villageoise dans les provinces du Soum, du Séno et de l'Oudalan. BRGM-BURGEAP, 209 p.

Toutain, B. & J. Piot. 1980. Mise en défens et possibilités de régénération des ressources sahéliennes. Etudes expérimentales dans le bassin de la mare d'Oursi (Haute - Volta), C.T.F.T-I.E.M.V.T, 156 p.

Flore de la réserve de Noflaye trente ans après sa création

Jean-Baptiste ILBODOU, Amadou Tidiane BÂ, Bienvenu SAMBOU et Assane GOUDIABY

Résumé
Ilboudo, J.-B., A. T. Bâ, B. Sambou & A. Goudiaby. 1998. Flore de la réserve de Noflaye trente ans après sa création. *AAU Reports* **39**: 203—212. — La "réserve" de Noflaye est située à 40 km au Nord-Est de Dakar et fait partie de la zone dite des Niayes. Cette zone se singularise par une importante richesse du couvert végétal. Pour conserver en partie cette diversité floristique, une "réserve" botanique d'une superficie de 15,9 hectares a été créée en 1952. Cette "réserve" a fait l'objet d'un suivi et d'une étude botanique (Adam, 1957) et l'auteur a réalisé un inventaire qui indique que sa richesse floristique justifie pleinement le statut de "réserve spéciale botanique" qui lui avait été conféré. Malheureusement, depuis lors, cette "réserve" ne bénéficie d'aucune forme de suivi et présente un paysage abandonné en constante dégradation. La présente étude montre que de 1957 à 1992 une dynamique largement régressive de la flore s'est opérée dans la"réserve" de Noflaye. Parmi les 372 espèces signalées en 1957, 211 n'ont pas été retrouvées dans la "réserve" en 1992, et 31 espèces recensées en 1992 ne figurent pas sur la liste de 1957. En une trentaine d'années, la "réserve botanique" s'est appauvrie de près de 30% des familles, 44% des genres, et sa diversité floristique s'est amoindrie de près de 57%.

Mots clés: Réserve botanique – Flore – Noflaye – Dynamique – Famille – Genre – Espèce - Diversité floristique.

Introduction

Dans l'ensemble quelque peu déshérité des sables dunaires de la côte Nord sénégalaise, les "Niayes" tranchaient par la richesse du couvert végétal (Adam, 1953, 1961, 1962). Les palmiers à huile au port artistique, en files ou en bouquets, les buissons et les arbres verdoyants indiquaient la présence d'une végétation luxuriante dans une zone cependant sans pluie pendant huit mois de l'année.

Dans le but de protéger en partie cette végétation naturelle, une "réserve" botanique d'une superficie de 15.9 hectares a été créée en 1957 à proximité du village de Noflaye. Elle se situe à 40 km au Nord-Est de Dakar, entre Sangalkam et Bambilor. Cette "réserve" a fait l'objet d'un suivi et d'une étude botanique (Adam, 1957). La création de cette "réserve" permet à la Région de Dakar de compter parmi son domaine classé seulement 0,2% environ en superficie de végétation naturelle. Dans ce contexte, la "réserve" de Noflaye est d'un immense intérêt.

Malheureusement, force est de constater que cette "réserve" ne bénéficie d'aucune forme de suivi et présente un paysage abandonné en constante dégradation. La mise en "réserve" de cet espace ne semble pas avoir atteint ses objectifs. La restauration de ce dernier lambeau naturel de la Région de Dakar devient ainsi un problème dont se préoccupe le présent article.

1. Objectifs et méthode d'étude

Il est apparu nécessaire de confirmer la dégradation apparente de cette réserve par une étude floristique qualitative et quantitative afin d'évaluer la dynamique de cette population par comparaison avec des relevés antérieurs (Adam, 1957 et Ilboudo, 1992). Une liste floristique de la "réserve" a été établie après un recensement systématique de toutes les espèces observées. Les principaux ouvrages consultés pour l'identification, la nomenclature et la définition de l'affinité phytogéographique des espèces sont ceux de Bérhaut (1967, 1971—1979), Vanden Berghen (1988), Hutchinson et Dalziel (1954—1968), Aubréville (1936, 1950), Willis (1966), White (1986), Schnell, (1979) et Lebrun (1981). Les observations ont porté sur 350 unités d'échantillonnage de 400 m^2 chacune. Ces unités ou relevés sont de forme carrée et couvrent 14 hectares, soit 88% de la superficie de la "réserve". Des observations complémentaires ont été faites sur les espaces résiduels de sorte à couvrir toute l'étendue de la "réserve". Dans chaque relevé, les espèces ont été recensées et le nombre de chaque espèce ligneuse a été compté. Ces dernières ont également fait l'objet d'un suivi phénologique et la régénération naturelle a été estimée.

2. Présentation de la zone d'étude

La "réserve" de Noflaye est située dans la Région de Dakar à 17°20' de longitude Ouest et 14°48' de latitude Nord. Elle est localisée à 40 km au Nord-Est de Dakar, dans le Département de

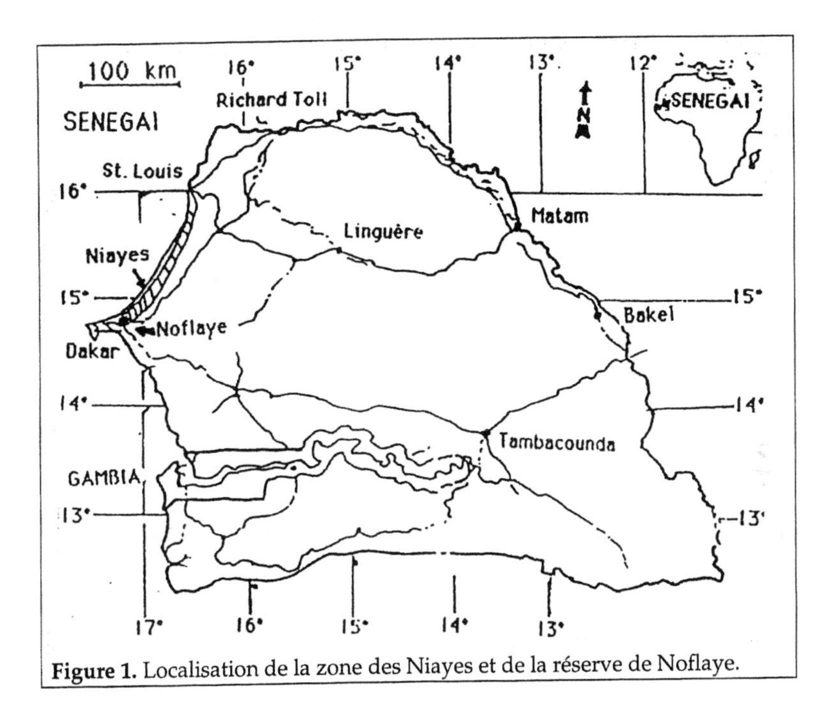

Figure 1. Localisation de la zone des Niayes et de la réserve de Noflaye.

Rufisque et fait partie de la zone dite des Niayes (fig. 1). Elle est localisée dans le domaine sahélien (Goudiaby, 1984), mais bénéficie d'un climat particulier dû à sa situation en bordure du littoral océanique. Le climat y est entièrement dominé par les alizés et les moussons qui y déterminent deux saisons dans l'année. Une saison sèche qui dure de novembre à juin et une saison pluvieuse de juillet à octobre. La hauteur moyenne annuelle des précipitations est de 418 mm pour la période de 1960 à 1989, avec de grandes variations d'une année à l'autre. L'évaporation moyenne annuelle est de 1035 mm pour la même période. La température moyenne annuelle est de 24°C. La géomorphologie de la réserve de Noflaye est constituée de bas-fonds asséchés orientés NW-SE, bordés à l' est et à l'ouest par des dunes peu élevées. Une zone de versants bosselés de nombreuses termitières réalise le raccordement des dunes avec les bas-fonds. Trois principaux types de sols peuvent y être définis (Barréto, 1962). Sur les dunes fixées, les sols sont des sables siliceux ferrugineux tropicaux peu lessivés en fer. Dans les zones de raccordement des dunes avec les bas-fonds les sols sont sableux gris, hydromorphes et humifères. Les bas-fonds sont constitués de sols hydromorphes semi-tourbeux à gley de profondeur sur sables.

3. Résultats et discussion

La dégradation floristique de la "réserve" de Noflaye est très avancée. Une comparaison des listes floristiques de 1957 (Adam, 1957) et de 1992 (Ilboudo, 1992) permet de mettre en évidence la baisse notable de la diversité floristique. Le tableau 1 donne la liste comparative des familles présentes en 1957 et en 1992 ainsi que le nombre de genres et d'espèces qu'elles contiennent.

La liste floristique de 1957 a été corrigée essentiellement en référence à *Flora of West Tropical Africa* (Hutchinson et Dalziel, 1954—1968) et à la *Flore Illustrée de Bérhaut* (Bérhaut, 1971—1979; Vanden Berghen, 1988). Le nombre d'espèces recensées en 1957 est de 372 au lieu de 376. Quatre d'entre elles sont en réalité des synonymes.

Notre comparaison révèle que 211 des 372 espèces signalées en 1957 n'ont pas été retrouvées dans la "réserve" en 1992. En outre, 31 autres espèces recensées en 1991 n'ont pas été remarquées en 1957. Les 31 espèces qui seraient nouvelles dans la"réserve" se composent de 16 herbacées et 15 arbres et arbustes. Elles se répartissent en 29 genres et 20 familles. Une seule famille, celle des *Aizoaceae* serait en réalité nouvelle dans la "réserve" qui se serait enrichie de 14 genres. Ce sont *Anacardium, Stapelia, Asparagus, Tamarindus, Cadaba, Acalypha, Jatropha, Micrococa, Ricinus, Triantheme, Azadirachta, Setaria, Datura,Vitex. Anacardium occidentale, Azadirachta indica, Ricinus communis* et *Jatropha curcas* ont été probablement introduites par l'homme.

L'élément le plus spectaculaire dans l'évolution de la "réserve" est la baisse notable de la diversité floristique. En une trentaine d'années la "réserve" s'est appauvrie de 30% des familles, 44% des genres et 57% des espèces si on omet de la liste de 1992 les 31 espèces non signalées en 1957. Les plantes herbacées constituent la plus grande part de ces espèces disparues (83%), dont 61% se composent d'herbacées non graminéennes. Les arbres et les arbustes en représentent respectivement 7% et 10%. Le tableau 2 donne le nombre d'espèces disparues par affinité phytogéographique.

Tableau 1. Liste comparative des familles représentées dans la "réserve" de Noflaye en 1957 et en 1992 avec le nombre de genres et d'espèces qu'elles renferment.

Liste des familles	1957			1992			
	FAM.	GEN.	ESP.	FAM.	GEN.	ESP.	VAR. ESP.
Acanthaceae	1	7	8	1	3	4	- 4
Agavaceae	1	2	2	1	1	1	- 1
Aizoaceae*	0	0	0	1	1	1	1
Amaranthaceae	1	7	8	1	3	3	- 5
Amaryllidaceae	1	2	2	1	1	1	- 1
Anacardiaceae	1	3	5	1	3	4	- 1
Annonaceae **	1	2	3	0	0	0	- 3
Apiaceae **	1	1	1	0	0	0	- 1
Apocynaceae	1	6	7	1	5	5	- 2
Araceae	1	3	3	1	1	1	- 2
Arecaceae	1	4	4	1	3	3	- 1
Asclepiadaceae	1	5	5	1	4	4	- 1
Asteraceae	1	14	18	1	2	2	- 16
Bignoniaceae	1	1	1	1	1	1	
Bombacaceae	1	2	2	1	1	1	- 1
Boraginaceae **	1	1	3	0	0	0	- 3
Burseraceae	1	1	1	1	1	1	
Caesalpiniaceae	1	7	10	1	7	10	
Campanulaceae **	1	3	3	0	0	0	- 3
Capparidaceae	1	5	6	1	5	6	
Caricaceae **	1	1	1	0	0	0	- 1
Caryophyllaceae	1	1	1	1	1	1	
Casuarinaceae	1	1	1	1	1	1	
Celastraceae	1	3	3	1	2	2	- 1
Combretaceae	1	2	4	1	1	3	- 1
Commelinaceae	1	1	5	1	1	2	- 3
Convolvulaceae	1	7	16	1	3	5	- 11
Cucurbitaceae	1	5	5	1	2	2	- 3
Cyperaceae	1	11	29	1	5	10	- 19
Dilleniaceae **	1	1	1	0	0	0	- 1
Ebenaceae	1	1	1	1	1	1	
Euphorbiaceae	1	8	12	1	11	13	1
Fabaceae	1	16	37	1	7	16	- 21
Flacourtiaceae	1	1	1	1	1	1	
Hypoxydaceae **	1	1	1	0	0	0	- 1
Lamiaceae	1	4	4	1	1	1	- 3
Lauraceae	1	1	1	1	1	1	
Liliaceae **	1	2	2	1	1	1	- 1
Loranthaceae	1	1	1	1	1	1	
Lythraceae	1	2	3	1	1	1	- 2
Malvaceae	1	5	9	1	4	7	- 2
Marsileaceae **	1	1	1	0	0	0	- 1
Melastomaceae **	1	1	1	0	0	0	- 1
Meliaceae	1	2	2	1	3	3	1
Menispermaceae	1	1	1	1	1	1	
Mimosaceae	1	7	10	1	3	7	- 3
Molluginaceae **	1	3	5	0	0	0	- 5
Moraceae	1	3	7	1	3	10	3
Musaceae **	1	1	1	0	0	0	- 1
Myrtaceae **	1	1	1	0	0	0	- 1
Nyctaginaceae	1	1	3	1	1	1	- 2

Tableau 1, suite. Liste comparative des familles représentées dans la "réserve" de Noflaye en 1957 et en 1992 avec le nombre de genres et d'espèces qu'elles renferment.

Liste des familles	1957			1992			
	FAM.	GEN.	ESP.	FAM.	GEN.	ESP.	VAR. ESP.
Nymphaeaceae **	1	1	1	0	0	0	- 1
Onagraceae **	1	1	2	0	0	0	- 2
Opiliaceae	1	1	1	1	1	1	
Orobanchaceae	1	1	1	1	1	1	
Parkeraceae **	1	1	1	0	0	0	- 1
Passifloraceae **	1	2	2	0	0	0	- 2
Pedaliaceae	1	2	2	1	1	1	- 1
Plumbaginaceae	1	1	1	1	1	1	
Poaceae	1	28	44	1	18	22	- 22
Polypodiaceae **	1	1	1	0	0	0	- 1
Rhamnaceae	1	1	2	1	1	1	- 1
Rosaceae	1	2	2	1	2	2	
Rubiaceae	1	14	16	1	6	6	- 10
Rutaceae	1	1	1	1	1	1	
Sapindaceae	1	4	4	1	3	3	- 1
Sapotaceae	1	1	1	1	1	1	
Scrophulariaceae **	1	3	3	0	0	0	- 3
Simaroubaceae	1	1	1	1	1	1	
Solanaceae	1	2	2	1	2	2	
Sterculiaceae	1	2	2	1	1	1	- 1
Taccaceae **	1	1	1	0	0	0	- 1
Tiliaceae	1	3	7	1	3	5	- 2
Turneraceae **	1	1	1	0	0	0	- 1
Typhaceae **	1	1	1	0	0	0	- 1
Ulmaceae **	1	2	3	0	0	0	- 3
Urticaceae **	1	1	1	0	0	0	- 1
Verbenaceae	1	3	3	1	3	3	
Vitaceae	1	2	2	1	1	1	- 1
Zygophyllaceae **	1	1	1	0	0	0	- 1
Total	79	257	372	56	145	192	

Légende:
FAM. = Famille GEN. = Genre
ESP. = Espèce VAR. ESP. = variation du nombre des espèces
* = augmentation ** = dimunition.

Tableau 2. Caractéristiques phytogéographiques des espèces disparues

AFFINITÉ PHYTOGÉOGRAPHIQUE	NOMBRE D'ESPÈCES	%
guinéenne	23	10,9
guinéo-soudanienne	72	34,1
soudano-guinéenne	26	12,3
soudanienne	63	29,9
soudano-sahélienne	22	10,4
sahélo-soudanienne	3	1,4
sahélienne	1	0,5
saharo-sindienne	1	0,5
Total	211	100

On observe ainsi que les espèces à affinité sahélienne et saharo-sindienne ne représentent que 2,5% des essences disparues, cependant que celles à affinité soudanienne en constituent 40,5%. Le plus grand pourcentage (57%) intéresse les espèces a affinité guinéenne dont 34% de guinéo-soudaniennes, 12,2% de soudano-guinéennes et 10,8% de guinéennes. On note ainsi une tendance à l'élimination des espèces à affinité guinéenne. Cette tendance peut être également perçue à travers les données quantitatives sur les différentes espèces ligneuses de la "réserve".

Le tableau 3 donne la liste des espèces menacées dans la "réserve" avec leurs affinités phytogéographiques. Il s'agit d'espèces dont le nombre d'individus varie de 1 à 10 et qui ont au plus été recensées dans 20 unités d'échantillonnage. On observe ainsi que toutes les essences ligneuses à affinité guinéenne sont très peu communes, souvent en échantillons isolés comme c'est le cas de *Alchornea cordifolia, Pavetta oblongifolia,* et *Ficus polita.* Au total 28 espèces, soit 34% environ des ligneux, sont menacées de disparition à

Tableau 3. Liste des espèces menacées dans la "réserve" de Noflaye.

ESPÈCES	AFFINITÉ
Acacia macrostachya	soudanienne
Acacia polyacantha subsp. *campylacantha*	soudanienne
Alchornea cordifolia	guinéenne
Balanites aegyptiaca	sahélo-soudanienne
Boscia angustifolia	sahélo-soudanienne
Daniellia oliveri	soudano-guinéenne
Detarium senegalense	guinéo-soudanienne
Dialium guineense	guinéo-soudanienne
Diospyros ferrea	soudano-guinéenne
Ekebergia senegalensis	guinéo-soudanienne
Ficus congensis	soudano-guinéenne
Ficus dekdekena	soudanienne
Ficus ovata	guinéo-soudanienne
Ficus polita	guinéenne
Ficus sycomorus	soudano-guinéenne
Ficus thonningii	soudano-guinéenne
Flacourtia flavescens	soudanienne
Grena flavescens	soudanienne
Holarrhena floribunda	soudano-guinéenne
Kigelia africana	guinéo-soudanienne
Malacantha alnifolia	soudano-guinéenne
Mezoneurum benthamianum	guinéo-soudanienne
Pavetta oblongifolia	guinéenne
Saba senegalensis	guinéo-soudanienne
Secamone afzelii	guinéo-soudanienne
Securinega virosa	guinéo-soudanienne
Tamarindus indica	soudano-sahélienne
Vitex doniana	soudano-guinéenne

court terme dans la "réserve". Les espèces les plus menacées sont celles à affinité guinéenne (100%), guinéo-soudanienne (55%) et soudano- guinéenne (53%). Les moins touchées quoique les pourcentages demeurent élevés sont les espèces soudano-sahéliennes (20%), sahélo-soudaniennes (25%) et soudaniennes (26%).

On peut dire que dans son ensemble, la "réserve" de Noflaye est un écosystème menacé. Selon Ilboudo (1992), les principaux facteurs de la dégradation de cette "réserve" seraient hydriques, et surtout anthropiques.

Conclusion
L'étude de l'état de la fore de la "réserve" botanique de Noflaye se situe dans le cadre de l'analyse de la dégradation des ressources naturelles. La flore actuelle de la "réserve" de Noflaye présente un fond soudanien dominant avec une affinité guinéenne marquée. Elle est composée de 56 familles, 145 genres et 192 espèces dont 131 ont une affinité soudanienne et 43 une affinité guinéenne. Les espèces sahéliennes sont peu représentées. La comparaison des données actuelles et des relevés antérieurs permet de préciser la dynamique de l'évolution de cette végétation. Elle est caractérisée par la disparition d'espèces exigeantes en eau et de la galerie forestière à *Elaeis guineensis*, avec son cortège floristique. Seules 161 espèces parmi les 372 signalées en 1957 ont été recensées en 1992. La diversité floristique de la "réserve" s'est ainsi appauvrie de 57%. Les espèces non retrouvées sont en grande partie constituées de plantes herbacées (83%). Les arbustes et les arbres en représentent respectivement 10% et 7%. La dynamique de la flore se caractérise par ailleurs par une élimination des espèces à tendance guinéenne au profit des espèces soudaniennes. Cette évolution semble se poursuivre dans la mesure où la majeure partie des espèces les plus menacées de la " réserve " est constituée de plantes à tendance guinéenne. Les causes de cette évolution sont sans doute multiples et son caractère naturel peut être discuté. Néanmoins, elle est le reflet d'un assèchement du biotope qui frappe en premier lieu les espèces guinéennes et soudaniennes.

Au regard de ces résultats, on peut dire que les objectifs visés par la mise en réserve de la niaye de Noflaye ne sont pas atteints. La restauration et l'aménagement de la "réserve" semblent ainsi indispensables et contribueraient à combler un vide que Adam notait déjà en 1968 en ces termes: "il faut reconnaître que presque rien n'a été fait au Sénégal pour tenter de protéger des types de végétation pour un but scientifique".

Références bibliographiques

Adam, J. G. 1953. Note sur la végétation des niayes de la presqu'île du Cap-Vert (Dakar. A. O. F.). Bull. Soc. Bot. Fr. 100: 153—158.

Adam, J. G. 1957. Flore et végétation de la "réserve" botanique de Noflaye (environs de Dakar). Bull. IFAN sér. A. 20 (3): 809—868.

Adam, J. G. 1961. Eléments pour l'établissement d'une carte des groupements végétaux de la presqu'île du Cap-Vert. Bull de l'IFAN, sér. A, 23: 399—422.

Adam, J. G. 1962. Eléments pour l'étude des groupements végétaux de la presqu'île du Cap-Vert (Dakar). In: Bull. de l'IFAN, sér. A, 24: 185—191.

Adam, J. G. 1968. Sénégal. In: Conservation of vegetation in Africa South of the Sahara. Proceedings of a symposium held at the 6th Plenary meeting of the "Association pour l'Etude Taxonomique de la flore d'Afrique Tropicale" (A.E.T.F.A.T.) in Uppsala, sept. 12th - 16th, 1966. Edited by Inga and Olov Hedberg, Uppsala, pp. 65—69.

Aubreville, A. 1936. La flore forestière de la Côte d'Ivoire. Paris (Vème), Larose, 296 p.

Aubreville, A. 1950. Flore forestière soudano-guinéenne A. O. F. - Cameroun. A. E. F. Société d'Editions Géographiques, Maritimes et Coloniales, Paris, 523 p.

Barréto, P. S. 1962. Etudes pédologiques des "Niayes" méridionales (entre Kayar et M'Boro) - (Rapport général). Carte au 1/10 000è. Dakar, Centre de Recherches pédologiques, 1962: 1—109 p. multigr. bibl., annexes non pag. volume 2 - Résultats analytiques, 7 tableaux dépl.

Bérhaut, J. 1967. Flore du Sénégal Dakar, Clairafrique, 485 p.

Bérhaut, J. 1971. Flore illustrée du Sénégal. Tome I—VI, Edition Maison Neuve, Diffusion Clairafrique, Dakar, 3874 p.

Goudiaby, A. 1984. L'évolution de la pluviométrie en Sénégambie de l'origine des stations à 1983. Mémoire de maîtrise. Université Ch. A. Diop de Dakar, Faculté des Lettres et Sciences Humaines, Département de Géographie, 238p.

Hutchinson, J. & J. M. Dalziel. 1954—1968. Flora of West Tropical Africa, 2. ed. revised by R. W. J. Keay, 1946 p.

Ilboudo, J.- B. 1992. Etat et tendances évolutives de la flore et de la végétation de la Réserve Spéciale Botanique de Noflaye (environs de Dakar-Sénégal), éléments pour un aménagement. Thèse de doctorat de 3 ème cycle, Université Ch. A. Diop de Dakar, Faculté des Sciences et Techniques, Institut des Sciences de l'Environnement, 107 p.

Lebrun, J.-P. 1981. Les bases floristiques des grandes divisions chorologiques de l'Afrique sèche. Etude Botanique n°7. Alfort (France), Avril 1981, 483 p.

Schnell, R. 1979. Flore et végétation de l'Afrique tropicale. Ed. Gauthier-Villars, Paris, pp. 320—331.

Vanden Berghen, C. 1988. Flore illustrée du Sénégal, Tome IX, Dakar Clairafrique, 523 p.
White, F. 1986. La végétation de l'Afrique. Mémoire accompagnant la carte de végétation de l'Afrique, Unesco / AETFAT / UNSO. Traduit de l'anglais par Bamps, P., Jardin Botanique National de Belgique, Paris, 384 p.
Willis, J. C. 1966. A dictionary of the flowering plants and ferns. Seventh edition. Rivised by Shawairy, H. K. Cambridge, 1277 p.

FLORE ET VÉGÉTATION LIGNEUSES DE LA FORÊT CLASSÉE DE L'ÎLE KOUSMAR (CENTRE-OUEST DU SÉNÉGAL): COMPOSITION FLORISTIQUE, STRUCTURE ET FACTEURS DE LA DYNAMIQUE

Bienvenu SAMBOU et Ibrahima SONKO

Résumé

Sambou, B. & I. Sonko. 1998. Flore et végétation ligneuses de la forêt classée de l'île Kousmar (Centre-Ouest du Sénégal): composition floristique, structure et facteurs de la dynamique. *AAU Reports* **39**: 213—223. — D'une superficie de 1955 hectares, l'île Kousmar dont la végétation est caractérisée par une savane arbustive a été érigée en forêt classée en 1936. Le classement de l'île en réserve forestière était particulièrement motivé par la présence d'un peuplement dense de *Borassus aethiopum* et de *Bombax costatum*, mais également par sa richesse floristique. Cette étude se propose d'une part de montrer l'état actuel de la flore et de la végétation ligneuses de l'île, et d'autre part d'identifier les facteurs de leur dynamique. Elle a révélé que la flore ligneuse de cette forêt est relativement diversifiée et comporte 35 espèces ligneuses réparties dans 29 genres et dans 19 familles. Les Combretaceae, les Burseraceae, les Mimosaceae et les Anacardiaceae sont les familles les plus importantes. Les espèces citées comme "espèces principales" au moment du classement sont faiblement représentées actuellement et ne présentent pas une bonne régénération naturelle. D'autres ont disparue. Par ailleurs, des espèces non signalées comme abondantes au moment du classement sont devenus pratiquement dominantes dans l'île. La dynamique de la végétation ligneuse de l'île est plutôt une dégradation essentiellement due à l'Homme.

Mots clés: Facteurs de dynamique - Flore et végétation - Forêt classée - Ile Kousmar.

Introduction

Les forêts classées sont des réserves de végétation, de flore et de faune juridiquement protégées par un statut particulier (législation et réglementation forestière). Ces forêts devaient être bien connues et bien gérées pour mieux assurer les fonctions de production de bois d'oeuvre et d'énergie, de protection de sols fragiles et de préservation d'une flore riche ou d'une végétation de type particulier qui leurs sont assignées (Adam, 1968). Cependant, après plus d'un demi siècle de protection, les informations sur l'état de la flore et de la végétation de ces forêts sont encore très peu disponibles, dépassées quand elles existent.

Au Sénégal comme dans les autres pays du Sahel, le processus de dégradation qui a sensiblement entamé le couvert végétal n'a pas épargné ces forêts. Le classement de la forêt de l'île Kousmar mise en réserve depuis 1936 a pour objectif de préserver une végétation dense et riche en essences de valeur. Les espèces ayant particulièrement motivé sa mise en réserve sont: *Borassus aethiopum*, *Bombax costatum*, et les espèces de la mangrove (palétuviers). L'objet de cette étude est de contribuer à la connaissance de l'état actuel de la flore et de la végétation de cette île.

1. Présentation de la zone d'étude

L'île Kousmar est localisée à environ une dizaine de kilomètres à l'Ouest de la ville de Kaolack située au centre-ouest du Sénégal. La moyenne pluviométrique de la zone est de 700 mm (Goudiaby, 1984). La réserve forestière est entourée par deux bras du cours d'eau Saloum caractérisé par une salinité très élevée suite à la sécheresse de ces trois dernières décennies. D'une superficie de 1955 hectares, cette île présente un relief relativement plat. Aux plans morphologique et pédologique, on peut y distinguer deux zones:

- une zone de bordure caractérisée par des tannes vifs (sols argileux, sulfatés acides) et des tannes herbacées (matériau argilo-sableux à sablo-argileux, sulfaté acide en profondeur); cette zone est soumise à une forte influence des eaux salées du cours d'eau Saloum;
- une zone centrale qui présente une sous-zone dunaire formée de sols ferrugineux tropicaux peu lessivés à texture sableux, et une sous-zone de bas-fonds formée de sols ferrugineux tropicaux peu lessivés et hydromorphes; ces sols apparemment non influencés par les eaux salées du fleuve se retrouvent essentiellement au niveau des chenaux d'écoulement et dans les zones dépressionnaires.

La végétation dont une partie a été plantée entre 1934 et 1950 (plantations d'*Anacardium occidentale*) était une savane arbustive

(Trochain, 1940; Adam, 1966). L'île était sous la suveillance du Roi du Saloum (Dossier d'archive, 1936).

2. Matériel et méthode

Les données présentées ont été collectées lors d'un inventaire floristique effectué sur la base de transects. L'emplacement des transsects a été choisi par suite d'une interprétation de photographies aériennes de 1989. La procédure a consisté à identifier sur les photographies aériennes des zones relativement homogénes caractérisées par leur texture et leur teinte (signatures). Le sens de l'orientation des transects dans les zones délimitées sur les photographies aériennes a été choisi de sorte à obtenir les transects les plus longs. Les coordonnées des extrémités des transects ont été relevées sur une carte topographique au 1/50000 ème. Des placeaux de 10 m x 10 m ont été disposés alternativement de par et d'autre de chaque transect. Les distances séparant les placeaux consécutifs ont été tirées de façon aléatoire dans une table de hasard. Le repérage des transects sur le terrain a été effectué à l'aide d'un GPS (Global Positioning System) et d'une boussole. Les données collectées concernent les noms des espèces rencontrées, leur hauteur, leur diamètre à 1,30 m de hauteur. Le diamètre des arbres et arbustes a été mesuré avec un compas forestier. La hauteur des arbres a été mesurée à l'aide d'un clinomètre et celle des arbustes a été estimée. La détermination des espèces et la transcription des noms scientifiques se sont inspirées des flores de Bérhaut (1967), Hutchinson & Dalziel (1954—1968), Aubréville (1950), du guide de terrain de Geerling (1982), de Lebrun (1973), et de Lebrun & Stork (1991—1995). Les informations sur les facteurs de la dynamiques de la flore et la végétation ligneuses de la forêt ont été obtenues à partir d'informations d'archives, d'entretiens avec des personnes ressources et d'observations de terrain. Les données d'inventaire ont été traitées avec les programmes Excel et Hypercard.

3. Résultats et discussion

Les résultats de cette étude portent sur la flore ligneuse, la végétation et les facteurs de leur dynamique.

3.1. LA FLORE LIGNEUSE

Elle est composée de 35 espèces réparties dans 29 genres et 19 familles (Annexe). *Combretum micranthum*, *Lannea acida*, *Commiphora africana* et *Dichrostachys cinerea* sont les espèces les plus représentées et les mieux distribuées dans l'île (tab.1). *Commiphora pedunculata* bien qu'assez bien représentée est très localisée dans les chenaux d'écoulement drainant les eaux douces de pluies vers le fleuve et dans les sites dépressionnaires à sédimentation fine (argiles de décantation). La flore ligneuse de cette forêt est relativement diversifiée si l'on se refère à celle de l'île Kouyon qui compte 31 espèces ligneuses et qui est considérée comme une des plus riches et des mieux conservées dans la zone (Sambou et al., 1994).

Tableau 1. Espèces ligneuses inventoriées dans la forêt classée de l'île Kousmar.

Espèces	Familles	Nbr. indiv.	Nbr. Tiges	Fréq.	Dbh max.	Dbh moy.	H. max.	H. moy.
Acacia ataxacantha	Mimosaceae	1	2	1	8.4	8.4	4.0	4.0
Acacia seyal	Mimosaceae	1	2	1	16.5	16.5	9.0	9.0
Adansonia digitata	Bombacaceae	1	1	1	92.9	92.9	12.0	12.0
Albizia chevalieri	Mimosaceae	1	2	1	6.5	6.5	5.0	5.0
Balanites aegyptiaca	Zygophyllaceae	1	2	1	15.3	15.3	4.0	4.0
Bombax costatum	Bombacaceae	2	5	2	13.1	10.2	5.0	5.0
Boscia senegalensis	Capparidaceae	1	5	1	8.4	8.4	2.0	2.0
Combretum aculeatum	Combretaceae	1	2	1	7	7.0	3.0	3.0
Combretum glutinosum	Combretaceae	1	1	1	12.8	12.8	3.0	3.0
Combretum micranthum	Combretaceae	16	35	12	6.9	14.2	6.0	4.0
Commiphora africana	Burseraceae	13	19	11	10	6.7	5.0	4.1
Commiphora pedunculata	Burseraceae	21	28	5	12.6	8.0	5.0	4.2
Dichrostachys cinerea	Mimosaceae	16	19	10	10.3	6.2	4.0	3.1
Grewia bicolor	Tiliaceae	5	6	4	7.7	5.6	4.0	3.2
Heeria insignis	Anacardiaceae	1	1	1	6.3	6.3	4.0	4.0
Lannea acida	Anacardiaceae	13	26	12	25.2	10.5	7.0	4.5
Mitragyna inermis	Rubiaceae	2	3	2	13.3	11.6	3.0	3.0
Ziziphus mauritiana	Rhamnaceae	1	2	1	15,6	15.6	3.0	3.0

Légende:
Nbr.: Nombre; indiv.: individu; Fréq.: Fréquence; Dbh max.: Diamètre maximum à hauteur de poitrine (1,30 m de hauteur); Dbh moy.: Diamètre moyen à hauteur de poitrine; H. max.: Hauteur maximale; H. moy.: Hauteur moyenne.

Les espèces les plus importantes sont *Combretum micranthum, Commiphora pedunculata, Lannea acida, Dichrostachys cinerea, Commiphora africana* (tab.2). Ces espèces semblent être mieux adaptées aux conditions écologiques actuelles du milieu. Les Combretaceae, les Burseraceae, les Mimosaceae et les Anacardiaceae sont les familles les plus importantes (tab.3).

Tableau 2. Importance écologique des espèces ligneuses de la forêt classée de l'île Kousmar.

Espèces	Densite relative	Dominance relative	Fréquence relative	Indice d'importance
Combretum micranthum	16,3	49,6	5,6	71,5
Commiphora pedunculata	21,4	7,5	5,6	34,5
Lannea acida	13,3	14,8	5,6	33,7
Dichrostachys cinerea	16,3	3,3	5,6	25,2
Commiphora africana	13,3	3,9	5,6	22,7
Adansonia digitata	1,0	7,8	5,6	14,4
Grewia bicolor	5,1	0,9	5,6	11,5
Mitragyna inermis	2,0	1,7	5,6	9,3
Bombax costatum	2,0	1,6	5,6	9,2
Acacia seyal	1,0	2,0	5,6	8,6
Ziziphus mauritiana	1,0	2,0	5,6	8,6
Balanites aegyptiaca	1,0	1,4	5,6	8
Boscia senegalensis	1,0	1,0	5,6	7,6
Combretum glutinosum	1,0	0,7	5,6	7,3
Acacia ataxacantha	1,0	0,6	5,6	7,2
Combretum aculeatum	1,0	0,4	5,6	7
Albizia chevalieri	1,0	0,4	5,6	6,9
Ozoroa insignis	1,0	0,2	5,6	6,8

Tableau 3. Importance écologique des familles des espèces ligneuses de la forêt classée de l'île Kousmar.

Familles	Densite relative	Dominance relative	Fréquence relative	Indice d'importance
Capparidaceae	1,0	1,0	5,6	7,6
Zygophyllaceae	1,0	1,4	5,6	8,8
Rhamnaceae	1,0	2,0	5,6	8,6
Bombacaceae	2,0	1,6	5,6	9,2
Rubiaceae	2,0	1,7	5,6	9,3
Tiliaceae	5,1	0,9	5,6	11,5
Bombacaceae	1,0	7,8	5,6	14,4
Anacardiaceae	14,3	15,0	11,1	40,4
Mimosaceae	19,4	6,3	22,2	47,9
Burseraceae	34,7	11,4	11,1	57,2
Combretaceae	18,4	50,8	16,7	85,8

3.2. LES CARACTÉRISTIQUES DE LA VÉGÉTATION

La végétation de l'île est une savane arbustive typique avec une strate herbacée très fournie, haute de plus de 1 mètre. La plupart des espèces ligneuses sont des arbustes (moins de 7 mètres de hauteur). Seules quelques espèces très peu représentées sont arborées. Il s'agit de *Borassus aethiopum, Lannea acida, Bombax costatum, Adansonia digitata, Terminalia macroptera, Pterocarpus erinaceus, Sterculia setigera, Celtis integrifolia, Ficus sp.*. Les classes de diamètre supérieure à 5 centimètres sont peu représentées (tab.4). *Commiphora pedunculata, Dichrostachys cinerea,* et *Combretum micranthum* présentent une bonne régénération naturelle. Par contre, d'autres espèces telles que *Acacia seyal, Adansonia digitata, Balanites aegyptiaca, Combretum glutinosum, Ziziphus mauritiana* et *Mitragyna inermis* ne régénèrent presque pas.

Tableau 4. Répartition des arbres et arbustes par classes de diamètre.

Espèces	Dbh<5	Dbh≥5	5-10	10-15	15-20	Dbh>20	Tot. indiv.
Commiphora pedunculata	474	21	18	3	0	0	495
Dichrostachys cinerea	452	16	15	1	0	0	468
Combretum micranthum	100	15	10	4	1	0	115
Boscia senegalensis	51	1	1	0	0	0	52
Strophantus sarmentosus	51	0	0	0	0	0	51
Grewia bicolor	43	5	5	0	0	0	48
Commiphora africana	29	13	12	1	0	0	42
Guiera senegalensis	38	0	0	0	0	0	38
Lannea acida	15	13	9	1	1	2	28
Albizia chevalieri	17	1	1	0	0	0	18
Combretum aculeatum	13	1	1	0	0	0	14
Borassus aethiopum	9	0	0	0	0	0	9
Maerua angolensis	9	0	0	0	0	0	9
Stereospermum kunthianum	9	0	0	0	0	0	9
Acacia ataxacantha	5	1	1	0	0	0	6
Bombax costatum	4	2	1	1	0	0	6
Ozoroa insignis	4	1	1	0	0	0	5
Entada africana	4	0	0	0	0	0	4
Feretia apodanthera	4	0	0	0	0	0	4
Mitragyna inermis	1	2	0	2	0	0	3
Crataeva adansonii	2	0	0	0	0	0	2
Ziziphus mauritiana	1	1	0	0	1	0	2
Acacia seyal	0	1	0	0	1	0	1
Adansonia digitata	0	1	0	0	0	1	1
Balanites aegyptiaca	0	1	0	0	1	0	1
Combretum glutinosum	0	1	0	1	0	0	1
Total	1335	97	75	14	5	3	1432

Légende:
Dbh: Diamètre à hauteur de poitrine (1,30 m de hauteur)
Tot. indiv.: Total des individus.

3.2. LA DYNAMIQUE DE LA FLORE ET DE LA VÉGÉTATION

Selon le projet d'arrêté de classement de 1936, "cette île était le seul endroit aux environs de Kaolack où l'on trouve des peuplements purs de *Borassus aethiopum*. Le nombre de pieds de cette essence était estimé à plusieurs milliers avec une abondance des semis naturels". La mangrove était protégée pour éviter l'érosion des berges et l'ensablement du cours d'eau Saloum (Dossier d'archive, 1950).

Bien que la zone ne soit pas fréquentée par le bétail à cause de la barrière naturelle à son accès représentée par le cours d'eau, mais aussi à cause des nombreuses hyènes qui habitent l'île, la végétation s'est dégradée.

Presque toutes les espèces considérées comme principales ou tout au moins abondantes au moment du classement de la forêt de l'île sont actuellement peu représentées avec une faible régénération naturelle. C'est le cas de *Borassus aethiopum, Bombax costatum, Pterocarpus erinaceus., Acacia seyal, Sterculia setigera, Celtis integrifolia, Terminalia macroptera, Combretum glutinosum, Ziziphus mauritiana, Mitragyna inermis, Entada africana, Securidaca longipedunculata. Lannea acida* dont le bois n'est pas très utilisé reste la seule espèce signalée comme abondante au moment du classement et actuellement bien représentée. Cette espèce n'est utilisée par les populations qu'en cas d'épuisement des espèces plus prisées (Burkill, 1994; Maydell, 1983).

D'autres espèces signalées en 1936 n'ont pas été observées en 1995. C'est le cas de *Securidaca longipedunculata* et des espèces de la mangrove qui ont totalement disparu. La présence de souches de palétuviers sur les tannes témoigne du caractère relativement récent de cette disparition.

Par ailleurs, des espèces non signalées comme abondantes au moment du classement sont devenus pratiquement dominantes dans l'île. Il s'agit de *Combretum micranthum, Commiphora pedunculata, Dichrostachys cinerea, Commiphora africana.* Ces espèces moins touchées par l'exploitation sont probablement mieux adaptées aux conditions écologiques actuelles du milieu.

Après plus de 50 ans de classement, la forêt s'est donc sensiblement dégradée. Bien qu'il ne soit pas évident de se prononcer sur l'évolution de la diversité floristique faute de données antérieures précises et fiables, il est à noter que les espèces qui faisaient sa particularité dans la région (*Borassus aethiopum* et *Bombax costatum* en particulier) ne sont plus abondantes et ne régénèrent presque pas. L'isoloement de cette forêt par les bras du cours d'eau Saloum n'a pas permis la protection de sa flore et de sa végétation.

Si certaines espèces comme celles de la mangrove ont disparu du fait de facteurs naturels, celles qui ont été indiquées commes principales au moment du classement l'ont été du fait de l'Homme qui a joué un rôle loin d'être négligeable dans la dynamique de la flore et la végétation de cette île.

La disparition de la mangrove est certainement liée à une modification des conditions physico-chimiques de l'eau du fleuve (augmentation de la salinité et de l'acidité) due à la baisse pluviométrique des dernières décennies.

La diminution des populations des autres espèces s'expliquerait essentiellement par la disparition du mythe qui entourait l'ensemble des îles de la zone. En effet, ces îles qui n'étaient presque pas fréquentées par les populations étaient considérées comme des sites dangereux habités par de "mauvais esprits" (Pélissier 1966; Sambou et al, 1994). Comme dans de nombreuses réserves forestières des pays du Sahel, la faible représentation des espèces qui ont justifié le classement de la forêt (espèces nobles ou de valeur) est due à l'exploitation de bois d'oeuvre et de service, à la carbonisation et aux défrichements agricoles (Giffard, 1974; Grouzis, 1988; Maydell, 1983; Ilboudo, 1992; Sambou et al., 1995). Le cas de *Lannea acida* dont le bois n'est pas prisé par les populations en témoigne. La limitation de la régénération naturelle des espèces jadis indiquées comme principales est probablement due à des facteurs aussi bien naturels (sécheresse, salinisation) qu'anthropiques (coupes anarchiques et abusives de semenciers, défrichements). Une partie de l'île était en effet défrichée pour les cultures par les populations des villages environnants (Dossier d'archive, 1950). Les espèces les moins affectées par ces facteurs et activités sont devenues plus abondantes. On peut donc noter que l'Homme a joué un rôle important dans la dynamique de la végétation et de la flore de cette réserve forestière.

Conclusion

Cette étude a permis de connaître l'état actuel de la flore et de la végétation de l'île Kousmar.

La végétation de l'île est une savane arbustive à *Combretum micranthum, Commiphora pedunculata* et *Dichrostachys cinerea.*

La flore ligneuse de cette savane soudanienne est relativement diversifiée avec 35 espèces, 29 genres et 19 familles. Les espèces les plus importantes sont *Combretum micranthum, Commiphora pedunculata, Lannea acida, Dichrostachys cinerea, Commiphora africana.* Ces espèces présentent une bonne régénération naturelle. Les familles les plus importantes sont les Combretaceae, les Burseraceae, les Mimosaceae et les Anacardiaceae.

La dynamique de la flore et la végétation ligneuses est une dégradation essentiellement liée à l'homme. L'étude a révélé que les espèces qui ont motivé le classement de l'île en 1936 ne sont plus dominantes actuellement. D'autres espèces, probablement moins prisées par les populations et mieux adaptées aux conditions écologiques actuelles sont devenues dominantes. Ceci met en évidence le rôle de l'Homme dans la dynamique des écosytèmes naturels au Sahel.

Compte tenu de ces informations, les objectifs de classement de cette forêt devraient être revus.

Cette étude mérite d'être étendue à l'ensemble des forêts classées du Sénégal et des autres pays du Sahel pour mettre à jour les objectifs de leur mise en réserve. Ceci permettra sans doute de gérer mieux ce patrimoine en tenant compte des intérêts des générations futures.

Références bibliographiques

Adam, J. G. 1966. Composition floristique des principaux types physionomiques de végétation du Sénégal. Journal of the West African Science Association, p. 81—97.

Adam, J. G. 1968. Sénégal In: Conservation of vegetation in Africa South of the Sahara. Proceedings of a symposium held at the 6th Plenary meeting of the "Association pour l'Etude Taxonomique de la flore d'Afrique Tropicale" (A.E.T.F.A.T.) in Uppsala, sept. 12th—16th, 1966. Edited by Inga and Olov Hedberg, Uppsala, 1968, p. 65—69.

Aubréville, A. 1950. Flore forestière soudano-guinéenne: A.O.F, Cameroun, A.E.F; société d'Editions géographiques, maritimes et coloniales, Paris, p. 90—141.

Bérhaut, J. 1967. Flore du Sénégal Dakar, Clairafrique, 485 p.

Burkill, H. M. 1994. The useful plants of West Tropical Africa, Edition 2, Vol. 2. Royal Botanic Garden, Kew, 636 p.

Dossier d'archive 1936. Direction des Eaux, Forêts, Chasse et Conservation des Sols du Sénégal, Arrêté n° 889/SE du 27 avril 1936.

Dossier d'archive 1950. Direction des Eaux, Forêts, Chasse et Conservation des Sols du Sénégal, Arrêté n° 4676 SE/F du 28 août 1950.

Geerling, C. 1982. Guide de terrain des ligneux sahéliens soudano-guinéens. Université de Wageningen, Pays-Bas, 340 p.

Giffard, P. L. 1974. L'arbre dans le paysage sénégalais. Sylviculture en zone tropicale sèche. Centre Technique Forestier Tropical, 431 p.

Goudiaby, A. 1984. L'évolution de la pluviométrie en Sénégambie de l'origine des stations à 1983. Mémoire de maîtrise. Université Ch. A. Diop de Dakar, Faculté des Lettres et Sciences Humaines, Département de Géographie, 238p.

Grouzis, M. 1988. Structure et dynamique des systèmes écologiques sahéliens (Mare d'Oursi, Burkina faso), Editions de l'ORSTOM, Paris, 336 p.

Hutchinson, J. & J. M. Dalziel. 1954, 1963, 1968. Flora of West Tropical Africa, Second edition revised by Keay, R. W. J. (Vol. I, Part 1, 828 p.; Vol. II, 544 p.; Vol. III, Part 1, 574 p.).

Ilboudo, J.-B. 1992. Etat et tendances évolutives de la flore et de la végétation de la Réserve Spéciale Botanique de Noflaye (environs de Dakar-Sénégal), éléments pour un aménagement. Thèse de doctorat de 3 ème cycle, Université Ch. A. Diop de Dakar, Faculté des Sciences et Techniques, Institut des Sciences de l'Environnement, 107 p.

Lebrun, J.-P. 1973. Enumeration des plantes vasculaires du Sénégal, Etude Botanique numéro 2, IEMVT, Maison Alfort, 209 p.

Lebrun, J.-P. & A. L. Stork. 1991— 1995. Enumération des plantes à fleurs d'Afrique tropicale, vol.I—III.

Maydell, H. J. V. 1983. Arbres et arbustes du sahel, leurs caractéristiques et leurs utilisations; Eschborn, 531 p.

Pélissier, P. 1966. Les Paysans du Sénégal: les civilisations agraires du Cayor à la Casamance. St Yriex, Imprimerie Fabrège, 519 p.

Sambou, B., A. Goudiaby, J. E. Madsen & A. T. Bâ. 1994. Etude comparative des modifications de la flore et de la végétation ligneuses dans les forêts classées de Koutal et de l'île Kouyong (Centre-Ouest du Sénégal). Journ. d'Agric. et de Bota. Appl., nouvelle série, vol. XXXVI (1): 87—100.

Sambou, B., A. Goudiaby, D. Dione & A. S. Traoré. 1995. Floristic composition and human impact on the "classified forests" of the Soudanian region of Senegal. Symposium on Community ecology and conservation Biology. August 15—18, 1994. Bern (Switzerland).

Trochain , J. 1940. Contribution à l'étude de la végétation du Sénégal. Mémoire de l'Institut Français d'Afrique Noire, 433 p.

Annexe. Espèces ligneuses obsevées dans la forêt classée de l'île Kousmar.

Espèces	Familles	Types biologiques
Lannea acida	Anacardiaceae	arbre
Anacardium occidentale	Anacardiaceae	arbre
Heeria insignis	Anacardiaceae	arbuste
Strophantus sarmentosus	Apocynaceae	arbuste
Borassus aethiopum	Arecaceae	arbre
Vernonia colorata	Asteraceae	arbuste
Stereospermum kunthianum	Bignoniaceae	arbre/arbuste
Bombax costatum	Bombacaceae	arbre
Adansonia digitata	Bombacaceae	arbre
Commiphora africana	Burseraceae	arbuste
Commiphora pedunculata	Burseraceae	arbuste
Boscia senegalensis	Capparidaceae	arbuste
Crateva adansonii	Capparidaceae	arbuste
Maerua angolensis	Capparidaceae	arbuste
Anogeissus leiocarpus	Combretaceae	arbre/arbuste
Combretum aculeatum	Combretaceae	arbuste
Combretum glutinosum	Combretaceae	arbuste
Combretum micranthum	Combretaceae	arbuste
Guiera senegalensis	Combretaceae	arbuste
Terminalia macroptera	Combretaceae	arbre
Pterocarpus erinaceus	Fabaceae	arbre
Entada africana	Mimosaceae	arbuste
Acacia ataxacantha	Mimosaceae	arbuste
Acacia macrostachya	Mimosaceae	arbuste
Acacia senegal	Mimosaceae	arbuste
Acacia seyal	Mimosaceae	arbuste
Albizia chevalieri	Mimosaceae	arbre/arbuste
Dichrostachys cinerea	Mimosaceae	arbuste
Ficus sp.	Moraceae	arbre
Ziziphus mauritiana	Rhamnaceae	arbuste
Feretia apodanthera	Rubiaceae	arbuste
Mitragyna inermis	Rubiaceae	arbre/arbuste
Sterculia setigera	Sterculiaceae	arbre
Grewia bicolor	Tiliaceae	arbuste
Celtis integrifolia	Ulmaceae	arbre
Balanites aegyptiaca	Zygophyllaceae	arbuste

DÉGRADATION DES POPULATIONS DE BAMBOU (*OXYTENANTHERA ABYSSINICA* A. RICH. MUNRO) DE LA RÉGION DE KOLDA (SUD DU SÉNÉGAL)

Ibrahima SONKO

Résumé
Sonko, I. 1998. Dégradation des populations de bambou (*Oxytenanthera abyssinica* A. Rich. Munro) de la Région de Kolda (Sud du Sénégal). *AAU Reports* **39**: 225—233. — Cette étude porte sur une espèce de bambou, *Oxytenanthera abyssinica*, seule espèce rencontrée au Sénégal. Les populations de la région de Kolda (sud du Sénégal) l'utilisent pour la confection d'habitations et de biens domestiques, mais également dans les domaines de la santé, de l'agriculture et de l'élevage. Elle est commercialisée sous forme de panneaux de "crinting"et de perche. L'objet de cette étude est de fournir des informations sur l'état actuel des populations de bambou de cette zone et sur les facteurs de leur dynamique. La distribution des populations de bambou a été présentée. Alors que certaines populations de la zone sont complétement dégradées, d'autres sont relativement bien conservées. L'étude a montré que les principaux facteurs responsables de la dégradation des bambousaies sont: le déficit pluviométrique, les attaques d'insectes foreurs sur les chaumes, les coupes anarchiques, les défrichements culturaux et les feux de brousse. Des suggestions ont été faites en vue d'une gestion durable du bambou et des bambousaies de la zone d'étude.

Mots clés: Bambou - Facteurs de dégradation - Kolda - *Oxytenanthera abyssinica*.

Introduction

Le bambou est un nom commun attribué à un groupe de monocotylédones appartenant à la famille des Poaceae et caractérisé par la lignification des tiges et des racines. Ce groupe de plantes renferme plus de mille espèces réparties dans les régions tropicales, subtropicales et tempérées d'altitude, de l'Asie à l'Amérique en passant par l'Afrique (Mcclure, 1966). Les espèces se développent en touffe pouvant atteindre plus de 50 tiges ou chaumes. Une seule espèce, *Oxytenanthera abyssinica*, est signalée au Sénégal. Cette espèce peut se reproduire par voie végétative et par voie sexuée. Le dernier mode de reproduction se fait selon un cycle variable (7 ans selon Adam, 1971; 30 ans selon Gaur, 1985).

Adam (1971) note que *Oxytenanthera abyssinica* se retrouvait en peuplements naturels relativement importants dans la moitié sud du Sénégal il y a environ 30 ans. Aujourd'hui, des peuplements dignes de ce nom ne se rencontrent qu'à l'extrême sud et sud-est du pays, dans les régions de Kolda et Tambacounda. Thiam (1972) signale que l'espèce est utilisée par les populations rurales dans la construction des habitats, la confection de panneaux de "crinting" et de divers objets domestiques. Elle est également utilisée dans les domaines de la santé humaine et animale, de l'élevage et de l'agriculture. L'espèce fait aussi l'objet d'une exploitation commerciale organisée par le Service national des Eaux et Forêts qui fixe chaque année la quantité de tiges à exploiter (IREF, Kolda. 1985—1994). Cependant, aucune donnée indicative n'est disponible sur le potentiel existant et le processus de renouvellement de la ressource.

Au cours de ces dernières années, un accroissement de la mortalité et une absence de régénération ont été constatés dans certaines bambousaies de la région de Kolda. Les facteurs de cette dégradation ne sont pas connus, ce qui représente une sérieuse contrainte pour la gestion durable de cette ressource.

La présente étude menée dans la région de Kolda, qui est la seule région actuellement ouverte à l'exploitation du bambou dans le pays, a cherché à atteindre les objectifs suivants:

- établissement d'une esquisse de la distribution des bambousaies de la zone d'étude;
- caractérisation des populations de bambou de cette zone;
- identification des facteurs de la dynamique de ces populations de bambou.

1. Présentation de la zone d'étude

La région de Kolda est située au Sud de la Gambie, entre la région de Tambacounda à l''Est et celle de Ziguinchor à l'Ouest. Son relief est formé de bas plateaux d'en moyenne 40 m d'altitude (Mcneil et al., 1991). Ces plateaux sont entaillés par un important réseau hydrographique constitué de cours d'eau permanents (fleuve Casamance, Soungrougrou, Kayanga) et de cours d'eau temporaires. Son climat est caractérisé par des températures moyennes élevées (entre 23 et 31° C), une longue saison sèche (8 mois) et une saison humide plus courte (4 mois). La pluviométrie varie en moyenne entre 900 et 1000 mm. Un déficit pluviométrique a été noté au cours de ces deux dernières décennies avec des incidences sur la végétation.

Cette végétation est constituée de forêts galeries et de complexes de forêts sèches et savanes où peuvent se rencontrer d'importantes populations de *Oxytenanthera abyssinica* le long des cours d'eau et sur les plateaux adjacents, aux sols généralement ferrugineux qui reposent sur une dalle latéritque (Stancioff, Staljanssens et Tappan, 1986). Les forêts se dégradent de plus en plus du fait de feux de brousse incontrolés et périodiques, de défrichements culturaux et de l'exploitation commerciale du bois par les populations locales et les exploitants agréés par le Service forestier de la région. La majorité des habitants de la région de Kolda vivent essentiellement de l'agriculture, l'élevage et l'exploitation des ressources forestières. Les sites d'étude sont localisés dans des forêts classées et des forêts non classées (domaine protégé). Trois (3) sont situés dans la forêt classée de Bakor (sites 1, 2 et 3), deux (2) dans celle de Dabo (sites 4 et 5), un (1) dans la forêt protégée de Bandiagara Koli (site 6), deux (2) dans la forêt protégée de Saré Yéroba (sites 7 et 8). La réalisation de la présente étude a nécessité l'utilisation de plusieurs méthodes.

2. Méthodologie

La démarche entreprise dans cette étude a consisté à faire une recherche bibliographique, une prospection du terrain, un inventaire et des enquêtes.

La prospection a été faite à l'aide de cartes de végétation au 1/200 000 ème de la région et d'informations tirées de rapports annuels du Service national des Eaux et Forêts et fournies par les agents des services de dévelopement et les populations locales. Plusieurs bambousaies de la zone d'étude ont été visitées et caractérisées. La caractérisation a permis de faire le choix des sites d'inventaire sur la base du statut des forêts, de l'état actuel des populations de bambou, de la distance par rapport aux habitations de sorte que nous puissions mettre en exergue les relations que les populations riveraines entretiennent avec les bambousaies.

Cet inventaire a été effectué entre les mois de Mai et Août et a concerné des paramètres tels que la densité, la mortalité, les coupes, la régénération par semis, la régénération par voie végétative. Des parcelles de 10 m x 10 m, équidistantes de 50 m l'une de l'autre, ont été installées dans des transects orientés dans le sens de la largeur de la bambousaie de sorte que soit prise en compte la variation topographique. Cinquante parcelles ont été mises en place dans chaque site sauf celui de Bandiagara Koli (30 parcelles) où certains transects ont été orientés perpendiculairement aux premiers. A chaque sortie de bambousaie, le transect suivant est installé à 100 m parallèlement au dernier. La mesure des différents paramètres est réalisée sur les 10 premières parcelles de chaque sites sauf pour la densité des touffes et la régénération par semis qui ont été évaluées sur la totalité des parcelles.

La densité des sites a été déterminée en comptant le nombre de touffes vivantes ou mortes sur pied de chaque parcelle et la densité moyenne en est déduite. La mortalité des chaumes (exprimée en %) a été obtenue en multipliant le rapport entre le nombre de touffes mortes et le nombre total de touffes par 100. La formule utilisée est la suivante:

$$MT = NTM / NT \times 100$$

MT: Mortalité de touffes
NTM: Nombre de touffes mortes
NT: Nombre total de touffes

Les tiges mortes ou vivantes ont été comptées et la mortalité des tiges (chaumes) a été déduite de la même manière que celle des touffes. Le nombre de tiges coupées par touffe a été compté et le taux de coupe (en %) calculé suivant la même procédure que pour la mortalité. La régénération a été considérée sur deux aspects: le rejet de nouvelles tiges (reproduction par voie végétative) et la reproduction par semis. Pour le premier cas, les tiges de l'année en cours ont été comptées. Ces tiges se reconnaissent à leurs gaines récentes et à leur absence ou faible ramification. Pour le second cas, les sujets issus de la germination des graines ont été identifiés et comptés dans chaque parcelle, sur la base des critères suivants : taille inférieure à 2 m, diamètre de la plus grosse tige inférieur à 1 cm, nombre de tige inférieur à 4.

Les enquêtes ont été menées en deux phases. Au cours de la première phase, un nombre important de villages où le bambou se rencontrait ont été couverts. L'entretien, sur la base d'un questionnaire a été effectué en groupe et sans choix préalable des personnes à enquêter. Au cours de la deuxième phase d'enquête des villages limitrophes de bambousaies ont été ciblés. L'entretien a été effectué en groupe ou individuellement. Les hommes âgés, jeunes, cultivateurs, ouvriers et exploitants de bambou ont été visés.

3. Résultats

3.1 RÉPARTITION GÉOGRAPHIQUE ET ESQUISSE DE CARACTÉRISATION DES POPULATIONS DE *OXYTENANTHERA ABYSSINICA*

Le bambou se rencontre actuellement sur presque toute l'étendue de la région de Kolda. Les bambousaies occupent les plateaux qui bordent les cours d'eau, les bas-fonds et le long des vallées de drainage des eaux de pluie. Cependant dans la partie Ouest de la région, des bambousaies importantes ne se rencontrent qu'au Nord du fleuve Casamance. Toutes les populations de *Oxytenanthera abyssinica* y ont presque totalement disparu ou sont en voie de l'être. Cette disparition est également observée au Nord des zones Centre-Est de la région où une extinction aurait été notée depuis 1962 dans la zone de la localité de Lambettara selon Baldé (agent de santé basé à Médina Mari). Là où elles sont en voie de disparition les touffes sont mortes, mais encore sur pied et les chaumes portent des infrutescences ou des vestiges d'infrutescences (forêts classées de Pata et Guimara). Nous avons appelé zones de mortalité acquise ces zones où les populations de bambou ne présentent pratiquement pas de touffes vivantes. Au sud des zones de disparition coexistent des populations comprenant des touffes mortes et des touffes vivantes de bambou. La mortalité peut affecter parfois une zone relativement vaste (forêts classées de Bakor et forêt protégée de Bonconto). Des inflorescences et infrutescences y ont été observées. Ce stade d'évolution des populations se rencontre dans les zones que nous avons appelées zones intermédiaires. Les zones situées au Sud du Centre-Est de la région présentent des populations où quelques cas isolés de touffes mortes de bambou ont été notés. Il est possible d'observer parfois une régénération par semis. Nous avons appelé les zones caractérisées par ce stade de la dynamique zones de vitalité. Toutes les populations de bambou ont été brûlées sauf celle de la forêt de Bandiagara Koli.

L'analyse des résultats de l'inventaire montre que les taux de mortalité les plus élevés des chaumes et des touffes ont été enregistrés dans la forêt classée de Bakor. Ces taux sont de 53 % pour les chaumes au niveau du site 2 (tab. 1) et de 98 % pour les touffes au niveau du site 3 (tab. 2). Dans la forêt de Bandiagara Koli (site 6), les taux de mortalité des chaumes et des touffes sont les plus bas; ces taux sont respectivement de 13 % (tab. 1) et de 2 % (tab. 2). Les taux de coupe les plus élevés sont sont observés au niveau des sites 4, 6, 7 et 8 (respectivement 35%, 25 %, 15 % et 14 %). Ce sont les sites plus proches des localités habitées et ceux qui sont affectés à l'exploitation (sites 7 et 8). La régénération des chaumes s'est produite dans l'ensemble des sites. Le taux de régénération de chaumes le plus bas est noté au niveau du site 6 (2 %). La régénération par semis a été noté au niveau des sites 4 et 6 avec une densité de 3/100 m^2. Elle est négligeable au niveau du site 7 et absente sur les autres sites. Les densités de touffes de bambou les plus élevées ont été surtout notées dans le type zones de vitalité (sites 7, 6 et 8).

Tableau 1. Données d'inventaire quantitatif des chaumes de *Oxytenanthera abyssinica* dans les différentes forêts étudiées.

Paramètres	Site 1	Site 2	site 3	Site 4	Site 5	Site 6	Site 7	Site 8
NC	253	831	-	282	788	451	1378	604
NCM	121	438	-	75	374	58	693	297
TMC	48 %	53 %	-	26 %	47 %	13 %	50 %	49 %
NCC	20	17	-	99	36	112	212	86
TC	8 %	2 %	-	35 %	4 %	25 %	15 %	14 %
NCR	32	166	-	39	119	10	200	62
TRC	13 %	20 %	-	14 %	15 %	2 %	14 %	10 %

Légende :
NC = Nombre de chaumes total
NCM = Nombre de chaumes morts
TMC = Taux de mortalité des chaumes
NCC = Nombre de chaumes coupés
TC = Taux de coupe
NCR = Nombre de chaumes régénérés
TRC = Taux de régénération des chaumes

Forêt de Bakor (sites 1, 2 et 3)
Forêt de Dabo (sites 4 et 5)
Forêt de Bandiagara Koli (site 6)
Forêt de Saré Yéroba (sites 7 et 8)

NB: Nous n'avons pas effectué d'inventaire de chaume au niveau du site 3 parce que les touffes y sont mortes.

Tableau 2. Données de l'inventaire quantitatif des touffes de bambou dans les différents sites d'étude.

Paramètres	Site 1	Site 2	Site 3	Site 4	Site 5	Site 6	Site 7	Site 8
NT	47	111	141	72	149	117	382	177
D / 100 m^2	1	2	3	1	3	4	8	4
NTM	4	22	138	0	4	2	19	20
TM %	9	20	98	0	3	2	5	11
R	0	0	0	153	0	89	1	0
R / 100 m^2	0	0	0	3	0	3	0	0

Légende:
NT = Nombre de touffes
NTM = Nombre de touffes mortes
D = Densité
R = Régénération
TM = Taux de mortalité

Forêt de Bakor (sites 1, 2 et 3)
Forêt de Dabo (sites 4 et 5)
Forêt de Bandiagara Koli (site 6)
Forêt de Saré Yéroba (sites 7 et 8)

Il ressort donc de cette analyse des résultats que la dégradation des bambousaies est plus importante dans la forêt classée de Bakor située dans le type zones intermédaires et plus faible dans la forêt de Bandiagara Koli située dans le type zones de vitalité. Cette dégradation est tout de même considérable dans les autres forêts. Les facteurs de cette dégradation ont été recherchés et identifiés.

3.2. FACTEURS DE LA DÉGRADATION DES POPULATIONS DE *OXYTENANTHERA ABYSSINICA*

Les facteurs à la base de la dégradation des populations de l'espèce dans la zone d'étude ont été identifiés à partir de l'analyse des résultats de l'inventaire, d'observations personnelles et des entretiens avec les populations locales.

La mortalité des chaumes généralement élevée pour l'ensemble des sites serait liée à la sécheresse, à l'exploitation, aux feux de brousse aux attaques d'insectes foreurs. Les attaques d'insectes sont observées dans toutes les forêts sauf celle de Bandiagara Koli. La mortalité des touffes est due à la floraison et à la fructification de la plante (cas du site 3 et des zones de mortalité acquise). Pour les populations locales, la floraison est une "maladie" du bambou qu'elles nomment "Jambarang". Selon ces mêmes populations, les coupes de tiges réalisées à environ 1 m du sol occasionneraient la mort de la plante. La régénération par semis est surtout observée dans les forêts de Bandiagara Koli (site 6) et Dabo (site 4) où les feux de brousse n'ont pas été constatés ou n'ont pas été intenses contrairement aux autres sites qui ont été sérieusement atteints. Or sur la totalité des sites, des pieds de bambou déjà fructifiés ont été observés la saison écoulée. L'absence de régénération dans certains des sites étudiés pourrait être attribuée à l'action des feux de brousse. Certaines personnes interrogées pensent que les feux détruisent les jeunes pousses comme l'ont souligné Rao et Ramakrishnan (1988). De ce point de vue, la fructification généralisée suivie de la mort des bambous pourrait être un danger pour la reconstitution de la population si les semences de *Oxytenanthera abyssinica* ne disposent pas d'une capacité de résistance aux feux de brousse. En l'état actuel de l'étude, les connaissances sont limitées sur la question de la régénération par semis. La réduction des surfaces occupées par les bambousaies est en rapport avec celle des surfaces forestières. Elle est due aux défrichements culturaux. C'est cette observation qui est faite dans la plupart des forêts protégées, notamment celle de Saré Yéroba.

Au terme de cette analyse, les facteurs de la dégradation des populations de *Oxytenanthera abyssinica* identifiés dans la zone sont: les feux de brousse, les coupes anarchiques, les défrichements, le déficit pluviométrique, les attaques d'insectes sur les chaumes. La mort de la plante après la floraison et la fructification est un comportement naturel de *Oxytenanthera abyssinica* qui en l'absence des facteurs ci-dessus cités ne peut entraver la reconstitution des populations de l'espèce.

Conclusion et suggestions

La disparition des bambousaies a affecté la plus grande partie de la région. Elle est liée à des facteurs ausssi bien naturels (déficit pluviométrique et attaques d'insectes) qu'anthropiques (feux de brousse, coupes anarchiques, mauvaise exploitation et défrichements culturaux). La dégradation des bambousaies est effective dans la forêt de Bakor, significative dans les forêts de Dabo et surtout de Saré Yéroba. La forêt de Bandiagara koli est relativement bien conservée. La floraison généralisée qui a atteint toutes les bambousaies des départements de Kolda et Vélingara permet de prévoir une disparition temporaire des populations de la zone au bout de deux ans. Il convient ainsi de prendre des mesures pour la sauvegarde de l'espèce et la satisfaction des besoins des populations de la région.

Ces mesures pourraient consister à:

1) récolter des semences (graines) et les conserver dans des conditions appropriées, en vue du réensemencement des sites de bambou;
2) mettre sur pied, avec la participation des populations rurales, un programme de protection des aires de repeuplement contre les feux de brousse (cela suppose une délimitation préalable de ces sites) et de restauration du bambou dans les zones où il n'existe plus;
3) faire un parcellaire des sites d'exploitation et les affecter rotativement aux exploitants afin de favoriser la régénération des chaumes. L'affectation du site doit se faire aprés un inventaire systématique préalable du potentiel exploitable;
4) mettre sur pied un programme de formation sur les techniques d'exploitation en direction des exploitants;
5) entreprendre des recherches sur la multiplication végétative par bouturage et par culture *in vitro.*

Références bibliographiques

Adam, J. G. 1971. Les bambousaies. Le Parc National du Niokolo-Koba, Association des Amis des Parcs Nationaux du Sénégal, p. 53—55.

Banik, R. L. 1988. Management of wild bamboo seedlings for natural Regeneration and Reforestation. Bamboos Current Research, p. 92—96.

Gaur, R. C. 1985. Bamboo Research in India. Recent Research on Bamboos, p. 26— 32.

IREF, Kolda. 1985—1994. Rapports Annuels.

Mcclure, F. A. 1966. The Bamboos, With a new forword by Bol, G. and a new introduction by Clark, L., 345 p.

Mcneil, B. et al. 1991. Plan d'Aménagement Forestier (synthèse) de le zone d'Intervention du Projet de Foresterie Rurale de Kolda; Agence Canadienne de Développement Internationale.

Rao, K. S. & P. S. Ramakrishnan.1988. Role of bamboo in secondary succession after slash and burn agriculture at lower elevations in North-East India". Bamboos Current Research, p. 59—65.

Stancioff, A., M. Staljanssens & G. Tappan. 1986. Cartographie et Télédétection des Ressources de la République du Sénégal, 653 p.

Thiam, A. T. 1992. Plan d'aménagement, d'exploitation sylvopastorale et de protection de la Forêt classée de Dabo: Analyse économique et financière des activités.

NOTES ON COMPOSITION AND DYNAMICS OF WOODY VEGETATION IN THE NIOKOLO-KOBA NATIONAL PARK, SENEGAL

Jens Elgaard MADSEN and Bienvenu SAMBOU

Abstract
Madsen, J. E. & B. Sambou. 1998. Notes on composition and dynamics of woody vegetation in the Niokolo-Koba National Park, Senegal. *AAU Reports* **39**: 235—244. — Eight 1 ha study plots were set up in 1993 in order to study vegetation dynamics. Some preliminary results are presented here. The sample includes 3.134 trees and lianas from 99 species with a dbh ≥ 5 cm. Numbers of species per ha are 27—43 for gallery forest and 19—31 for savannah woodland. Highest IVI (Importance Value) of a species per ha lies in the range of IVI = 39.6—84.6 with the greatest scores obtained by six different species. Indices of Similarity according to Jaccard and Sørensen show that gallery forest and Savannah woodland is easy to distinguish floristically whereas the vegetation found in valleys is intermediate. The floristic associations are nevertheless diverse with 48% of the species being restricted to a single study plot. Significant differences in size-class distribution of trunk diameter are also demonstrated for certain sites and it is argued that this could be related to former impact by man. Finally, early results on mortality are discussed.

Introduction
In West Africa, vast areas with woody vegetation have disappeared or become "thinned" and "impoverished" over the last couple of decades as a consequence of intensified land utilization for agricultural purposes. The predominant West African savannah vegetation of the Sudanean zone is traditionally considered "secondary" and derivative of an original deciduous seasonal forest. A theory, which find support in the fact that large areas of savannah immediately turns into forest when protected (Bourlière and Hadley, 1983), but also a theory which remains highly speculative until reliable knowledge on ecological succession in this part of Africa becomes available (Eyre, 1968).

Studies dealing with succesional dynamics of woody species under natural conditions are extremely complicated because they depend on a variety of highly unpredictable biotic and non-biotic factors. It was decided here to establish a few, large 1. ha. plots, rather than numerous smaller ones, in order to allow that a significant number of individuals in each species could be analysed under almost homogeneous conditions. The study considers the full diversity of woody plants, including non-useful and non-commercial woods which deserve all to little attention in forestry research but nevertheless are of vital importance for the overall regeneration dynamics of a natural ecosystem.

National parks constitute an excellent place to study woody plants under almost "natural" conditions. However, pure pristine vegetation is no longer found in West Africa. The present study is taking place in a area which was once exposed to significant human impact. The area was sparsely inhabited in pre-colonial times and precocious fire is still in use. A large population of elephants—once a major factor determine regeneration dynamics of trees—have also been almost eradicated.

The present paper gives a brief description of the floristic composition of the woody flora in the study area based on a number of permanent 1 ha study plots followed by a discussion on size-class structure of the woody stratum and some preliminary results on tree mortality.

1. Study Area

The study took place in the Niokolo-Koba National Park in SE Senegal. The woody vegetation of the area belongs to the Sudanean domain and was considered one of the high-diversity sites in Senegal by Lawesson (1995). Precipitation lies at approximately 800—1100 mm per year with an average monthly temperature of 25—33°C. Further information on climate, geography, history, and biology of the national park has been published by Adam (1968), Scheider & Sambou (1982) and, Bâ et at. 1997, with references), while specific information on the study plots, dealt with here, is found in Madsen et al. (1996). Geographical data on the study plots in question are summarized in tab I. The gallery forest at plot 1. and 2. runs along the same stream system which dry-up seasonally in the section that belongs to plot 1.

Table 1. Geographical data for study plots in Niokolo-Koba National Park.

Plot	Place name and date	coordinates (W; N)	alt.	Vegetation type
1.	Near Camp site Assirik. (1/1993)	12°44'; 12°53'	150	"dry" gallery forest
2.	Near Camp site Assirik. (6/1993)	12°43'; 12°53'	150	"moist" gallery forest
3.	Dalaba - Ubadji, km 5. (2/1993)	13°14'; 12°45'	30	valley vegetation
4.	Near Camp site Assirik. (6/1993)	12°43'; 12°53'	160	Savannah woodland
5.	Near Camp du Lion. (1/1993)	13°14'; 13°02'	40	Savannah woodland
6.	Dalaba - Ubadji, km 4. (2/1993)	13°14'; 12°45'	50	Savannah woodland
7.	Damantan-Dalaba,km35.(2/1993)	13°23'; 12°59'	50	Savannah woodland
8.	Near Camp site Assirik. (6/1993)	12°43'; 12°54'	150	Bowal shrubland

Legend: alt.: altitude above sea level (in m)

2. Methods and Formulas

Eight 1 ha. study plots were set up in 1993. These are quadrates (100 X 100 m) or rectangles (500 X 20 m) in the case of two narrow gallery forest plots (e.g. plot 1—2). All trees with a dbh (diameter at breast height = 1.3 m) ≥ 5 cm were permanently tagged with numbered aluminum tags and the position of the trees on each study plot was measured to the nearest 1 m in order to allow frequency calculations.

The Importance Value Index (IVI) of Curtis and McIntosh (1951) was chosen for arranging species in order of their ecological importance in each study plot.

(1) IVI = rel. density + rel. dominance + rel. frequency

Differences in floristic composition between the various study plots were compared with the Index of Similarity according to Sørensen (ISs) and the Quantitative Index of Similarity according to Jaccard, modified by Ellenberg (ISe). These indices are further discussed by Mueller-Dombois and Ellenberg (1974). Abbreviation are: A, B: number of species in plot A and B; c: number of species common to plot A and B; Ma, Mb: sum of quantitative values of species unique to plot A and B; Mc: sum of quantitative values of species common to plot A and B.

$$(2)\quad \mathrm{ISs} = \left(\frac{2c}{A+B}\right)100$$

$$(3)\quad \mathrm{ISe} = \left(\frac{0.5Mc}{Ma+Mb+0.5Mc}\right)100$$

3. Results

The eight study plots hold 3.134 trees in 99 species. Figures on density, species richness, structure, and ranking of important plant families on the study plots are described by Madsen et al. (1996) and need no repetition. Results are presented in two steps here. First, important species from each study plot and vegetation type are indicated, ranked, and compared. Second, dynamic aspects of the woody vegetation are demonstrated through a look at size-class structure and mortality rates.

3.1. SPECIES COMPOSITION

Relative importance of tree species in each study plot based on the Importance Value Index (IVI) of Curtis and McIntosh (1951) is listed in tab 2. Only species with IVI > 15 in at least one plot is included. Thus, only 27 of the 99 species of the whole sample is considered.

Table 2. Importance Value Index (IVI) for tree species with dbh > 15 cm.

	gallery		valley	savannah woodland				bowal
Plot No.:	1	2	3	4	5	6	7	8
Afzelia africana		16.7						
Anogeissus leiocarpus	15.3	4.7	38.9	2.6				
Bombax costatum			4.9	17.0	11.7	20.4	3.7	
Cassia sieberiana			1.8		54.7			
Ceiba pentandra	6.9	38.3						
Cola cordifolia	58.1							
Combretum glutinosum			6.1	54.0	31.7	68.4	37.0	140.5
Combretum tomentosum	18.2	6.9	1.8					
Crossopteryx febrifuga					13.5	26.4	20.7	
Diospyros ferrea		20.2						
Erythrophleum suaveolens	10.7	37.7	1.7					
Ficus sur	23.3	1.3						
Garcinia livingstonii		19.3						
Hexalobus monopetalus	2.0	1.7	42.8	55.2	21.8	0.6	2.5	37.3
Lannea acida			8.2	15.1	19.6	17.8	8.4	20.6
Malacantha alnifolia	36.0	13.0						
Manilkara multinervis		23.7						
Pericopsis laxiflora						20.4	6.6	
Piliostigma thonningii	8.8		35.8	1.6	8.8		1.2	
Pseudospondias microcarpa	3.2	35.0						
Pterocarpus erinaceus	1.3		84.5	52.6	43.6	35.4	72.8	79.2
Sorindeia juglandifolia	1.2	18.0						
Strychnos spinosa				5.9		21.5	11.7	
Terminalia avicennoides					0.6	15.0	4.8	
Terminalia macroptera			1.2		73.4		51.4	
Vitex madiensis			3.9	55.6		2.7	6.9	
Xeroderris stühlmannii					0.4	18.1	9.6	

Legend: gallery = gallery forest valley = valley vegetation.
bowal: sparse shrubby vegetation on hardened laterite formations

Species with highest score per ha. lies in the range of IVI = 39.6—84.6 and include six different species. The sum of the three highest IVI-values ha^{-1} has a range of IVI = 105.9 —166.4. One species, *Hexalobus monopetalus,* was found in all plots and two species, *Grewia bicolor* and *Pterocarpus erinaceus,* were present in all but one plot. Fortyseven species (47% of the sample) were restricted to one plot only.

A look at the distribution of important woody species demonstrates that some are essentially restricted to gallery forest *(Ceiba pentandra, Ficus sur, Malacantha alnifolia, Pseudospondias microcarpa, Sorindeia juglandifolia)* while others are distinctive elements of savannah woodland *(Bombax costatum, Combretum glutinosum, Lannea acida,* and *Xeroderris stühlmannii*).

The species compostion of plot 3 is not clearly belonging to a specific type of vegetation. It contains characteristic species of both xeric savannah woodland *(Bombax costatum, Combretum glutinosum, Lannea acida*) as well as humid environments *(Anogeissus leiocarpus, Combretum tomentosum, Erythrophleum suaveolens*). Due to its tall stature and relative dense foliage during most of the year, this piece of forest stands out very clearly from the surrounding plateau (Madsen et al. 1996) and it is probably best regarded as "valley vegetation". A comparison of the study plots using similarity indices (Figure 1) leads to a similar result:

Index of Sørensen (upper right); Quantitative Index of Jaccard, modification Ellenberg (lower left)

	1	2	3	4	5	6	7	8
1		36.8	42.3	30.8	37.8	9.4	22.2	12
2	15.1		29.5	18.2	9.4	7.4	3.2	5
3	40.5	16.2		56	44.1	32.7	42.1	28.6
4	15.7	3.2	67.4		37.7	51.2	39.2	34.5
5	9.7	0.8	50.7	39.3		42.3	46.7	26.3
6	4	0	29.4	64.7	40.7		56	28.6
7	11.4	0.1	42.2	48.9	62.5	65.6		27.8
8	2.2	0.2	27.4	39.3	24.6	28.1	32	

Figure. 1. Comparison of floristic associations using Similarity Indices. Direct comparisons of plots of gallery forest and woodland are highlighted.

Plot 1—2: gallery forest
Plot 3: Valley vegetation
Plot 4—7: Woodland
Plot 8: Bowal vegetation

The two plots of gallery forest (ISs = 47.4; ISe = 38.4) and four plots of woodland (ISs = 38.5—62.5; ISe = 41.4—66.9) constitute two clearly distinct floristic associations, whereas the plot of valley vegetation (plot 3) is intermediate.

3.2. DYNAMIC ASPECTS OF WOODY VEGETATION

Studies on regeneration dynamics of woody species is time consuming because a population of plants has to be followed over a long period of time before reliable information can be extracted. In this paper we are only able to present prelimary results and trends in our observations.

3.2.1. Dbh Size-Class Structure

Seven of eight study plots confirm with the typical, negative exponential size-class structure that characterizes stands of natural forests (cf. Swaine and Hall 1986). In the present study, the lowest size-class (dbh = 5—10 cm) occupy two to four times the number of individuals of the next lowest class (dbh = 10—15 cm) and the only exception is in plot 3 where the next lowest size-class supercede the lowest and where extraordinarily few trees are recorded for medium-sized trees (dbh = 15—20 cm) (Fig. 2).

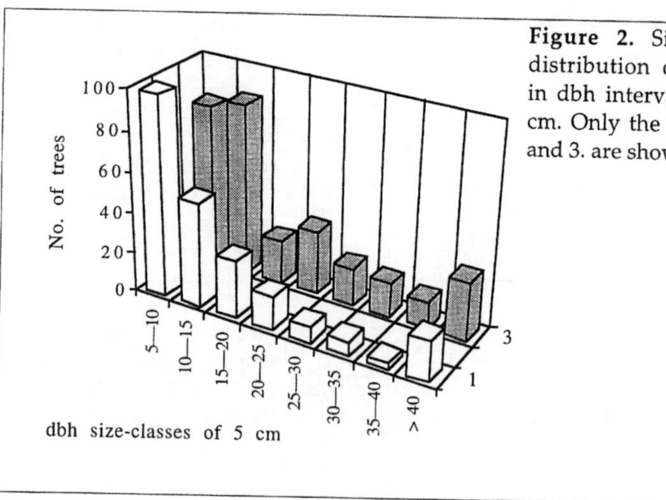

Figure 2. Size-class distribution of trees in dbh intervals of 5 cm. Only the plots 1. and 3. are shown.

Our data seems to indicate that the population of trees in plot 3 is presently enduring an "unstable" phase of secondary succession. A possible explanation—in case our observations are correctly interpreted—could be that a former village was located nearby until three decades ago. It is possible, but evidently not provable at present, that selective cutting of timber has been responsible for the actual size-class structure in plot 3.

A further component of regeneration dynamics relates to the performance of individual species under different ecological conditions. It is, for example, wellknown that abiotic conditions (soils, hydrology etc.) play a major role in plant growth. In the present study we found that average dbh for different tree species on plot 6 was significantly lower than for the same species when these were growing on one of the other study plots (tab. 3). It seems thus that growth conditions are comparatively poorer on plot 6. A possible effect hereof could be that trees on that particular sites may have reduced growth rates; only future studies can test is this is actually the case.

Table 3. Average dbh and (standard deviation) for selected tree species*.

	5	6	7	8
Bombax costatum	30.7 (22.7)	13 (6.2)	29.5 (8.0)	34.7 (38.7)
Combretum glutinosum	9.4 (3.8)	7.7 (2.1)	8.8 (3.3)	11.6 (4.8)
Lannea acida	19.8 (11.5)	8 (2.9)	15.5 (6.3)	21.2 (13.7)
Hexalobus monopetalus	11.6 (4.8)	7.8 (2.4)		
Pterocarpus erinaceus	29.7 (11.4)	9.6 (9.6)	26.2 (10.5)	20.4 (12)

*Figures given when 8 or more individuals of a species are present per plot.

3.2.2. Mortality

Preliminary results on tree mortality on the eight study plots are summarized in table 4. Data are based on the counting of dead trees during a three years period only, and great care is obviously needed for the interpretation of the results.

Turn over rates on the study plots (annual mortality) lies at approximately 0.8—2.4%. Average mortality for the whole small is 1.9%. Our figures seems to be in line with Swaine and Hall (1986) who reported an annual mortality of 1.4% for understorey saplings (trees between 1.3 m tall and 32 mm dbh) in Nini-Suhien National Park, Ghana. So far, our data are not sufficiently reliable to determine whether turn over rates are different in plots of savannah woodland and plots of gallery forest, respectively.

The dead individuals on the study plots belonged to a large number of species of the original sample (15.9—57.1%). The probability that a tree die seems nevertheless to be species-dependent. On plot 5, for example, it was found after three years that *Pterocarpus erinaceus* and *Cassia sieberiana* (149—182 individuals) had only 0—2 dead individuals, whereas *Crossopteryx febrifuga* and *Combretum glutinosum* (42—114 individuals) had as many as 10—14 dead individuals. Our data furthermore demonstrates that the average dbh for a dead trees is lower than for living ones.

Fire was found to be responsible for the killing of at least 19 trees (11% of dead treed, 0.6% of all trees) but the actual figure of trees who vanished due to fire is higher simply because it is often impossible to know the exact death cause. Moreove, severe injuries caused by fire was noticed in numerous trees. Many dead trees sprout again from the base (22% of the sample) and this

Table IV. Mortality of trees during a three year period (1993—1995).

Plot	mortality				dbh		dead					
No.	ind.	annual	sp.	(%)	dead	alive	2/94	2/95	2/96	fire	water	spr.
1	20	2.4	15	46.9	18.4	26.6	13	5	15	1	5	5
2	9	0.8	7	15.9	11.6	17.8	0	5	4	0	1	0
3	8	0.9	8	30.8	16.6	20.3	0	5	3	0	0	0
4	10	1.0	5	25	10.2	12.8	2	2	6	5	0	5
5	62	2.0	10	33.3	7.4	9.1	6	28	28	0	0	8
6	24	1.9	6	31.6	8.8	12.3	2	3	19	8	0	10
7	28	2.0	10	34.5	9.9	13.9	6	9	13	1	0	3
8	12	6.1	4	57.1	7.7	9.8	3	3	6	4	0	7
SUM:	173	1.9	41				32	60	94	19	6	38

Legend:
mortality ind.: No. of dead individuals
annual: average number of dead trees per year
sp.: No. of dead species
(%): number of dead species of original sample (in %)
dbh dead: average dbh of dead trees on the plot
dbh alive: average dbh of trees on the plot (at establishment)
dead 2/94, 2/95, 2/96: number of dead trees in Februar 1994, 1995, 1996
fire.: number of trees killed by fire
water: number of trees killed by water flow
spr..: number of "dead" trees sprouting afterwards

figure may be higher, especially in certain taxa, notably *Combretum glutinosum, Terminalia, Vitex* etc. Finally, six trees in the gallery forest had snapped trunks due to strong water flow.

Conclusion

The present study took place just three years after the establishment of eight study plots and only preliminary conclusions could be drawn. The methodology based on large 1. ha. plots allow that numerous individuals of a species can be studied repeatedly under controlled conditions. One should, of course, not be tempted to make to broad floristic generalizations on data from a few plots. A larger number of smaller, and more widely distributed plots, would of course lead to a more precise picture of the overall floristic variation and diversity of woody plants in the entire study area in question.

The main findings of the present study so far are that:

1. certain species exhibit remarkable different, average size-class diameters when growing under different ecological conditions.
2. the effect of former human impact in the national park is still visible on the woody vegetation 30 years after the villages inside the park were abandoned.
3. precocious fire, which is used in the Niokolo-Koba National Park for decades in order to avoid late disastrous fire and for improving the tourists view of the wild animals, has a negative effect on the life expectancy for woody plants.

The full consequence of fire for the woody vegetation of Niokolo-Koba National Park and the consequence for the associated flora and fauna can not be fully understood at present. It might be added that we during repeated field trips observed that the effect of fire on saplings and seedlings was manifold more dramatic than in adult woody plants which are nevertheless often severely injured.

We anticipate that continued data collecting from our permanent study plots will eventually generate more reliable information on the dynamics of woody plants under natural conditions. However, parallel studies focusing on the regeneration of seedlings and saplings and reproduction ecology of the woody species is clearly also needed.

Literature cited

Adam, G. 1968. La flore et la végétation du Parc National du Niokolo Koba (Sénégal). Adansonia sér 2, 8:439—459.

Bâ, A. T., B. Sambou, F. Ervik, A. Goudiaby, C. Camare & D. Diallo. 1997. Vegetation et Flore. Parc transfrontalier Niokolo Badiar (Saint–Paul, Dakar)., 157 p.

Bourlière & Hadley. 1983. Present-day Savannas: An overview. Pp. 1–17 in F. Bourlière (ed.) Ecosystems of the World 13. Tropical Savannas. (Elsevier, Amsterdam).

Curtis, J. T. & R. P. McIntosh. 1951. An upland forest continuum in the prairie-forest border region of Wisconsin. Ecology 32: 476—496.

Eyre, S. R. 1968. Vegetation and Soils (Pitman Press, Bath).

Lawesson, J. E. 1995. Studies of woody flora and vegetation in Senegal. Opera Bot. 125: 1—172.

Madsen, J. E., D. Dione, A. S. Traoré & B. Sambou. 1996. Flora and Vegetation of Niokolo-Koba National Park, Senegal. Pp. 214—219 in L.J.G. van der Maesen et al. (eds.) The Biodiversity of African Plants (Kluwer Academic Publishers, Dordrecht).

Mueller-Dombois, D & H. Ellenberg. 1974. Aims and Methods of Vegetation Ecology (John Wiley & Sons, New York).

Schneider, A. & K. Sambou. 1982. VI. Prospection botanique dans les parcs nationaux du Niokolo Koba et de Basse Casamance. Mém. Inst. Fond. Afr. Noire 92: 101—122.

Swaine, M. D. & J. B. Hall. 1986. Forest structure and dynamics. Pp. 47—93 in Lawson, G. W. (ed.). Plant Ecology in West Africa. Systems and Processes (John Wiley & Sons, Chichester).

FLORE ET VÉGÉTATION AQUATIQUES ET DES ZONES INONDABLES DU DELTA DU FLEUVE SÉNÉGAL ET LE LAC DE GUIERS

Abou THIAM

Résumé
Thiam, A. 1998. Flore et végétation aquatiques et des zones inondables du delta du fleuve Sénégal et le lac de Guiers. *AAU Reports* **39**: 245—257. — Les ouvrages édifiés sur le fleuve ont eu une incidence marquée sur le régime hydrologique et la qualité des eaux en amont du barrage de Diama. Les nouvelles conditions d'environnement fluvial ont favorisé le développement rapide de certaines plantes aquatiques tandis que d'autres sont en nette régression.*Typha domingensis* est en pleine extension dans l'ensemble du Delta. *Pistia stratiotes* a pullulé en 1992 et 1993 dans le parc ornithologique du Djoudj et le lac de Guiers. Il y a également, une apparition massive de *Potamogeton octandrus* et de *Potamogeton schweinfurthii*. Par contre, les peuplements de *Tamarix senegalensis* et d'*Acacia nilotica* souffrent de la permanence de l'eau douce et des inondations prolongées. Les Poaceae et les Cyperaceae sont les plus abondants.

Mots-clé: Flore - Végétation aquatique - Fleuve Sénégal - Lac de Guiers – Sénégal - Afrique.

Introduction

Le Delta du fleuve Sénégal situé à l'Ouest de Richard-Toll, s'étend sur près de 5000 km^2 (fig. 1). Le relief est plat et le climat est tropical semi-aride avec des températures moyennes élevées toute l'année (au-dessus de 25 °C), une pluviométrie annuelle faible (entre 200 et 300 mm tombant de juillet à septembre) et une humidité relative généralement au-dessous de 40 % pendant la période sèche, augmentant jusqu'à 70 % durant la saison des pluies.

La région du Delta du fleuve Sénégal avec ses importantes ressources en eau et en sol a très tôt retenu l'attention pour le

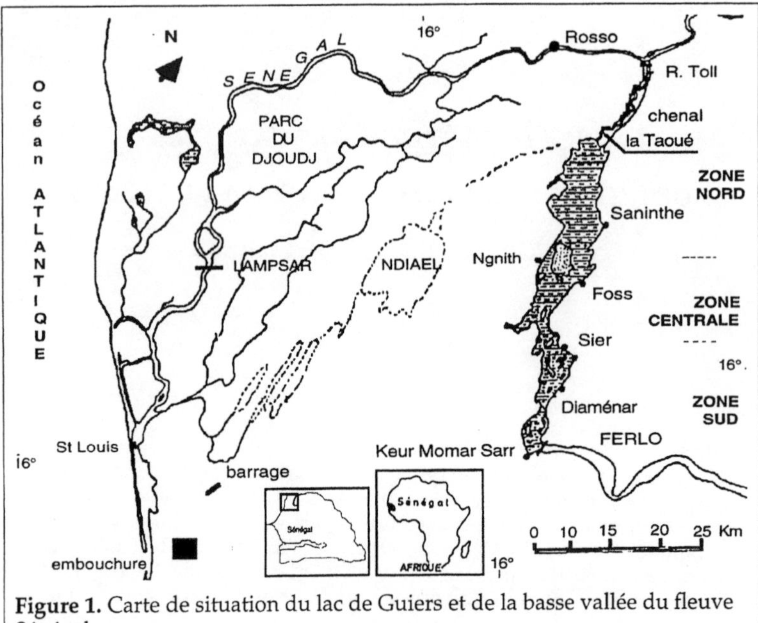

Figure 1. Carte de situation du lac de Guiers et de la basse vallée du fleuve Sénégal.

développement des cultures irriguées, particulièrement celle du riz. Les principaux obstacles à l'extension de ces cultures étaient liés pour l'essentiel, aux remontées de l'eau de mer dans le fleuve pendant l'étiage et à la présence de sel dans le sol et la nappe phréatique sous-jacente.

Pour lutter contre la salinité et stocker un volume important d'eau pour les cultures et l'alimentation, il a fallu procéder à des aménagements afin d'arriver à une meilleure maîtrise des eaux du fleuve et freiner les remontées de la langue salée dans le fleuve. La digue rive gauche commencée en 1964, le barrage anti-sel de Diama et le barrage de Manantali mis en service respectivement en 1985 et 1988 ont profondément modifié la physionomie du milieu. L'adoucissement progressif des eaux et les hauteurs limnimétriques relativement élevées ont eu des incidences sur le développement de plusieurs angiospermes aquatiques. Les principales modifications hydrologiques et de qualité des eaux en cours dans le lac de Guiers ont été revues récemment par Cogels et al. (1993).

La digue rive gauche qui ceinture le fleuve jusqu'à Rosso a modifié très sensiblement l'habitat. En effet, les vastes zones adjacentes au fleuve qui subissaient régulièrement des inondations ne sont plus atteintes par l'eau. Cependant, l'humidité quasi permanente de ces endroits permet encore le développement de nombreux hydrophytes et des halophiles. Ces vastes régions doivent en principe être aménagées pour les cultures irriguées.

Les objectifs de cette étude sont: d'une part inventorier les angiospermes aquatiques, et d'autre part analyser les communautés des plantes aquatiques sur la rive gauche du fleuve Sénégal dans le Delta et le lac de Guiers après les modifications survenues dans le milieu.

1. Matériel et méthodes d'étude

L'inventaire de la flore aquatique du Delta et du lac de Guiers a été effectué au cours de plusieurs missions scientifiques dans la région depuis 1993. Un herbier des espèces rencontrées a été préparé et déposé à l'herbier du Département de Biologie Végétale de la Faculté des Sciences de l'Université C. A. DIOP de Dakar.

Avant la construction du barrage de Diama, au début des années 1980, les groupements d' angiospermes aquatiques du lac de Guiers ont fait l'objet d'une étude phytosociologique suivant les techniques classiques de Braun Blanquet (Thiam, 1984). En utilisant les mêmes techniques, l'analyse de la végétation aquatique du Delta, en amont du barrage de Diama et dans le lac de Guiers a été de nouveau effectué en 1995. Les relevés ont été réalisés au niveau d'une vingtaine de site entre Dakar-Bango et Rosso Sénégal (rive droite du fleuve Sénégal) et sur les deux rives du lac de Guiers. Au moment des relevés de la végétation, le pH, la conductivité, la température et l'oxygène dissout dans l'eau qui baigne les groupements ont été analysés sur place à l'aide d'appareils portatifs. Il s'agit du pH-mètre HI8014 de HANNA Instruments, du conductivimètre HI8033 de HANNA Instruments et de l'oxymètre model 9071 D02 meter de Bioblock Scientific muni également d'une sonde pour la mesure de la température.

Le terme "angiosperme aquatique" est utilisé ici pour désigner les plantes à fleur vivant en milieux aquatiques ou humides au moins pendant une période de l'année sur des sols salés ou non.

2. Résultats

2.1 La flore aquatique et des zones inondables du Delta et du lac de Guiers

Depuis la seconde moitié du siècle dernier, plusieurs auteurs ont sillonné la vallée du fleuve Sénégal et le lac de Guiers et ont fait parfois des observations sur la flore aquatique de la région. Selon Trochain (1940), Perrottet a mentionné dans le lac de Guiers en 1833: *Typha latifoloia* (probablement Typha *australis*), *Arundo Donax* (*Phragmites vulgaris*), *Cyperus articulatus*, *Nymphaea*, Uticulaires (*Utricularia*), Riz sauvage (*Oryza sp.*). Lemmet et Scordel (1918) ont également observé *Echinochloa sp.* et les Nénuphars. Henry (1918) ajoute à cette liste *Vetiveria nigritana* et *Cyperus bulbosus*.

En 1933—1934, dans la définition des groupements végétaux des milieux aquatiques au Sénégal, Trochain (1940) a effectué près de 53 relevés de la végétation dans le Delta et le lac de Guiers. L'analyse de ces relevés révèle 79 espèces réparties dans 56 genres et 28 familles. Les Poaceae (23 espèces) et les Cyperaceae (18 espèces) sont dominants.
En 1960, Adam (1964) a observé la végétation du lac de Guiers et signala 61 espèces appartenant à 53 genres et 28 familles.

Dans un inventaire des plantes adventices des casiers de riz nouvellement installés à Richard-Toll, Adam (1960) a classé 29 espèces dans les plantes aquatiques, "sub-aquatiques" et les hélophytes.

Thiam (1984) a répertorié au début des années 1980 dans le lac de Guiers et sa plaine d'inondation, 74 espèces appartenant à 59 genres et 30 familles. Les Poaceae représentées par 20 espèces et les Cyperaceae par 10 espèces sont dominants.
L'inventaire des angiospermes aquatiques et des zones inondables entre 1993 et 1995 a permis de dénombrer 98 espèces se répartissant dans 74 genres et 38 familles. Les Poaceae (20 espèces) et les Cyperaceae (14 espèces) sont encore les plus abondants (voir annexe).

2.2. LA VÉGÉTATION AQUATIQUE ET DES ZONES INONDABLES

Les principaux groupements végétaux aquatiques et des zones inondables du lac de Guiers avant le barrage de Diama étaient les suivants (Thiam,1984):

- le groupement à *Tamarix senegalensis* sur sols salés et alcalins subissant une submersion temporaire;
- le groupement à *Philoxerus vermicularis*, sur sols salées subissant une submersion prolongée;
- le groupement à *Paspalidium geminatum* supportant de l'eau saumâtre;
- le groupement à *Nymphaea lotus* dans les eaux stagnantes ou faiblement courantes;
- le groupement à *Pistia stratiotes* et *Ludwigia adscendens* sur substrat varié (argileux, limono-sableux);
- le groupement à *Nymphoides ezannoi* et *Aeschynomene elaphroxylon*, sur sols acides;
- le groupement à *Echinochloa stagnina* et *Vossia cuspidata* subissant une longue submersion (4 à 5 mois);
- le groupement à *Vetiveria nigritana* sur sols souvent limoneux temporairement submergés;
- le groupement à *Phragmites australis*, très peu développé dans le lac;
- le groupement à *Typha australis* (syn. *Typha domingensis*) sur sols argilo-sableux.

Ces groupements végétaux existent également dans le fleuve et ses dépendances mais y apparaissent souvent dans un état fragmentaire.

L'examen de la végétation rivulaire du fleuve et du lac de Guiers en 1995 a donné les résultats consignés dans le tableau 1.

L'analyse des paramètres physico-chimiques *in situ* a fourni les valeurs rassemblées dans le tableau 2. Le pH varie de neutre à basique. La salinité globale très variable entre Diama et Rosso, est relativement basse.

Les données indiquées dans le tableau 1 montrent que *Typha domingensis, Azolla africana, Pistia stratiotes* et *Cyperus articulatus* sont dominants. Ils prennent en effet de plus en plus d'ampleur dans le fleuve et le lac de Guiers.

Tableau 1. Analyse de la végétation aquatique sur la rive gauche du delta du fleuve Sénégal et le lac de Guiers en août 1995.

n°	1	2	3	4	5	6	7	8	9	10	11	12	13	14	15	16	17	18	19	20
Surface relevée (m2)	100	100	100	120	120	100	120	80	100	100	100	100	100	120	100	100	100	100	120	100
Recovrement (%)	80	80	90	80	90	80	80	90	90	90	90	80	90	80	80	80	90	90	80	80
Typha domingensis	3		3	3	3	4	+			+			+	3	3	1	3	3	2	2
Ludwigia leptocarpa													+							
Echinochloa colona		+			+				+	+										
Potamogeton octandrus		+	2	1	1		1		+				+		+	+				+
Tamarix senegalensis						+	+													
Sphenoclea zeylanica			+			+														
Nymphaea lotus			1											1		3	+	+	+	+
Oxycaryum cubense		+						3			+	1					+	1		
Azolla africana		+	+	+	+	+	+	+	2	+	+	+			+					
Polygonum senegalense													1			+		+		
Pistia stratiotes							1	2	1	1	3	1	1	+	+		+	1		
Cyperus alopecuroides				+					2	+								+	+	
Cyperus articulatus		2			+		3	+	+	1	+	+	1	+		+		+		
Diplachne fusca						+			+											
Cyperus difformis			+		1															
Phragmites australis	+	2	+	+	+		1	1			1	+	1	+		+	1			
Ipomoea aquatica	+		+		+							+	+					+		
Utricularia sp.				1																
Najas sp.		1																		
Cynodon dactylon		1																		
Ludwigia adscendens								+	1	3	+	2	2	1	+	1		1		+
Paspalidium geminatum									1	+							+	+		+
Sesbania sp.												+								
Potamogeton schweinfurthii													1	1	1	2	+	3	+	
Nymphoides ezannoi															1	+		1		
Aeschynomene elaphroxylon															+	1	2	1		
Vossia cuspidata																+	+			
Oryza longistaminata																+				
Neptunia oleracea																		+		
Vetveria nigritana																		+		
Cyperus rotondus																			+	
Brachiaria mutica																			+	
Utricularia sp.																				+

Légende:

1: Dakar-Bango (8/95)
2: Barrage de Diama(8/95)
3: Djoudj(8/95)
4: Tiguet (8/95)
5: Debi (8/95)
6: entre Debi et Kheune (8/95)
7: Kheune (8/95)
8: Diawar (station pompage) (8/95)
9: Ouassoul(8/95)
10: Ronkh (8/95)
11: Ronkh (station de pompage) (8/95)
12: Tiagar (8/95)
13: Rosso-Sénégal (8/95)
14: Dialang (8/95)
15: Teuss (8/95)
16: Nder (8/95)
17: Temeye (8/95)
18: Mbane (8/95)
19: Diakhaye (8/95)
20: Ngnith (8/95)

Tableau 2. Résultats de l'analyse de l'eau dans quelques sites du fleuve Sénégal en Août 1995.

	Dkr-Bango	Diama	Djoudj	Debi	Kheune	Diawar	Ouassoul	Ronkh I	Ronkh II	Tiagar	Rosso
Température en °C	29,6	31,5	33,5	36,2	33,6	36,2	41	33,7	32,2	32,6	30,8
Ph	8,6	8,9	9,5	8,5	8,2	7,5	8,8	6,8	7,9	7,2	7,8
Conductivité (µS)	264	86	509	918	780	450	850	605	506	605	990
Oxygène (mg/l)	6,2	7,5	6,5	5,6	5,4	4,5	6,5	4	4,9	4	3,2

Le sel et l'eau constituent les principaux facteurs de répartition et de zonation des angiospermes aquatiques dans la zone du Delta et le lac de Guiers. Les peuplements monospécifiques sont très fréquents. Ils représentent, en général, des faciès de groupements végétaux plus complexes et résultent d'une conjonction de facteurs favorables qu'il est difficile de dissocier. Les figures ci-après montrent une plus grande diversité végétale sur les rives du lac par rapport à celles du fleuve Sénégal. Il n'existe pas de ceintures de végétation.

En s'en tenant aux espèces dominant qui impriment leur physionomie à la végétation rivulaire, on distingue habituellement:

- sur les rives du fleuve Sénégal la séquence de végétations correspondant à la figure 2.
- sur les rives du lac de Guiers la séquence correspondant à la figure 3.

Entre les Typhaies, les Phragmitaies ou encore les peuplements de *Tamarix senegalensis* apparaissent des tapis d'étendues variables de plantes aquatiques telles que: *Cyperus alopecuroides, Ludwigia adscendens, Cyperus articulatus, Nymphaea lotus, Pistia stratiotes, Potamogeton schweinfurthii, P. octandrus, Scirpus maritimus, S. littoralis, Polygonum senegalense, Neptunia oleracea* , etc.

L'expansion des peuplements de *Typha domingensis, Pistia stratiotes, Potamogeton sp.* et la régression simultanée de*Tamarix senegalensis* dans le fleuve et le lac de Guiers donne un aperçu des modifications en cours au niveau des angiospermes aquatiques

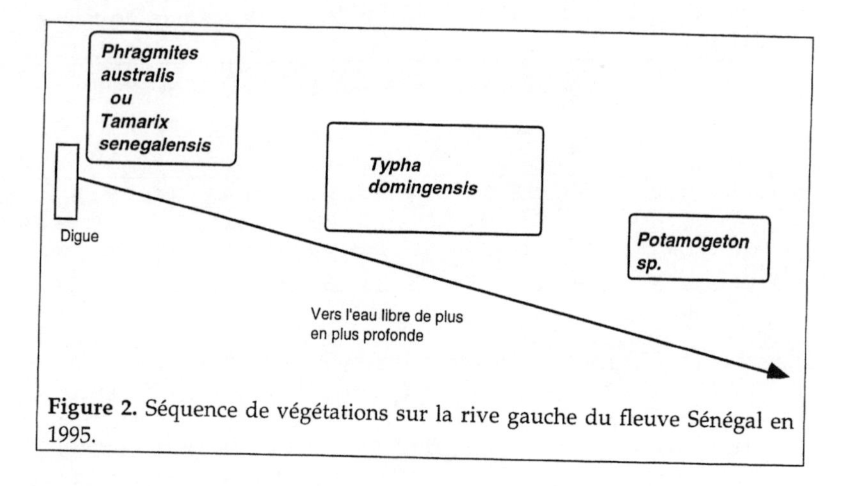

Figure 2. Séquence de végétations sur la rive gauche du fleuve Sénégal en 1995.

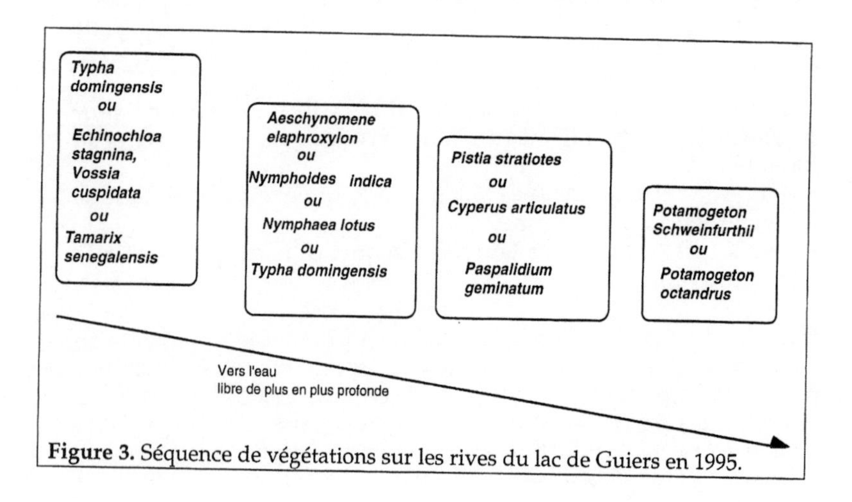

Figure 3. Séquence de végétations sur les rives du lac de Guiers en 1995.

après la mise en place des principaux ouvrages sur le fleuve Sénégal.

♦ Les peuplements de *Typha domingensis*
En 1933 seules quelques taches de *Typha domingensis* (*Typha australis*) étaient signalées le long des marigots de Djeuss et de Lampsar. En 1955, il y a eu une extension spectaculaire de l'espèce dans le lac de Guiers (Trochain,1956). Les superficies occupées par les typhaies étaient alors estimées à près de 1000 ha dans le lac et la basse vallée du Ferlo.

Le développement exubérant de *Typha domingensis* dans le fleuve Sénégal et ses dépendances comme le lac de Guiers est l'une des manifestations les plus visibles des modifications survenues dans la végétation aquatique après la mise en fonction des barrages de Diama et de Manantali. Les observations des peuplements de *Typha domingensis* dans le lac de Guiers au début des années 1990 confirment l'importante extension des peuplements dans l'ensemble du Delta. En 1994, près de 2000 ha sont occupés par *Typha domingensis* dans le seul lac de Guiers.

Le potentiel d'expansion des typhaies dans le Delta est attesté par l'abondance des diaspores de la plante. En juin 1995, celles-ci s'étendaient à perte de vue et donnent au loin, l'impression d'efflorescences de sel apparaissant ça et là entre Dakar Bango et le village de Ronkh. Le même phénomène a été observé dans le lac de Guiers et la basse vallée du Ferlo récemment mise en eau.

♦ Les peuplements de *Pistia stratiotes*
Au cours de 1991-1992, un développement fulgurant de *Pistia stratiotes* a été observé dans le lac de Guiers, surtout dans la partie sud. Le développement du végétal a été tel qu'il constituait une gène pour les populations riveraines dont l'accès à la nappe d'eau libre est devenu très difficile. L'exubérance de *Pistia stratiotes* a été signalée pendant la même période dans le parc ornithologique du Djoudj où elle a proliféré au point d'obstruer certaines voies d'eau (Guiral 1993; Thiam, 1993; Thiam, 1995).

Pistia stratiotes se développe dans les eaux calmes, permanentes ou non, de profondeur indifférente et en milieux eutrophes préférentiellement (Raynal-Roques, 1980). Son aire d'extension est large puisqu'on le retrouve aussi dans les rizières au Vietnam, en

Inde et aux Philippines (Gopal, 1990). Son développement peut d'ailleurs y constituer une gêne importante à l'agriculture.

Pendant la même période *Pistia stratiotes* s'est également développé de façon vigoureuse dans les canaux et les cours d'eau du parc des oiseaux du Djoudj. En mars 1993, plusieurs petits marigots et des canaux du parc étaient en effet obstrués par des populations de *Pistia stratiotes.* Pendant ce temps, très peu d'individus sont visibles dans le fleuve Sénégal entre Richard Toll et le parc du Djoudj.

Dans le lac de Guiers, en septembre 1993, les superficies de *Pistia stratiotes* en face de la digue de Keur Momar Sarr étaient fortement réduites par rapport à mai et juillet 1992. Cette réduction des Pistiaies est liée essentiellement à deux facteurs: l'abaissement drastique du niveau de l'eau pendant une longue période du fait des transferts de volumes d'eau importants vers le Ferlo et l'apparition de nombreux hydrophytes fixés (*Oxycaryum cubense* et *Ludwigia adscendens*) qui ne pouvaient se développer avec une lame d'eau élevée.

♦ Les peuplements de *Potamogeton schweinfurthii* et *Potamogeton octandrus*

Adam (1964), Trochain (1940 et 1956), Thiam (1984) ne signalent pas de *Potamogeton* dans le Delta et le lac de Guiers.

A partir de 1991, des groupements à *Potamogeton schweinfurthii* sont apparus massivement dans le lac de Guiers.

Plus tard, en 1992-1993, *Potamogeton octandrus* a commencé à se développer, particulièrement dans la région centrale du lac et dans les canaux d'irrigation des casiers sucriers de la Compagnie Sucrière Sénégalaise (C.S.S.) et dans le fleuve entre Dagana et le Djoudj.

Potamogeton schweinfurthii est une plante des eaux profondes et calmes (Raynal-Roques, 1980). En Afrique du sud, *Potamogeton schweinfurthii* constitue souvent une entrave à la navigation et représente une première étape vers la disparition de nombreux petits cours d'eau (Dejoux, 1988). Dans la zone nord ouest du lac de Guiers les tapis de *P. schweinfurthii* sont devenus courant 1995, une contrainte importante aux déplacements de bateaux équipés de moteurs hors bord.

♦ Les peuplements de *Tamarix senegalensis* et d'*Acacia nilotica*.
Les peuplements de *Tamarix senegalensis*, d'*Acacia nilotica* qui ceinturent plusieurs ilôts de la région centrale et sud du lac de Guiers sont en nette régression. Le dépérissement de ces espèces est observé également dans le parc du Djoudj. La longue submersion de ces peuplements en serait responsable. Les espaces occupés naguère par *Tamarix senegalensis* et *Acacia nilotica* sont progressivement envahis par *Typha domingensis*.

Conclusion
Les barrages sur le fleuve Sénégal font évoluer la région du Delta vers un système lacustre. Quelques angiospermes aquatiques y trouvent progressivement les conditions favorables à leur extension: faibles variations limnimétrique, adoucissement des eaux et leur enrichissement en nutriments. *Pistia stratiotes*, *Azolla africana*, *Typha domingensis*, *Potamogeton schweinfurthii* et *P. octandrus* sont en expansion. Par contre les peuplements de *Tamarix senegalensis*, d'*Acacia nilotica*, suite à leur submersion prolongée, subissent un dépérissement marqué particulièrement dans le parc du Djoudj et la région orientale du lac de Guiers.

Les angiospermes aquatiques tributaires des changements en cours sont à la recherche d'un équilibre avec les différentes composantes du milieu. Celui-ci dépend pour une bonne part d'une gestion rationnelle des eaux dans l'ensemble du fleuve Sénégal et ses dépendances. Les programmes du futur canal du Cayor et le projet de remise en eau des vallées fossiles initiées par les autorités sénégalaises doivent tenir compte de l'évolution de l'écosystème du Delta dans son ensemble et au niveau de ses différents compartiments.

Les pullulations épisodiques de *Pistia stratiotes* au cours des dernières années sont certes assez spectaculaires et gênantes pour les populations riveraines; cependant, d'autres plantes mériteraient également une attention soutenue. Il s'agit notamment de *Typha domingensis*, de *Potamogeton schweinfurthii*, de *Potamogeton octandrus* et de *Cyperus articulatus*. Ces espèces se développent de manière très importante depuis les années 1990-1991 dans l'ensemble du Delta et le lac de Guiers.

Le développement des cultures irriguées s'accompagne souvent d'une multiplication de la flore adventice dont le contrôle est un problème majeur pour les agriculteurs de la région du fleuve

Sénégal. Il est indispensable dès à présent de chercher à utiliser l'importante biomasse que certains angiospermes aquatiques sont à mesure de produire.

Remerciements
Cette étude a été réalisée dans le cadre du programme de recherche: "incidence des macrophytes aquatiques et du plancton sur la qualité des eaux du lac de Guiers", financé par la région Wallonne de Belgique avec l'appui de la Fondation Universitaire Luxembourgeoise. Nous les remercions très sincèrement pour leur concours.

Références bibliographiques

Adam, J. G. 1960. Quelques plantes adventices des rizières de Richard- Toll. Bull. IFAN 22, (1): 361—384

Adam, J.G. 1964. Contribution à l'étude de le végétation du lac de Guiers (Sénégal). Bull. IFAN 26, (1): 1—72.

Cogels, F. X., A. Thiam & J. Y. Gac. 1993. Premiers effets des barrages du fleuve Sénégal sur le lac de Guiers. Rev. Hydrobiologie tropicale, 26, (2): 105—117.

Dejoux, C. 1988. La pollution des eaux continentales africaines. Ed. ORSTOM ,Travaux et Documents n°213, Paris, 513 p.

Gopal, B. 1990. Aquatic weed problems and management in Asia. In: Aquatic Weeds. The Ecology and Management of Nuisance Aquatic vegetation. Ed. by Pieterse A and Murphy K.J. Oxford Science Publications, Oxford, 593 p.

Guiral, D. 1993. Situation, étude et contrôle des végétations aquatiques dans le parc national du Djoudj (Sénégal). Rapport mission Djoudj 2 au 18 décembre 1993, ORSTOM, Montpellier, 33 p.

Lebrun, J. 1973. Enumération des plantes vasculaires du Sénégal. I.E.M.V.T. Etude botanique n°2: 1—209

Raynal-Roques, A. 1980. Les plantes aquatiques (plantes à fleur et fougères). In: Flore et Faune aquatiques de l'Afrique sahélo-soudanienne, Tome 1 Ed. Durand J.R. et Lévêque C, ORSTOM, collection Initiations-Documentations Techniques n°44, Paris, 389 p.

Thiam, A. 1984. Contribution à l'étude phyto-écologique de la zone de décrue du lac de Guiers. Thèse de doctorat de 3e cycle en sciences de l'environnement. ISE, Faculté des Sciences, Université de Dakar, 105 p.

Thiam, A. et al. 1993. Macrophytes aquatiques et zooplancton du lac de Guiers (Sénégal). Rapport projet ISE/FUL, Univ. Ch. A. Diop, 53 p.

Thiam, A. et al. 1995. Macrophytes aquatiques du lac de Guiers et groupements végétaux aquatiques de la basse vallée du Ferlo. Echanges hydrogéologiques entre les eaux du lac de Guiers et la nappe alluviale superficielle sous-jacente. Rapport projet ISE/FUL, Univ. Ch. A. Diop, 73 p.

Trochain, J. L. 1956. Rapport préliminaire de mission botanique au Sénégal. Doc. miméogr. Faculté des Sciences, Montpellier.

Annexe. Liste des angiospermes rencontrées dans le delta du fleuve Sénégal et le lac de Guiers en milieu aquatiques et inondables (nomenclature selon Lebrum, 1973).

Aïzoaceae
Sesuvium portulacastrum
Amaranthaceae
Achyranthes porphyrostachya
Aerva javanica
Amaranthus viridis
Centrostachys aquatica
Philoxeus vermicularis
Araceae
Pistia stratiotes
Asclepiadaceae
Calotropis procera
Asteraceae
Ambrosia maritima
Eclipta prostrata
Launaea intybacaea
Tridax procumbens
Boraginaceae
Coldenia procumbens
Heliotropium bacciferum
Capparidaceae
Gynandropis gynandra
Cleome tenella
Ceratophyllaceae
Ceratophyllum demersum
Caesalpiniaceae
Bauhinia rufescens
Parkinsonia aculeata
Piliostigma retiulatum
Chenopodiaceae
Arthrocnenum glaucum
Salsola baryosma
Convolvulaceae
Cressa cretica
Ipomoea coptica
Ipomoea aquatica
Cucurbitaceae
Colocynthis citrullus
Cyperaceae
Cyperus alopecuroides
Cyperus articulatus
Cyperus esculentus
Cyperus difformis
Cyperus digitatus
Cyperus dives
Cyperus laevigatus
Cyperus maculatus
Cyperus rotondus
Pycreus mocrastachyos
Pycreus polystachyos
Scirpus cubensis
Scirpus maritimus
Scirpus littoralis
Gramineae (Poaceae)
Brachiaria lata
Brachiaria mutica
Chloris prieurii
Cynodon dactylon
Dactyloctenium aegyptium
Digitaria perrotteti
Diplachne fusca
Echinochloa colona
Echinochloa pyramidalis
Echinochloa stagnina
Oryza longistaminata
Oryza Barthii
Panicum repens
Paspalidium geminatum
Paspalum vaginatum
Phragmites australis
Sporobolus robustus
Sporobolus spicatus
Vetiveria nigritana
Vossia cuspidata
Hydrocharitaceae
Vallisneria aethiopica
Lemnaceae
Azolla africana
Lemna paucicostata
Lentibulariaceae
Utricularia stellaris
Lythraceae
Ammania senegalensis
Lythrum hyssopifolia
Marsileaceae
Marsilea sp.
Menyanthaceae
Nymphoides ezannoi
Nymphoides indica
Mimosaceae
Acacia nilotica
Acacia sieberiana
Acacia tortilis
Mimosa pigra
Neptunia olearcea
Najadaceae
Najas horrida
Nympheaceae
Nymphaea lotus
Nymphaea micrantha
Onagraceae
Ludwigia adscendens
Ludwigia leptocarpa
Papilionaceae
Aeschynomene elaphroxylon
Aeschynomene indica
Sesbania leptocarpa
Polygonaceae
Polygonum senegalense
Portulacaceae
Portulaca foliosa
Potamogetonaceae
Potamogeton schweinfurthii
Potamogeton octandrus
Rhamnaceae
Ziziphus mauritiana
Rhizophoraceae
Rhizophora racemosa
Rubiaceae
Borreria verticillata
Salvadoraceae
Salvadora persica
Sphenocleaceae
Sphenoclea zeylanica
Scrophulariaceae
Scoparia dulcis
Tamaricaceae
Tamarix senegalensis
Typhaceae
Typha domingensis
Typha australis
Verbenaceae
Avicennia africana
Zygophyllaceae
Balanites aegyptiaca
Prosopis chilensis

BIODIVERSITÉ DE LA FLORE AQUATIQUE ET SEMI-AQUAQTIQUE AU BURKINA FASO

Louis R. OUÈDRAOGO et Sita GUINKO

Résumé
Ouèdraogo, L. R. & S. Guinko. 1998. Biodiversité de la flore aquatique et semi-aquaqtique au Burkina Faso. *AAU Reports* **39**: 259—273. — Sous les effets de la sécheresse qui perdure en milieu soudano-sahélien depuis quelques années, les zones humides du Burkina Faso sont devenues des points de concentration de nombreuses activités anthropiques et zoologiques. Les plans d'eau, leur pourtour et leur prolongement dans les bassins versants restent cependant des sites privilégiés présentant encore une riche diversité biologique. Des observations conduites au niveau de plusieurs plans d'eau de trois zones phytogéographiques différentes du Burkina Faso, notamment la Mare aux Hippopotames en zone sud-soudanienne, les barrages de Ouagadougou en zone nord-soudanienne, les mares d'Oursi et de Yomboli en zone sahélienne, indiquent que ces plans d'eau s'enrichissent progressivement en hydrophytes, du climat soudanien au climat sahélien. Dans le même sens, ils s'appauvrissent en espèces ligneuses au profit des espèces herbacées.

Mots clés: Burkina Faso - Plans d'eau - Diversité biologique - Flore - Espèces - Hydrophytes.

Introduction

Des observations conduites dans divers plans d'eau au Burkina, dans les trois principales zones phytogéographiques (sud-soudanienne, nord-soudanienne et sahélienne), Richard-Molard (1956) et Guinko (1984), nous ont incité à comparer la flore inventoriée. Cette comparaison montre une différence qualitative et quantitative au niveau des espèces rencontrées. Traoré (1985) dans une précédente étude en Côte d'Ivoire en climat guinéen n'avait signalé que la présence d'une dizaine d'espèces aquatiques. Ce résultat et les observations conduites au Burkina semblent indiquer que plus le climat est humide, moins on y rencontre de plantes strictement aquatiques. D'autre part, si les bordures des mares sahéliennes sont plus dénudées, celles des plans d'eau en climat soudanien sont ceinturées de formations ligneuses ripicoles. L'analyse de la flore et de la végétation fournit des informations et autorise des hypothèses explicatives.

1. Généralités sur les zones étudiées

1.1. LE MILIEU ET LES PARAMÈTRES ÉCOLOGIQUES

1 .1.1. La Mare aux Hippopotames

La Mare aux Hippopotames, plan d'eau permanent à superficie variant entre 120 et 660 ha suivant la période, est une Réserve Mondiale de la Biosphère. Elle est située géographiquement à une soixantaine de kilomètres au nord de Bobo-Dioulasso, entre 11° 30' et 11° 45' de latitude Nord, 4° 05' et 4° 12' de longitude Ouest. Cette réserve constitue un écosystème d'une richesse exceptionnelle tant sur les plans floristique que zoologique (avifaune surtout).

Cette zone à climat soudanien connaît une pluviométrie moyenne annuelle de 1100 mm (AGRHYMET,1991). Les températures moyennes minima et maxima sont respectivement de 21,3 °C et de 32,8 °C.

Les eaux de la Mare aux Hipppopotames sont chaudes (28,6 °C), carbonatées (109,3 mg/l), légèrement calciques (13,7 mg/l), magnésiennes (21,7 mg/l), chlorées (36,6 mg/l) et ont une bonne conductivité (145 µS/cm); elles sont donc bien minéralisées.

1 .1.2. Les plans d'eau de Ouagadougou

Ils se situent géographiquement à 12° 22' de latitude Nord et 1° 32' de longitude Ouest, au centre du pays et forment un chapelet de 4 retenues artificielles d'une capacité de 7,2 millions de m^3. Dans ces eaux se déroulent de nombreuses activités anthropiques dont des rejets solide et liquide. La pluviométrie annuelle moyenne est de 742,5 mm au cours d' une saison pluvieuse de 3 à 4 mois, qui s'installe de fin juin à début octobre. Les températures sont élevées; on enregistre 34,8 °C pour les maxima et 21,5 °C pour les minima. L'évaporation est élevée (plus de 2600 mm/an).

Les eaux des barrages de Ouagadougou sont chaudes (28,5 °C), pauvres en gaz dissous (6 mg/l pour l'oxygène, 22,2 mg/ pour le gaz carbonique), turbides, dures (8 pour le pH et 39,7 mg/l pour le calcium), riches en nitrates (3,5 mg/l) et phosphates (0,25 mg/l) à certaines périodes de l'année (Ouèdraogo, 1990; Zongo, 1990 et 1994).

1.1.3. La Mare sahélienne d'Oursi.
La Mare d'Oursi, d'une superficie de 1200 ha environ, naguère pérenne, se situe à l'extrême nord du Burkina Faso dans la province de l'Oudalan à 14° 33' et 14° 41' de latitude Nord, 0° 26' et 0° 40' de longitude Ouest. Dans cette région, la saison sèche dure 9 mois. La pluviométrie moyenne annuelle est de 340,2 mm. Les températures moyennes y sont très élevées et oscillent entre 28,8 °C de minima et 35,9 °C de maxima. L'évaporation y dépasse 3000 mm/an (Chevalier et al., 1991). Le vent y est également un paramètre écologique très important.

Les eaux de la Mare d'Oursi sont chaudes (plus de 25 °C de moyenne), faiblement minéralisées en calcium (3,4 mg/l), à pH légèrement acide et à gaz dissous moyens (7 mg/l pour l'oxygène). Elles ont une bonne conductivité (130 à 165 µS/cm suivant la période).

Cette Mare subit d'intenses activités anthropo-zoogènes. En effet, elle constitue l'une des principales réserves d'eau et de fourrage en saison sèche dans cette région sahélienne du Burkina Faso. Selon Grouzis (1988), on y dénombre par jour 8000 à 15000 têtes de bétail dont l'impact sur le milieu est très important (déjections, piétinement, surpâturage, apport d'espèces zoochores, etc.).

L'étude comparative des différents paramètres écologiques des trois milieux montre de nombreuses simulitudes, mais aussi quelques différences. On note cependant que les mares en milieu urbain sont riches en nitrates et phosphates, résultant d'une certaine pollution du milieu.

I.2. LA VÉGÉTATION DES MILIEUX ÉTUDIÉS

1.2.1. Cas de la Mare aux Hippopotames
La mare et sa périphérie présentent plusieurs unités de paysage qui sont:

- une prairie aquatique à *Ceratophyllum demersum* et *Oxycaryum cubense;*
- une végétation ligneuse ripicole à deux strates, l'une arbustive à *Mimosa pigra, Phyllanthus reticulatus, Morelia senegalensis, Rytigynia senegalensis, Ficus congensis, Ficus asperifolia,*

Pterocarpus santalinoides, et *l'autre arborée à Mitragyna inermis, Crateva religiosa*, etc;
- des forêts galeries, des forêts denses sèches, et des forêts claires à *Cola cordifolia, Ceiba pentendra, Anogeissus leiocarpus* etc;
- différentes savanes à Combretaceae.

La végétation aquatique et semi-aquatique comprend une prairie aquatique occupant les parties centrales de la mare, puis une végétation hélophyte ligneuse ripicole. L'analyse des rélévés réalisés dans les diffférentes formations selon la méthode de Braun -Blanquet et les transects de Duvigneaud ont permis la mise en évidence de trois associations et deux sous-associations végétales qui sont:
- une association à *Ceratophyllum demersum* et *Oxycaryum cubense* et sa sous-association à *Pycreus mundtii* et *Ludwigia stenoraphe;*
- une association à *Mimosa pigra* et *Phyllanthus reticulatus* et sa sous-association à *Morelia senegalensis* et *Rytigynia senegalensis;*
- une association à *Mitragyna inermis* et *Vetiveria nigritana.*

Cette végétation a une composition floristique assez riche que présente les tableaux 1 et 2.

1.2.3. La végétation des plans d'eau des barrages de Ouagadougou

Les plans d'eau des barrages de Ouagadougou et leur périphérie sont totalement anthropisés, intégrés à l'écologie du milieu urbain. Ils sont ceinturés de vergers. En saison sèche, les zones abandonnées par les eaux sont emblavées de cultures maraîchères. Les argiles sédimentaires sont exploitées par les briquetiers, laissant ainsi un sol à surface chaotique. Ces activités diverses et les pollutions solide et liquide, créent des biotopes particuliers favorables à l'installation de la végétation aquatique et semi-aquatique comprenant de nombreuses espèces anthropophiles et affectionnant les milieux eutrophes (*Cyperus alopecuroides, Eichhornia crassipes, Pistia stratiotes, Ludwigia adscendens, Alternanthera sessilis, Hygrophila auriculata, Epaltes alata*, etc.).

L'étude de la végétation aquatique a mis en évidence l'existence de 5 associations et 4 sous-associations:
- une association à *Nymphaea lotus* et *Vossia cuspidata* comprenant deux sous-associations, une à *Ludwigia adscendens*

Tableau 1. Flore immergée ou émergée flottante.

Espèces	Familles	FB	DG	MH	BO	MO
Aeschynomene crassicaulis	Fabaceae	Hy.ém.rd	A SG		+	
Azolla africana	Azollaceae	Hy.fl.nrd	A GC-SZ	+	+	
Bergia capensis	ELatineae	Hy.ém.rd	As CG-SZ			+
Butomopsis latifolia	Limnocharitaceae	Hy.ém.rd	AsAu GCS			+
Ceratophyllum demersum	Ceratophyllaceae	Hy.im.nrd	Cosm GC-SZ	+		
Chara fibrosa	Characeae	Hy.im.nrd	PT GC-SZ		+	+
Eichhornia crassipes	Pontederiaceae	Hy.fl.nrd	pt GC-SZ		+	
Eichhornia natans	Pontederiaceae	Hy.im.rd	Am SZG			+
Eleocharis atropurpurea	Cyperaceae	Hy.im.rd	pt SZ			+
Heteranthera callifolia	Pontederiaceae	Hy.ém.rd	A GC-SZ		+	+
Ipomoea aquatica	Convolvulaceae	Hy.ém.rd	PT GC-SZ	+	+	+
Lagarosiphon schweinfurthii	Hydrocharitaceae	Hy.im.rd	A SG		+	+
Lemna aequinoctialis	Lemnaceae	Hy.fl.nrd	Cosm GC-SZ	+	+	+
Lemna valdiviana	Lemnaceae	Hy.fl.nrd	Am Sa-So			+
Ludwigia adscendens	Onagraceae	Hy.ém.rd	pt GC-SZ	+	+	
Marsilea diffusa	Marsileaceae	Hy.fl.rd	AM GC-SZ		+	+
Marsilea subterranea	Marsileaceae	Hy.fl.rd	A Sa-So			+
Marsilea trichopoda	Marsileaceae	Hy.fl.rd	A Sa-So			+
Najas pectinata	Najadaceae	Hy.im.rd	AM SG	+	+	+
Najas welwitschii	Najadaceae	Hy.im.rd	As GC-SZ			+
Neptunia oleracea	Mimosaceae	Hy.ém.rd	pt GC-SZ	+	+	+
Nitella africana	Characeae	Hy.im.rd	AM SG			+
Nymphaea lotus	Nymphaeaceae	Hy.fl.rd	AEAs GC-SZ	+	+	+
Nymphaea maculata	Nymphaeaceae	Hy.fl.rd	A GC-SZ			+
Nymphaea micrantha	Nymphaeaceae	Hy.fl.rd	A GC-SZ	+	+	+
Nymphaea rufescens	Nymphaeaceae	Hy.fl.rd	A SG			+
Nymphoides ezannoi	Menyanthaceae	Hy.ém.rd	AEAS SZ			+
Ottelia ulvifolia	Hydrocharitaceae	Hy.im.rd	AM SZ			+
Pistia stratiotes	Araceae	Hy.fl.nrd	Cosm GC-SZ	+	+	+
Sagittaria guayanensis	Alismataceae	Hy.fl.rd	MmAs SG			+
Trapa natans	Trapaceae	Hy.fl.rd	Cosm GC-SZ	+		
Utricularia exoleta	Utriculariaceae	Hy.im.nrd	MAs SG	+	+	+
Utricularia reflexa	Utriculariaceae	Hy.im.nrd	AM SG			+
Utricularia stellaris	Utriculariaceae	Hy.im.nrd	MAsAu SG		+	+
Utricularia thonningii	Utriculariaceae	Hy.im.nrd	MAs SG	+		
Wolffiella welwitschii	Lemnaceae	Hy.fl.nrd	AN Sa-So	+		+
36	21	6	13 et 6	14	17	28

Légende: voir Annexe

Tableau 2. Diversité et distribution de la flore hélophyte et hydrophyte accidentelle des trois mares étudiées.

Espèces	Familles	FB	DG	MH	BO	MO
Acacia nilotica var. *nilotica*	Mimosaceae	Hé.mP	As Sa-So		+	+
Acacia sieberiana	Mimosaceae	HyA.mP	A GC-SZ	+	+	
Aeschynomene afraspera	Fabaceae	Hé.Th.	A GC-SZ		+	+
Aeschynomene indica	Fabaceae	Hé.Th.	MmAAs GC	+		+
Aeschynomene nilotica	Fabaceae	Hé.mp	SZ			
Aeschynomene sensitiva	Fabaceae	Hé.np	AmAs GC-SZ	+		
Alchornea cordifolia	Euphorbiaceae	HyA.Lmp	AMm GC-SZ	+	+	
Alternanthera sessilis	Amaranthaceae	Hé.Ch	A GCS	+		

Tableau 2, suite. Diversité et distribution de la flore hélophyte et hydrophyte accidentelle des trois mares étudiées.

Espèces	Familles	FB	DG	MH	BO	MO
Ambrosia maritima	Asteraceae	HyA.Ch	pt GC-SZ	+	+	+
Ammannia prieureana	Lythraceae	Hé.Ch	PT GC-SZ			
Andropogon africanus	Poaceae	HyA.Hc	A SZG	+		
Aniseia martinicensis	Convolvulacea	HyA.Lmp	A GC-SZ	+	+	+
Bergia suffruticosa	Elatineae	HyA.Ch	pt GC-SZ			+
Brachiaria mutica	Poaceae	Hé.Hc	As Sa-So	+		+
Bulboschoenus maritimus	Cyperaceae	Hé.Gt	PT GC-SZ		+	
Cardiospermum halicacabum	Sapindaceae	HyA.Lmp	Cosm SG	+		
Cassia mimosoides	Caesalpiniace	HyA.Th	pt GC-SZ	+	+	+
Cassia obtusifolia	Caesalpiniace	HyA.Th	As SG		+	
Centrostachys aquatica	Amaranthaceae	Hé.Th	pt GC-SZ			
Cissampelos mucronata	Menispermacea	Hé.Lmp	As GC-SZ	+	+	
Commelina diffusa	Commelinaceae	HyA.Gr	A SZ	+	+	
Crateva religiosa	Capparidaceae	Hé.mP	pt GC-SZ	+		
Cyclosorus striatus	Telypteridace	Hé.Ch	PT SZ	+	+	+
Cynodon dactylon	Poaceae	HyA.Hc	A GC-SZ	+	+	+
Cyperus alopecuroides	Cyperaceae	Hé.Hc	Cosm GC-SZ		+	
Cyperus difformis	Cyperaceae	Hé.Th	PT SG-Sa	+	+	+
Cyperus digitatus	Cyperaceae	Hé.Hc	ptSG	+		
Cyperus imbricatus	Cyperaceae	Hé.Hc	pt GC-SZ	+	+	+
Cyperus iria	Cyperaceae	Hé.Th	pt SG			+
Cyperus maculatus	Cyperaceae	Hé.Gt	pt GC-SZ			+
Cyperus pectinatus	Cyperaceae	Hé.Gr	AM GC-SZ	+		
Danthiopsis sp	Poaceae	HyA.Hc	AM GC-SZ	+		
Diospyros elliotii	Ebenaceae	HyA.mp	A GC-SZ	+	+	+
Echinochloa colona	Poaceae	Hé.Th	A SZ	+	+	
Echinochloa pyramidalis	Poaceae	Hé.Hc	pt GC-SZ		+	+
Echinochloa stagnina	Poaceae	Hé.Hc	A GCS	+	+	+
Eclipta prostrata	Asteraceae	HyA.Ch	As GC-SZ	+	+	+
Eleocharis acutangula	Cyperaceae	Hé.Gr	pt GC-SZ		+	+
Eleocharis dulcis	Cyperaceae	Hé.Gr	pt SG			+
Eleocharis decoriglumis	Cyperaceae	Hé.Th	PT SG			+
Eragrostis pilosa	Poaceae	HyA.Hc	A SZ			
Ethulia conizoides	Asteraceae	HyA.Th	pt SG	+		
Ficus asperifolia	Moraceae	HyA.Lmp	PT GC-SZ	+		
Ficus congensis	Moraceae	Hé.mP	A GC-SZ	+		
Fuirena umbellata	Cyperaceae	Hé.Th	AM GC-SZ	+		
Herderia truncata	Asteraceae	HyA.Ch	PT SG	+	+	
Hygrophila auriculata	Acanthaceae	Hé.Th	A SG	+		
Hyptis lanceolata	Acanthaceae	Hé.Th	PT SG	+	+	+
Indigofera microcarpa	Papilionaceae	HyA.Ch	Am SG		+	
Ipomoea rubens	Convolvulacea	Hé.Lmp	Mm SZ	+		
Leersia hexandra	Poaceae	Hé.Hc	pt GC-SZ	+	+	+
Limnophyton obtusifolium	Alismataceae	Hé.Th	pt GC-SZ	+	+	
Ludwigia abyssinica	Onagraceae	Hé.np	MAs GC-SZ	+		+
Ludwigia erecta	Onagraceae	Hé.Th	pt GC-SZ		+	
Ludwigia suffruticosa	Onagraceae	Hé.Th	pt GC-SZ			
Ludwigia stenoraphe	Onagraceae	Hé.np	A GCS	+	+	+
Melochia corchorifolia	Tiliaceae	Hé.Th	A GC-SZ	+	+	
Merremia hederacea	Convolvulacea	HyA.Lmp	pt GC-SZ	+	+	
Mimosa pigra	Mimosaceae	Hé.np	PT GC-SZ	+		
Mitragyna inermis	Rubiaceaeeeae	Hé.mP	A SZ	+	+	
Morelia senegalensis	Rubiaceaeeeae	Hé.mp	pt GC-SZ	+		
Oryza barthii	Poaceae	Hé.Th.	A SZ		+	+

Tableau 2, suite. Diversité et distribution de la flore hélophyte et hydrophyte accidentelle des trois mares étudiées.

Espèces	Familles	FB	DG	MH	BO	MO
Oryza longistaminata	Poaceae	Hé.Gr.	A GC-SZ		+	+
Oxycaryum cubense	Cyperaceae	Hé.Gr	MAm GCSZ	+	+	
Oxystelma bornouense	Asclepiadaceae	HyA.Lmp	A GC-SZ	+	+	
Panicum anabaptistum	Poaceae	Hé.Th	A SG	+	+	+
Panicum fluviicola	Poaceae	Hé.Hc	A GC-SZ	+		
Panicum laetum	Poaceae	HyA.Th	A SZ		+	+
Panicum subalbidum	Poaceae	HyA.Th	A SG	+	+	+
Paspalum polystachyum	Poaceae	Hé.Ch	A SG	+	+	
Pentodon pentendrus	Rubiaceae	Hé.Th	A SG	+		
Phyla nodiflora	Acanthaceae	Hé.Ch	pt SG		+	+
Phyllanthus reticulatus	Euphorbiaceae	HyA.Ch	A GC-SZ	+	+	
Polygonum lanigerum	Polygonaceae	Hé.np	PT GC-SZ	+	+	
Polygonum limbatum	Polygonaceae	Hé.np	AsAu SZ	+	+	+
Polygonum pulchrum	Polygonaceae	Hé.np	PT GC-SZ	+	+	
Polygonum salicifolium	Polygonaceae	Hé.np	AE GC-SZ	+		
Polygonum senegalense	Polygonaceae	Hé.np	A GC-SZ	+	+	
Pterocarpus santalinoides	Fabaceae	HyA.mP	AN GC-SZ	+		
Pycreus macrostachyos	Cyperaceae	Hé.Lmp	pt SZG	+	+	+
Pycreus mundtii	Cyperaceae	Hé.Th	Am GC-SZ	+		
Rhynchospora corymbosa	Cyperaceae	Hé.Gr	pt SG	+		
Rytigynia senegalensis	Rubiaceae	HyA.mp	A GC-SZ	+		
Schoenoplectus articulatus	Cyperaceae	Hé.Th	PT SZ-Sa			+
Schoenoplectus corymbosus	Cyperaceae	Hé.Hc	AM SG			+
Schoenoplectus senegalensis	Cyperaceae	Hé.Th	PT SZG			+
Sesbania rostrata	Fabaceae	Hé.Th	AM SG			+
Sesbania sesban	Fabaceae	Hé.np	PT SZ	+		
Sphenoclea zeylanica	Sphenocleaceae	Hé.Th	A GC-SZ	+		+
Sporobolus pyramidalis	Poaceae	HyA.Hc	A GC-SZ	+		
Stachytarpheta angustifolia	Verbenaceae	HyA.Ch	A SG	+	+	
Tacazzea apiculata	Asclepiadaceae	HyA.Lmp	A GC-SZ	+		
Vetiveria nigritana	Poaceae	Hé.Hc	A GC-SZ	+	+	
Vossia cuspidata	Poaceae	Hé.Hc	A GC-SZ	+	+	+
94	26	15	16 et 8	66	51	41

Légende: voir Annexe

et *Eleocharis dulcis* et l'autre à *Aeschynomene crassicaulis* et *Polygonum limbatum*;

- une association à *Pistia stratiotes* et *Lemna aequinoctialis*;
- une association à *Oryza longistaminata* et *Cyperus digitatus* des bordures à sol lourd argileux faiblement inondé (0,50 m);
- une association à *Oryza barthii* et *Eleocharis acutangula* des mares des cuirasses latéritiques peu profondes;
- une association à *Glinus lotoides* et *Polygonum plebeium* enrichie de deux sous-associations, dont l'une à *Stachytarpheta angustifolia* et *Polycarpon prostratum* et l'autre à *Gnaphalium indicum* et *Heliotropium indicum*. Cette association et ses sous-

associations s'établissent sur la laisse après le retrait de l'eau sur le sol humide.

L'ensemble de la végétation a une composition floristique assez complexe telle que l'indique les tableaux 1 et 2.

1.2.4. La végétation aquatique et semi-aquatique de la mare d'Oursi.

Le peuplement végétal dans la zone sahélienne connaît une évolution régressive (Guinko, 1984). Les sécheresses chroniques semblent en être la cause première selon Ouèdraogo et Ganaba (1994). Les bas-fonds et les zones humides sous l'influence des mares sont des sites privilégiés de diversité biologique. Ainsi, de la zone sous eau à la zone exondée sèche, on distingue plusieurs strates de végétation:

- une prairie aquatique basse et moyenne coupée parfois d'îlots d'*Acacia nilotica;*
- des micro-savanes arborées à forte densité ligneuse, situées à la périphérie des mares, dominées par le genre *Acacia (Acacia nilotica var. adansonii, A. laeta, A. seyal, A. senegal, A. raddiana, ...)* au quel s'ajoutent *Balanites, Piliostigma, Ziziphus et Bauhinia.*

Au delà de ces reliques, on rencontre des steppes arborée et arbustive à *Acacia* et *Combretum,* qui constituent la dominante dans la région, puis une steppe herbeuse à *Schoenefeldia gracilis* et *Cenchrus biflorus.*

Les études phytosociologiques menées dans la région, notamment au niveau des mares, ont mis en évidence 7 associations et 3 sous-associations au sein de la prairie aquatique, se structurant en fonction de la profondeur de l'eau et des conditions édaphiques. Ainsi, des zones profondes à la périphérie de la mare on distingue:

- une association à *Nymphaea lotus* et ses deux sous-associations, l'une à *Eleocharis acutangula* et *Limnophyton obtusifolium* et l'autre à *Marsilea diffusa* et *Sphenoclea zeylanica;*
- une association à *Oryza barthii;*
- une association à *Oryza longistaminata;*
- une association à *Brachiaria mutica* et *Polygonum limbatum* et sa sous-association à *Phyla nodiflora;*
- une association à *Nymphoides ezannoi* et *Sagittaria guayanensis;*
- une association à *Echinochloa colona;*
- une asociation à *Grangea maderaspatana.*

La composition floristique assez complexe de cette végétation est donnée par les tableaux 1 et 2. La légende des mots abrégés figure en annexe.

2. Diversité de la flore hydrophyte et hélophyte des trois milieux étudiés

2.1. CAS DES HYDROPHYTES DES TROIS MILIEUX

2.1.1. Analyse du tableau floristique

Au niveau des trois types de plan d'eau, 36 hydrophytes ont été repertoriés, dont le tableau 1 établit la distribution. Cette flore comprend 21 familles et 25 genres. On constate une disparité dans la répartition des espèces. La Mare aux Hippopotames et les plans d'eau des Barrages de Ouagadougou comportent respectivement, 14 et 17 espèces tandis que la Mare d'Oursi en compte 28, soit 77,7 % des hydrophytes recensés.

Si la différence quantitative des hydrophytes de la Mare aux Hippopotames et ceux des Barrages de Ouagadougou ne paraît pas significative (14 et 17), la Mare sahélienne d'Oursi présente une plus grande diversité biologique, avec 28 espèces.

En établissant une relation entre ces valeurs et celles de l'étude de Traoré (1985) en climat guinéen en Côte d'Ivoire où une dizaine d'hydrophytes seulement a été recensée, on peut émettre l'hypothèse selon laquelle le climat jouerait un rôle important dans la colonisation du milieu aquatique par les hydrophytes, milieu en apparence homogène et stable. Les plans d'eau en milieu aride offrant une meilleure colonisation en hydrophytes. Cette hypothèse mériterait d'être davantage creusée.

2.1.2. Analyse des types biologiques de la flore aquatique

Ils sont assez diversifiés (6 formes sont reconnues) et leur répartition assez équilibrée, avec cependant une prépondérance des hydrophytes flottants enracinés (cas des Nénuphars) qui représentent 27,7% de la flore, suivi des hydrophytes immergés et émergés enracinés avec 19,4%. Sont en proportion non moins importante, les hydrophytes immergés non enracinés et les hydrophytes flottants non enracinés (tab. 3).

Tableau 3. Les types biologiques reconnus.

T	Hé.rd.ém	Hy.rd.fl	Hy.nrd.fl	Hy.rd.im	Hy.nrd.im	Hy.rd.imA
%	19,4	27,7	13,8	19,4	13,8	5,5

Légende (voir Annexe):
TB = Type biologique; % = proportion en pourcentage

2.1.3. Analyse de la distribution géographique de la flore

La flore repertoriée est très diversifiée. Sur le plan mondial, les espèces qui la composent proviennent de 13 domaines phytogéographiques, comme l'indique le tableau 4 ci-dessous. Toutefois, on remarque une nette prédominance des espèces africaines (25%), suivies des afro-malgaches (13,8%), des espèces pantropicales, ainsi que cosmopolites. En chorologie régionale, ce sont les espèces guinéo-congolaises et soudano-zambèziennes qui dominent, suivies des soudano-guinéennes, puis des espèces sahélo-soudaniennes.

Tableau 4. Distribution géographique des espèces aquatiques

CHOROLOGIE MONDIALE EN %												
A	AEAs	AM	Am	AN	As	AsAu	Cosm	MAs	MAsAu	MmAs	PT	pt
2,5	2,7	13,8	2,7	2,7	5,5	2,7	11,1	2	2,7	2,7	5,5	13,8

CHOROLOGIE AFRICAINE EN %					
GC-SZ	GCS	SG	Sa-So	SZ	SZG
47,2%	2,8%	27,8%	11,1%	8,3%	2,8%

Légende: voir Annexe

2.2. CAS DE LA FLORE HÉLOPHYTE ET HYDROPHYTE ACCIDENTELLE DES MILIEUX ÉTUDIÉS

Au niveau des plans d'eau des trois zones climatiques, 94 espèces ont été inventoriées; la flore est riche et diversifiée. Le tableau 4 établit la distribution de cette flore dans les trois zones. Il présente des chiffres décroissants de la Mare aux Hippopotames à la Mare d'Oursi, soit respectivement 66 , 51 et 41 espèces (tab. 2). Le climat soudanien humide est donc favorable au développement de la flore hélophyte (hydrophytes facultatifs) et hygrophile.

2.2.1. Analyse des Formes biologiques rencontrées
Les formes biologiques rencontrées au sein de cette flore sont assez diversifiées; 16 types ont été reconnus, dont le tableau 5 en présente les différentes proportions.

Tableau 5. Les types biologiques de la flore semi-aquatique et accidentelle

Hé.Ch	Hé.Hc	Hé.Gr	Hé.Th	Hé.Lmp	Hé.mP	Hé.mp	Hé.np	HyA.Ch	HyA.Hc	HyA.Lmp	HyA.mP	HyA.mp	HyA.np	HyA.Th
5,3%	12,7%	9,6%	24,5%	6,4%	5,3%	4,3%	9,6%	5,3%	4,3%	3,2%	3,2%	1%	1%	4,3%

Légende: voir Annexe

On note une proportion appréciable des phanérophytes toutes formes confondues, qui sont de 32 espèces, soit 34%. La Mare aux Hippopotames elle seule rassemble 28 espèces, soit 29,8% de l'ensemble de cette flore semi-aquatique et aquatique accidentelle et 87,5% des phanérophytes hygrophiles. Dans les barrages de Ouagadougou, 15 espèces ont été rencontrées et 4 seulement à la Mare sahélienne d'Oursi.

De ces résultats, il ressort que le nombre d'hydrophytes ligneux décroît de la zone soudanienne, à la zone sahélienne. Par contre, au niveau des hydrophytes herbacés c'est l'inverse; leur nombre croît dans le même sens. L'aridité croissante du milieu, de la zone soudanienne à la zone sahélienne semble en être la cause principale, point de vue partagée par Aubreville dans ses travaux en 1949 parlant de la sahélisation de la zone soudanienne.

A la suite des phanérophytes, et par ordre d'importance, se classent les hélo-thérophytes (24,5%), les hélo-hémicryptophytes (12,7%), les hélo-géophytes rhizomateux (9,6%), et les hélo-chaméphytes (5,3%). Les proportions des hydrophytes accidentels sont de 22,3% pour l'ensemble des trois milieux et 17% pour la Mare aux Hippopotames; cette mare en héberge donc l'essentielle des espèces. Ce qui est remarquable.

Les différentes proportions observées mettent en exergue la complexité floristique de la végétation des milieux aquatiques.

Les espèces suivantes, habituellement terrestres se rencontrent couramment dans la prairie aquatique, montrant de ce fait un comportement d'hélophytes et sont ainsi partie intégrante de la limnophytie: *Commelina diffusa, Eclipta prostrata, Cardiospermum halicacabum, Stachytarpheta angustifolia, Herderia truncata, Ambrosia maritima, Ficus asperifolia, Oxystelma bornouense, Rytigynia senegalensis, Hyptis lanceolata* etc.

Le processus évoluant déjà depuis plusieurs années, la tendance semble donc à l'adaptation de nombreuses espèces terrestres à la vie aquatique. Ces observations crédibilisent la thèse de Arber (1920) et Raynal-Roques (1981) selon laquelle, il y aurait une tendance à un retour des espèces terrestres au milieu aquatique.

2.2.2. Analyse de la distribution géographique

La flore des plans d'eau étudiés montre de fortes affinités avec celle du reste du monde. Elle provient de 16 domaines phytogéographiques. On note toutefois une prépondérance des espèces africaines (36,1 %), des espèces pantropicales (24,5%), puis des espèces paléotropicales (14,9%). Les espèces provenant des autres aires sont en proportion plus modeste.

La chorologie régionale non moins riche (8 aires de distribution) mais plus restreinte, indique une prédominance des taxons guinéo-congolais et soudano-zambéziens (57,4 %); ils sont suivis par les espèces soudano-guinéennes (20,2 %) et soudano-zambéziennes (10,6 %). Ces différentes observations autorisent à dire que les plans d'eau et les milieux humides sont des zones refuges de diversité biologique (tab. 6).

Tableau 6. La distribution géographique des espèces de la flore semi-aquatique et accidentelle.

CHOROLOGIE MONDIALE

A	AE	AM	Am	AmAs	AMm	AN	As	AsAu	Cosm	MAm	MAs	Mm	MmAs	PT	pt
36,%	1%	5,3%	2,1%	1%	1%	1%	5,3%	1%	2,1%	1%	1%	1%	1%	14,%	24,%

CHOROLOGIE REGIONALE

GC-SZ	GCS	SG	SG-Sa	SZ	SZG	SZ-Sa	Sa-So
5,4%	3,2%	20,2%	1%	10,6%	1%	1%	3,2%

Légende: voir Annexe

Les observations faites dans la région révèlent d'autres part, que les activités anthropo-zoogènes sont très intenses dans les mares sahéliennes. On compte 8000 à 15000 bêtes par jour à la Mare d'Oursi à certaines périodes de l'année, selon Grouzis (1988), avec toutes les conséquences que cela impose. Après assèchement des mares, l'homme y creuse des puisards pour l'abreuvement des animaux, mais aussi à la recherche de protoptères crevant ainsi la monotonie du fond des mares. L'homme et ses animaux prennent donc une part très importante dans la dynamique de l'évolution des mares. Ils sont responsables de l'introduction de nombreuses espèces anthropophiles et zoochores, mais aussi de l'affaiblissement du peuplement des ligneux en bordure des mares sahéliennes. Si une grande partie de la mortalité massive des ligneux s'explique par les sécheresses ayant engendré une baisse de la nappe phréatique (Ganaba, 1994), le comportement des éleveurs sahéliens qui exploitent de manière irrationnelle les pâturages aériens par des coupes abusives est un facteur aggravant du phénomène. Ces problèmes doivent trouver leurs solutions, pour une réhabilitation de ces zones et des choix pour leur meilleure gestion.

Conclusion

L'étude de la végétation dans les trois milieux a révélé l'existence de 11 associations végétales dont l'étude mérite d'être approfondie et étendue à un échantillon de plans d'eau plus représentatif au niveau du pays. Cela permettra sans doute de réaliser une synthèse pour en sortir des alliances, des ordres et des classes. L'ensemble de la flore inventoriée dans les trois milieux est de 130 espèces, 83 genres et 40 familles. Ce résultat des investigations intéressants certes, reste cependant en deçà des potentialités en flore hydrophyte des 1100 plans d'eau naturels et surtout artificiels du Burkina Faso. Les recherches devraient donc se poursuivrent pour révéler toute la richesse phytosociologique et la diversité biologique des milieux humides et hydrophytiques du pays, en liaison avec les recherches botaniques et écologiques des autres pays de la sous-région.

Références bibliographiques

Aké Assi, L. 1984. Flore de la Côte d'Ivoire : étude descriptive et biogéographique, avec quelques notes ethnobotaniques. Thèse Fac. Sc. Abidjan, 3 tomes, 6 volumes.

Arber, A. 1920. Water, plants : a study of aquatic angiosperms. Univ. Press, Cambridge.

Aubréville, A. 1963. Classification des formes biologiques des plantes vasculaires en milieu tropical. Adansonia, t.III, fasc.2, p.221—225.

Bélem, M. 1991. Etude floristique et structurale des galéries forestières de la Réserve de Biosphère de la Mare aux Hippopotames. Rapport Unesco/RCS-Sahel, 92 p.

Chevalier, P. et al. 1985. Pluies et crues au Sahel : Hydrologie de la Mare d'Oursi (Burkina Faso) 1976/81, IFRSD. Edition ORSTOM. Paris.

Ganaba, S. 1994 . Rôle des structures racinaires dans la dynamique du peuplement ligneux de la région d'Oursi (Burkina Faso) entre 1980 et 1992. Thèse de Doctorat de 3è Cycle Univ. de Ouagadougou.

Grouzis, M. 1988. Structure, Productivité et Dynamique des systèmes écologiques sahéliens (mare d'Oursi, Burkina Faso). Etudes et Thèses de l'ORSTOM, Paris, 336 p.

Guinko, S. 1984. La Végétation de la Haute Volta. Thèse de Doctorat d'Etat ès Sciences Naturelles 2 tomes, Univ. de Bordeaux III, 394 p.

Ouèdraogo, R. L. 1990. Etude de la végétation aquatique et semi-aquatique des barrages de Ouagadougou, Mém. DEA ,Univ. de Ouagadougou.

Ouèdraogo, R. L. 1994. Etude de la végétation aquatique et semi-aquatique de la Mare aux Hippopotames et des mares d'Oursi et de Yomboli. Thèse de Doctorat de 3è Cycle. Univ. de Ouagadougou.

Raynal-Roques, A. 1981. Contribution à l'étude biomorphologique des Angiospermes aquatiques tropicales. Essai d'analyse de l'évolution, Montpillier. Thèse de Doctorat d'Etat, Acdémie des Sciences et Techniques du Languedoc. 2 volumes.

Richard-Molard, J. 1956. Afrique occidentale française, 3è édition, Paris.

Traoré, D. 1985. Etude des milieux hydrophytiques ouverts en Côte d'Ivoire. Thèse de Doctorat d'Etat ès Sciences Naturelles, Univ. de Bordeaux III, 394 p.

Zongo, F. 1994. Contribution à l'étude du phytoplancton d'eau douce du Burkinaä Faso: Cas du Barrage n°3 de la ville de Ouagadougou.

Annexe

Légende des noms d'espèces

Aa: *Aeschynomene afraspera*
A: *Aeschynomene nilotica*
Aa: *Azolla africana*
Bm: *Bulboschoenus maritimus*
Ca: *Cassia obtusifolia*
Cd: *Ceratophyllum demersum*
Cm: *Cissampelos mucronata*
Cd: *Cynodon dactylon*
Dm: *Diospyros mespiliformis*
Ed: *Eleocharis dulcis*
Ia: *Ipomoea aquatica*
Ir: Ipomoea *rubens*
Ks: *Khaya senegalensis*
Lh: *Leersia hexandra*
La: *Ludwigia adscendens*
Mp: *Mimosa pigra*
Mi: *Mitragyna inermis*
Ms: *Morelia senegalensis*
No: *Neptunia oleracea*
Nl: *Nymphaea lotus*
Ob: *Oryza barthii*
Ol: *Oryza longistaminata*
Pr: *Phyllanthus reticulatus*
Pp: *Poligonum pulchrum*
Psa: *Polygonum salicifolium*
Ps: Polygonum *senegalense*
Rs: *Rytigynia senegalense*
Sc: Schoenoplectus *corymbosus*
Tn: *Trapa natans*
Ue: *Utricularia exoleta*
Ur: *Utricularia reflexa*
Vn: *Vetiveria nigritana*
Vc: *Vossia cuspidata*
Z m: *Ziziphus mucronata*

Légende des types biologiques

Hy.rd.ém = Hydrophyte émergent enraciné
Hy.rd.fl. = Hydrophyte flottant enraciné
Hy.nrd.fl. = Hydrophyte non enraciné
Hy.rd.im. = Hydrophyte immergé enraciné
Hy.nrd.im. = Hydrophyte non enraciné
Hy.rdA.im. = Algue hydroph. non enraciné
Hé.Hc = Hélohémicryptophyte
Hé.Gr = Hélogéophyte rhizomateux
Hé.Gr = Hélogéophyte rhizomateux
Hé.Th = Hélothérophyte
Hé.Lmp = Hélophyte lianessant microphanérophyte
Hé.mp = Hélophyte microphanérophyte
Hé.mp = Hélophyte microphanérophyte
Hé.mP = Hélophyte mésophanérophyte
Hé.np = Hélophyte nanophanérophyte
Hé.Ch = Hélochaméphyte
HyA mP = Hydrophyte accidentel mésophanérophyte
HyA mp = Hydrophyte accidentel microphanérophyte
HyA np = Hydrophyte accidentel nanophanérophyte
HyA.Th = Hydrophyte accidentel Thérophyte
HyA.Ch = Hydrophyte accidentel Chaméphyte
HyA.Hc =Hydrophyte accidentel Hémicryptophyte
HyA.Lmp =Hydrophyte accidentel lianescent microphanérophyte

Légende de la chorologie

GC-SZ= Taxon guinéo-congolais et soudano-zambézien
GCS = Taxon guinéo-congolais et soudano-zambézien
SG = Taxon soudano-guinéen
SZ = Taxon soudano-zambézien
SZG = Taxon soudano-zambézien et guinéen
Sa-So = Taxon sahélo-soudanien
A = Taxon africain
AM = Taxon afromalgache
AEAs = Taxon Afro-Eurasiatique
Am = Taxon Afro-américain
AMm= Taxon Afromagache et américain
AmAs= Taxon Afro-américain et asiatique
As = Taxon Afro-asiatique
Au = Taxon Afro-australien
MAs = Taxon Afro-malgache et asiatique
MAm = Taxon Afro-malgache et américain
MmAs = Taxon Afro-malgache américain et asiatique
AN = Taxon d'Afrique et amérique tropicale
Cosm = Taxon cosmopolyte
PT =Taxon paléotropical
pt = Taxon pantropical

QUELQUES CARACTÉRISTIQUES DE LA RÉGÉNÉRATION NATURELLE DES ESPÈCES LIGNEUSES DU PARC NATIONAL DU NIOKOLO KOBA (SÉNÉGAL ORIENTAL)

Sobèrè Augustin TRAORÉ

Résumé
Traoré, S. A. 1998. Quelques Caractéristiques de la régénération naturelle des espèces ligneuses du Parc National du Niokolo Koba (Sénégal Oriental). *AAU Reports* **39**: 275—288. — Le Parc National du Niokolo Koba de par sa superficie (913 000 hectares) et la diversité de ses biotopes et de sa faune est l'une des plus importantes réserves de flore et de faune en Afrique de l'ouest. Cette étude qui se veut une contribution à la connaissance de la dynamique de la flore et de la végétation de ce parc a révélé que des facteurs aussi bien naturels qu'anthropiques limitent la régénération naturelle de certaines espèces ligneuses. Elle a permis de distinguer trois catégories d'espèces ligneuses en fonction de l'importance de la régénération naturelle: des espèces à régénération nulle, des espèces à régénération faible, des espèces à régénération moyenne à relativement forte. Les zones de vallées présentent 21 espèces sans régénération naturelle alors que les plateaux en présentent 8 et les bordures de mares et plaines marécageuses 2 seulement. Les espèces à régénération moyenne à bonne sont au nombre de 9 sur les plateaux, 10 pour les zones de vallées et 8 pour les bordures de mares et plaines marécageuses. Les feux de brousse et la sécheresse sont les principaux facteurs limitants de la régénération des espèces ligneuses.

Mots clés: Parc National du Niokolo Koba - Simenti - Régénération naturelle - Dynamique - Feux de brousse - Espèce ligneuse.

Introduction

Les résultats de l'aménagement du Parc National du Niokolo Koba sont restés relativement limités malgré les efforts consentis par l'Administration des Parcs Nationaux du Sénégal. La végétation du parc est brûlée presque chaque année du fait de feux allumés en début de saison sèche (novembre—décembre) pour son aménagement. Parfois, des feux tardifs très dévastateurs surviennent en pleine saison sèche par le fait de braconniers ou des villageois. Ces feux comme la sécheresse et d'autres facteurs ont un impact négatif certain sur la la flore et la végétation (Bâ et al., 1997). Fautes d'informations scientifiques, l'effet de ces feux dits précoces sur la flore et la végétation reste très controversé. Certains responsables de l'Administration des Parcs Nationaux pensent qu'ils représentent un outil indispensable pour l'aménagement du parc. Cependant, ces feux, si précoces soient-ils, ne sont probablement pas sans effet sur la régénération naturelle.

L'objet de cette étude est d'évaluer la régénération naturelle des espèces ligneuses dans le parc pour une meilleure prise en compte des facteurs limitants de cette régénération dans son aménagement.

1. Présentation de la zone d'étude

La zone d'étude (secteur de Simenti) est localisée au centre-ouest du Parc National du Niokolo Koba situé au Sud-Est du pays, entre les régions administratives de Tambacounda et Kolda (fig. 1). D'une superficie de 913.000 hectares, ce parc est localisé entre 12° 33' et 13° 46' latitude Nord et 12° 11' et 13° 41' longitude Ouest. La région appartient au domaine climatique soudanien (Leroux, 1983). La saison des pluies dure 4 mois et la pluviométrie annuelle varie entre 900 mm et 1100 mm avec une tendance à la baisse (Leroux, 1983; Goudiaby, 1984). La zone présente 7 mois secs (novembre —mai) et 5 mois humides (juin—octobre). L'amplitude thermique mensuelle est très élevée pendant la saison sèche (19,3°C—22,4°C) et relativement faible pendant la saison des pluies (7°C—9,3°C). La moyenne de l'humidité relative dépasse pratiquement 80% pendant l'hivernage. Au plan géomorphologique, le Parc du Niokolo Koba peut être subdivisé en trois grands types d'unités: les plateaux, les vallées, les mares et plaines d'inondation marécageuses. Ces unités sont caractérisées par des conditions pédologiques différentes. La zone présente une flore relativement diversifiée et différents types de végétation (savanes, forêts claires, forêts galeries) dont la savane est le type le plus représenté (Bâ et al., 1997).

2. Matériel et méthode

Les données ont été collectées sur les 3 principaux types de milieux identifiés dans la zone d'étude (Traoré, 1997). Le choix des sites d'inventaire sur les unités géomorphologiques a été

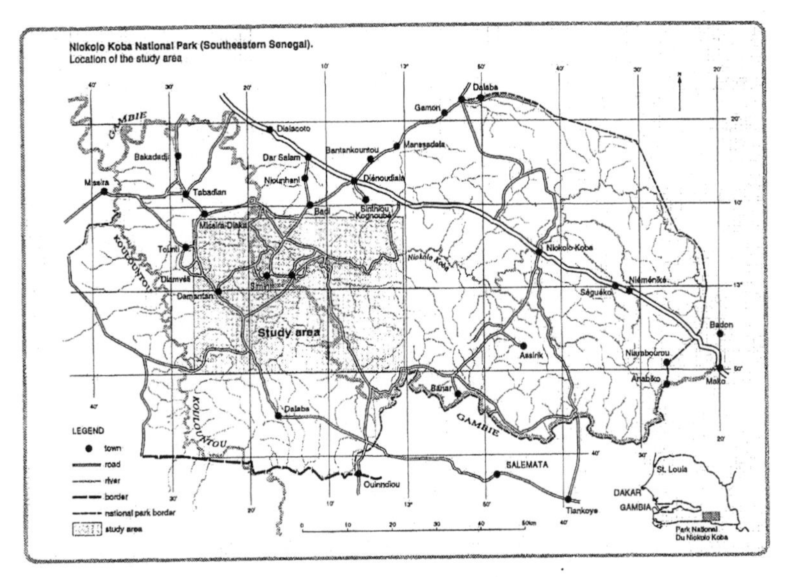

Figure 1. Carte de présentation de la zone d'étude.

effectué sur la base d'une interprétation de photographies aériennes du mois de décembre 1982. Cette photo-interprétation a permis d'identifier des zones homogènes (Carré, 1971) au niveau desquelles le dispositif d'inventaire (parcelle de 10 m x10 m) a été installé. Les sites choisis ont été retrouvés sur le terrain à l'aide d'une carte au 1/200 000 ème, d'un GPS (Global Positioning System) et d'une boussole. 87 sites ont été prospectés dont 34 dans les zones de vallées, 27 sur les plateaux, 12 sur les bordures de mares et plaines marécageuses et 14 dans des zones intermédiaires. Au niveau de chaque site, 10 parcelles ont été installées de manière aléatoire en utilisant une table de randomisation comme l'ont suggéré Gounot (1969), Matheron (1973), Long (1974), Laferrière (1986), Manly (1986). Des mensurations de diamètre à 1,30 mètre de hauteur ont été effectuées avec un compas forestier. La transcription des noms scientifiques s'est référée à Bérhaut (1967), Bérhaut (1971—1988), Lebrun (1973), Lebrun et Stork (1991—1992), Hutschinson et Dalziel (1954—1968), Aubréville (1959). Les parcelles brûlées pendant la période ont été signalées.

3. Résultats

Nous avons distingué trois catégories d'espèces ligneuses en fonction de l'importance de la régénération naturelle sur les différentes unités géomorphologiques: des espèces à régénération nulle, des espèces à régénération faible (1—100 individus par hectare), des espèces à régénération moyenne à forte (plus de 100 individus par hectare).

3.1. LA RÉGÉNÉRATION NATURELLE DES ESPÈCES LIGNEUSES DANS LES ZONES DE PLATEAUX

Sur 73 espèces ligneuses recencées au niveau de cette unité gémorphologique (Traoré, 1997), 8 ne présentent aucune régénération (*Piliostigma reticulatum, Prosopis africana, Bridelia micrantha, Strophantus sarmentosus, Sterculia setigera, Erythrophleum suaveolens, Parinari excelsa*), 56 présentent une régénération naturelle faible, 9 une régénération moyenne à bonne (tab. 1).

Parmi les 5 espèces les plus représentées sur cette unité (Traoré, 1997) , 1 (*Pterocarpus erinaceus*) se situe dans la deuxième catégorie et 4 (*Combretum glutinosum, Hexalobus monopetalus, Strychnos spinosa, Terminalia avicennioides*) dans la troisième catégorie.

Ces espèces sont bien représentées aussi bien dans la classe de diamètre inférieure à 1 cm que dans celle comprise entre 1 et 5 cm.

Tableau 1. Espèces ligneuses à régénération naturelle moyenne à bonne sur le plateau (densité moyenne à l'hectare).

Espèces	Dbh < 1 cm	1 cm< Dbh ≤ 5 cm	Régénération
Annona senegalensis	206	28	234
Combretum glutinosum	561	53	614
Combretum nigricans	200	16	217
Dichrostachys cinerea	156	3	159
Hexalobus monopetalus	350	84	434
Strychnos spinosa	248	97	345
Terminalia avicenniodes	66	36	101
Terminalia macroptera	73	45	118
Vitex madiensis	283	76	359

3.2. LA RÉGÉNÉRATION NATURELLE DES ESPÈCES LIGNEUSES DANS LES ZONES DE VALLÉES

21 des 106 espèces ligneuses recencées au niveau de cette unité ne régénérent pas. Ce sont: *Sterculia setigera, Acacia albida, Afzelia*

africana, Cassia siamea, Ceiba pentandra, Combretum molle, Combretum nioroense, Erythrophleum africanum, Ficus glumosa, Parinari excelsa, Syzygium guineense, Bridelia micrantha, Cola laurifolia, Entada africana, Ozoroa insignis, Lepisanthes senegalensis, Ziziphus mauritiana, Acacia nilotica, Sarcocephalus latifolius, Elaeis guineensis, Sclerocarya birrea. 76 espèces présentent une régénération faible, 10 une régénération moyenne à bonne (tab. 2).

Parmi les 8 espèces les plus représentées sur cette unité (Traoré, 1997), 3 (*Pterocarpus erinaceus, Combretum glutinosum, Hexalobus monopetalus*) présentent une régénération moyenne à bonne et 5 (*Terminalia macroptera, Piliostigma thonningii, Anogeissus leiocarpus, Cassia sieberiana, Mitragyna inermis*) une régénération faible.

Toutes les espèces à bonne régénération naturelle sont bien représentées dans les deux classes de diamètre de la régénération naturelle.

Par ailleurs, il est à noter que certaines espèces non signalées par Traoré (1997) comme espèces bien représentées dans cette unité géomorphologique présentent une bonne régénération naturelle. C'est le cas de *Saba senegalensis, Dichrostachys cinerea, Combretum micranthum, Borassus aethiopum, Baissea multiflora, Vitex madiensis, Oxytenanthera abyssinica.*

Tableau 2. Espèces ligneuses à régénération naturelle moyenne à bonne dans les vallées (densité moyenne à l'hectare).

Espèces	Dbh < 1 cm	1 cm< Dbh ≤ 5 cm	Régénération
Baissea multiflora	162	3	165
Borassus aethiopum	131	14	145
Combretum glutinosum	378	58	436
Combretum micranthum	82	44	127
Dichrostachys cinerea	85	33	118
Hexalobus monopetalus	236	42	278
Oxytenanthera abyssinica	24	620	644
Pterocarpus erinaceus	79	41	120
Saba senegalensis	101	9	111
Vitex madiensis	153	55	208

3.3. LA RÉGÉNÉRATION NATURELLE DES ESPÈCES LIGNEUSES SUR LES BORDURES DE MARES ET PLAINES MARÉCAGEUSES

Sur les 51 espèces ligneuses rencontrées au niveau de cette unité gémorphologique, seules 2 (*Capparis tomentosa* et *Terminalia*

Tableau 3. Espèces ligneuses à régénération naturelle moyenne à bonne sur les bordures de mares et dans les plaines marécageuses (densité moyenne à l'hectare).

Espèces	Dbh < 1 cm	1 cm< Dbh ≤ 5 cm	Régénération
Acacia seyal	127	3	130
Cassia sieberiana	94	33	128
Combretum glutinosum	260	49	309
Dichrostachys cinerea	223	8	231
Guiera senegalensis	798	76	874
Hexalobus monopetalus	89	19	108
Mitragyna inermis	275	238	428
Pterocarpus erinaceus	110	18	107

avicennioides) ne présentent pas une régénération naturelle; 41 présentent une régénération naturelle faible, 8 une régénération moyenne à bonne (tab. 3).

Les 3 espèces les plus représentées sur cette unité (Traoré, 1997), présentent une bonne régénération naturelle. *Mitragyna inermis* qui est l'espèce dominante est particulièrement bien représentée dans les deux classes de diamètre.

D'autres espèces non indiquées par Traoré (1997) régénèrent également bien sur ces milieux. C'est le cas de *Hexalobus monopetalus, Cassia sieberiana, Acacia seyal, Dichrostachys cinerea* et *Guiera senegalensis. Mimosa pigra,* y présente aussi une régénération naturelle relativement forte.

Discussion

Il ressort de cette analyse que 3 espèces présentent une bonne régénération naturelle sur les 3 types de milieu. Il s'agit de *Combretum glutinosum, Hexalobus monopetalus* et *Dichrostachys cinerea* (tab. 4). Ces espèces considérées comme des espèces ubiquistes, c'est - à - dire communes à tous les milieux (Traoré, 1997) ont une large amplitude écologique qui leur permet de coloniser une diversité de milieux (Schnell, 1971). Selon Long (1974), elles sont peu exigentes.

Deux autres régénèrent bien sur deux des trois milieux. Ce sont *Pterocarpus erinaceus* et (zones de vallées et bordures de mares) et *Vitex madiensis* (zones de plateaux et zones de vallées). *Pterocarpus erinaceus* a également été cité citée comme espèce ubiquiste par Traoré (1997).

Tableau 4. Régénération naturelle dans les trois unités géomorphologiques (densité moyenne à l'hectare).

Espèces	Plateau	Vallées	Bordures de mares et marécages
Strychnos spinosa	345		
Terminalia avicenniodes	101		
Terminalia macroptera	118		
Vitex madiensis	359		
Annona senegalensis	234		
Combretum nigricans	217		
Combretum glutinosum	614	436	309
Dichrostachys cinerea	159	118	231
Hexalobus monopetalus	434	278	108
Pterocarpus erinaceus		120	107
Baissea multiflora		165	
Borassus aethiopum		145	
Oxytenanthera abyssinica		644	
Saba senegalensis		111	
Vitex madiensis		208	
Combretum micranthum		127	
Acacia seyal			130
Cassia sieberiana			128
Guiera senegalensis			874
Mitragyna inermis			428

D'autres espèces ne présentent une bonne régénération naturelle que sur un type de milieu. C'est le cas de *Annona senegalensis, Combretum nigricans, Strychnos spinosa, Terminalia avicennioides, T. macroptera* (zones de plateaux); *Baissea multiflora, Borassus aethiopum, Combretum micranthum, Oxytenanthera abyssinica, Saba senegalensis* (zones de vallées); *Acacia seyal, Cassia sieberiana, Guiera senegalensis, Mitragyna inermis* (bordures de mares et zones de marécages). Aucune des 29 espèces électives (caractéristiques) de la zone, dont 5 se retrouvent sur les plateaux et 24 dans les vallées (Traoré, 1997), ne figure cependant parmi ces espèces.

C'est au niveau des zones de vallées que l'on retrouve le plus d'espèces sans régénération naturelle (21 contre 8 sur les plateaux et 2 seulement sur les bordures des mares et les plaines marécageuses).

Toutes les espèces principales des bordures de mares et plaines marécageuses présentent une bonne régénération naturelle. Ces zones semblent être moins touchées par les modifications floristiques évoquées par certains auteurs (Lawesson, 1991). En effet, les bordures de mares et les zones de marécages de par l'humidité qui les caractérise pendant une bonne période de la saison sèche favorisent la régénération naturelle. En outre, elles sont moins affectées par les feux de brousse qui parcourent chaque année les autres unités géomorphologiques (Dupuy, 1968, 1969). S'il est vrai qu'il n'est pas évident de montrer l'impact des feux précoces sur les individus adultes, il est par contre certain que ces feux, si précoces soient - ils, ont un effet négatif sur les individus juvéniles (Adamoli et al., 1990). Il s'y ajoute que le passage régulier des feux favorise le développement de la strate herbacée qui peut gêner le développement des plantes juvéniles et rendre les feux présumés précoces de plus en plus intenses au fil des années (Bock et al., 1995; Borhidi, 1988; Clement et al. 1981; Chidumayo, 1988). Leur répétition au fil des années finit par affecter des espèces aussi sensibles aux hautes températures que *Pterocarpus erinaceus*. En somme, les conditions d'affranchissement des plantes juvéniles y sont plus favorables.

Il apparait par ailleurs que la majeure partie des espèces qui présentent une régénération naturelle moyenne à bonne sont des espèces arbustives. Au contraire, la plupart de celles qui ne présentent pas une bonne régénération naturelle sont des espèces arborées. Cette dynamique, si elle se maintenait, pourrait affecter la structure de la végétation comme celà a été le cas dans certaines savanes (Archer, 1989; Barkham, 1992; Fatubarin, 1987).

Conclusion

Cette étude révèle des problèmes de régénération naturelle sur les différentes unités géomorphologiques de la zone d'étude. La sécheresse et les feux de brousses tardifs et/ou précoces semblent être les principaux facteurs à l'origine de cette menace. En effet, le raccourcissement de la saison des pluies et la pratique des feux précoces affectent particulièrement les individus juvéniles de certaines espèces (Aubréville, 1949). Une étude urgente plus précise devrait porter sur l'identifiction des facteurs limitant la régénération des espèces ligneuses au niveau des différentes unités géomorphologiques. Si cette dynamique se poursuit, il est à craindre que les beaux peuplements de certaines espèces sensibles aux facteurs limitants ne soient sérieusement menacés.

Références bibliographiques

Bâ, A. T. , B. Sambou, F. Ervik, A. Goudiaby, C. Camara & D. Diallo. 1997. Végétation et Flore. Parc transfrontalier Niokolo Badiar (Saint-Paul, Dakar)., 157 p.

Adam, J. G. 1966. Composition floristique et différents types physionomiques de végétation du Sénégal. J. W. Africain Sci. Assoc., 11 (1—2): 81—97.

Adam, G. J. 1968. La flore et la végétation du Parc National du Niokolo Koba (Sénégal). Adansonia 2, 8 (4): 439—458.

Adam, J. G. 1971. Le milieu biologique. Flore et Végétation. In A. R. Dupuy (ed.), Le Niokolo Koba premier grand parc de la République du Sénégal: 43—62. G.I.A., Dakar.

Adamoli, J., E. Sennhauser, J. M. Acero, & A. Rescia. 1990. Stress and disturbance: Vegetation dynamic in the dry Chaco region of Argentina. J. Biogeogr., 17: 491—500.

Archer, S. 1989. Have Texas savannas been converted to woodlands in recent history? The American Naturalist, 134:545—561.

Aubréville, A. 1949. Climat, forêts et désertification de l'Afrique tropicale. Soc. Edit. Géogr. Marit. Col., Paris.

Aubréville, A. 1959. La flore forestière de la Côte d'Ivoire, 2. ed., CTFT, Nogent-Sur- Marne.

Barkham, J. P. 1992. Population dynamics of the wild daffodil (Narcissus pseudonarcissus). IV. Clumps and gaps. Journal of Ecology, 80: 797—808.

Bérhaut, J. 1967. Flore du Sénégal. Clairafrique, Dakar, 485 p.

Bérhaut, J. 1971—1988. Flore illustrée du Sénégal. Tome I—VI. Editions Maisonneuve, Diffusion Clairafrique, Dakar.

Bock, C. E. , H. J. Bock, M. C. Gant & T. R. Seastedt. 1995. Effects of fire on abundance of Eragrostis intermedia in a semi-arid in southeastern Arizona. Journal of Vegetation Science, 6 (3): 325—328.

Borhidi, A. 1988. Vegetation dynamicsof the savannization process on Cuba. Vegetatio, 77: 177—183.

Carré, J. 1971. Lecture et exploitation des photographies aériennes. Tome I. Lecture des photographies. Editions Eyrolles, Paris.

Clement, B. & J. Touffet 1981. Vegetation dynamics in Britany heatlands after fire. Vegetatio, 46: 157—166.

Chidunmayo, E. N. 1988. A re-assessment of effects of fire on miombo regeneration in the Zambian copperbelt. Journal of Tropical Ecology 4: 361—372.

Gounot, M. 1969. Méthodes d'études quantitative de la végétation. Masson et Compagnie, Paris.

Goudiaby, A. 1984. L'évolution de la pluviométrie en Sénégambie de l'origine des stations à 1983. Mémoire de Maîtrise de Géographie, Université Dakar.

Hutchinson, J. & J. M. Dalziel. 1954—1968. Flora of West Tropical Africa, Second edition revised by Keay, R. W. J. (Vol. I—III).

Laferrière, J. E. 1987. A central location method for selecting random plots for vegetation surveys. Vegetatio 71: 75—77.

Lawesson, J. E. 1992. Study of woody flora and vegetation in Senegal. Thesis, Botanical Institute , University of Aarhus, Nordlandsvej 68, DK-8240 Risskov, Denmark.

Lebrun, J.- P. 1973. Enumeration des plantes vasculaires du Sénégal, Etude Botanique numéro 2, IEMVT, Maison Alfort, 209 p.

Lebrun, J.-P. & Stork, A. L. 1991—1992. Enumération des plantes à fleurs d'Afrique tropicale. Vol. I—II

Leroux, M. 1983. Le climat de l'Afrique Tropicale. The climate of Tropical Africa. Edition Champion, Paris.

Long, G. 1974. Diagnostic phyto-écologique et Aménagement du territoire: Principes et Méthodes-Recueil, Analyse, Traitement et Expression cartographique de l'information. (Eds) Masson et Cie, Paris.

Manly, B. F. J. 1986. Randomization and regression methods for testing for associations with geographical, environemental and biological distances between populations. Res. Popul. Ecol. 28: 201—218.

Matheron, G. 1973. The intrinsic random funtions and their applications. Adv. Appl. Prob., 5: 439—468.

Traoré, S. A. 1997. Analyse de la flore ligneuse et de la végétation de la zone de Simenti (Parc National du Niokolo Koba), Sénégal Oriental. Thèse de 3ième Cycle, Unniversité Cheikh Anta Diop, Dakar, Sénégal, 139 p.

Annexe 1. Densité moyenne à l'hectare de la régénération naturelles des espèces rencontrées.

Espèces	Dbh < 1 cm	1 cm< Dbh ≤ 5 cm	Régénération	Dbh > 5 cm
ZONES DE PLATEAU.				
Combretum glutinosum	561	53	614	70
Hexalobus monopetalus	350	84	434	49
Vitex madiensis	283	76	359	8
Strychnos spinosa	248	97	345	33
Annona senegalensis	206	28	234	1
Combretum nigricans	200	16	217	7
Dichrostachys cinerea	156	3	159	0
Terminalia macroptera	73	45	118	15
Terminalia avicenniodes	66	36	101	35
Oxytenanthera abyssinica	24	74	98	0
Pterocarpus erinaceus	71	18	89	27
Bombax costatum	73	7	81	11
Pteleopsis suberosa	72	0	72	0
Crossopteryx febrifuga	53	3	56	14
Grewia flavescens	36	14	51	3
Combretum collinum	38	9	47	13
Combretum micranthum	41	5	47	0
Xeroderris stuhlmannii	33	13	45	12
Piliostigma thonningii	35	7	42	6
Cordyla pinnata	30	4	34	6
Baissea multiflora	34	0	34	0
Cassia sieberiana	32	1	33	3
Lannea acida	30	3	33	16
Detarium microcarpum	33	0	33	4
Guiera senegalensis	26	6	32	1
Maytenus senegalensis	28	1	29	0
Hymenocardia acida	20	8	28	0
Acacia macrostachya	13	9	21	4
Trichilia emetica	16	1	17	0
Daniellia oliveri	16	0	16	0
Saba senegalensis	16	0	16	0
Lannea velutina	11	3	14	10
Securidaca longipedunculata	6	5	11	0
Anogeissus leiocarpus	6	4	11	6
Borassus aethiopum	9	0	9	0
Erythrophleum africanum	8	1	9	1
Combretum molle	2	7	9	2
Terminalia laxiflora	7	1	9	1
Stereospermum kunthianum	7	1	9	0
Feretia apodanthera	7	1	8	1
Lonchocarpus laxiflorus	3	4	7	1
Burkea africana	6	0	6	0
Ximenia americana	4	2	6	0
Mitragyna inermis	1	3	5	2
Pericopsis laxiflora	4	0	4	3
Allophylus africanus	1	3	4	0
Combretum lecardii	4	0	4	0
Acacia sieberiana	3	0	3	1
Ziziphus mucronata	2	1	3	0
Macrosphyra longistyla	3	0	3	0
Tricalysia okelensis	3	0	3	0
Dombeya quinqueseta	1	1	3	0
Entada africana	1	1	3	0
Gardenia ternifolia	2	0	3	0
Euphorbia sudanica	1	1	2	0
Grewia bicolor	0	1	2	0
Afzelia africana	1	0	1	0
Diospyros mespiliformis	1	0	1	0

Annexe, suite. Densité moyenne à l'hectare de la régénération naturelles des espèces rencontrées.

Espèces	Dbh < 1 cm	1 cm< Dbh ≤ 5 cm	Régénération	Dbh > 5 cm
Ziziphus mauritiana	1	0	1	2
Acacia dudgeoni	0	1	1	1
Parkia biglobosa	1	0	1	1
Quassia undulata	1	0	1	1
Capparis tomentosa	1	0	1	0
Tamarindus indica	1	0	1	0
Gardenia triacantha	1	0	1	0
Acacia seyal	0	0	0	0
Piliostigma reticulatum	0	0	0	1
Prosopis africana	0	0	0	1
Bridelia micrantha	0	0	0	0
Strophantus sarmentosus	0	0	0	0
Sterculia setigera	0	0	0	2
Erythrophleum suaveolens	0	0	0	0
Parinari excelsa	0	0	0	0
LES VALLÉES				
Oxytenanthera abyssinica	24	620	644	0
Combretum glutinosum	378	58	436	51
Hexalobus monopetalus	236	42	278	25
Vitex madiensis	153	55	208	6
Baissea multiflora	162	3	165	0
Borassus aethiopum	131	14	145	3
Combretum micranthum	82	44	127	9
Pterocarpus erinaceus	79	41	120	49
Dichrostachys cinerea	85	33	118	11
Saba senegalensis	101	9	111	2
Guiera senegalensis	51	39	89	6
Cassia sieberiana	63	16	79	24
Diospyros mespiliformis	64	14	79	3
Strychnos spinosa	55	18	73	6
Terminalia macroptera	46	12	58	28
Piliostigma thonningii	36	19	55	27
Bombax costatum	43	9	52	8
Annona senegalensis	41	11	52	2
Stereospermum kunthianum	31	5	36	2
Anogeissus leiocarpus	17	17	34	26
Mitragyna inermis	11	23	34	19
Allophylus africanus	14	19	34	1
Grewia flavescens	25	8	33	2
Mallotus oppositifolius	18	11	29	2
Combretum nigricans	20	6	26	3
Terminalia avicenniodes	21	4	25	8
Crossopteryx febrifuga	18	5	23	4
Maytenus senegalensis	23	0	23	1
Acacia macrostachya	18	4	22	7
Ziziphus mucronata	14	8	22	5
Hymenocardia acida	20	2	22	0
Xeroderris stuhlmannii	18	3	21	6
Alchornea cordifolia	10	11	21	0
Detarium microcarpum	18	0	18	5
Securinega virosa	7	11	18	1
Pterocarpus santalinoides	11	3	14	8
Crateva adansonii	14	0	14	1
Lannea acida	6	6	12	12
Grewia bicolor	11	1	12	1
Lannea velutina	8	2	10	2
Combretum collinum	6	2	8	3
Landolphia heudolotii	8	0	8	0
Tricalysia okelensis	7	1	8	0
Cordyla pinnata	7	1	7	4

Annexe, suite. Densité moyenne à l'hectare de la régénération naturelles des espèces rencontrées.

Espèces	Dbh < 1 cm	1 cm< Dbh ≤ 5 cm	Régénération	Dbh > 5 cm
Pandanus senegalensis	6	0	7	0
Terminalia laxiflora	5	0	6	1
Erythrophleum suaveolens	4	1	5	7
Daniellia oliveri	4	1	5	3
Oncoba spinosa	3	2	5	2
Detarium senegalense	2	2	4	2
Combretum tomentosum	4	0	4	1
Ficus capensis	3	1	4	0
Pterocarpus lucens	2	1	4	0
Gardenia triacantha	3	1	4	0
Pseudocedrela kotchyi	4	0	4	0
Uvaria chamae	1	3	4	0
Macrosphyra longistyla	1	3	4	0
Acacia sieberiana	1	1	3	3
Piliostigma reticulatum	1	2	3	3
Burkea africana	3	0	3	2
Dombeya quinqueseta	1	1	3	1
Ximenia americana	2	1	3	0
Capparis tomentosa	1	2	3	0
Pericopsis laxiflora	2	0	2	1
Spondias mombin	1	0	2	1
Celtis integrifolia	0	2	2	1
Strophantus sarmentosus	1	0	2	0
Gardenia erubescens	1	1	2	0
Feretia apodanthera	2	0	2	0
Khaya senegalensis	2	0	2	0
Trichilia emetica	1	0	2	0
Parkia biglobosa	0	0	1	3
Anthostema senegalense	0	1	1	2
Acacia polyacantha	1	0	1	1
Lonchocarpus laxiflorus	0	1	1	1
Prosopis africana	1	0	1	1
Tamarindus indica	0	1	1	1
Cola cordifolia	1	0	1	0
Parinari macrophylla	1	0	1	0
Boscia angustifolia	1	0	1	0
Gardenia ternifolia	1	1	1	0
Pteleopsis suberosa	1	0	1	0
Securidaca longipedunculata	1	0	1	0
Vitex doniana	0	1	1	0
Mimosa pigra	0	1	1	0
Sterculia setigera	0	0	0	3
Acacia albida	0	0	0	1
Afzelia africana	0	0	0	1
Cassia siamea	0	0	0	1
Ceiba pentandra	0	0	0	1
Combretum molle	0	0	0	1
Combretum nioroense	0	0	0	1
Erythrophleum africanum	0	0	0	1
Ficus glumosa	0	0	0	1
Parinari excelsa	0	0	0	1
Syzygium guineense	0	0	0	0
Bridelia micrantha	0	0	0	0
Cola laurifolia	0	0	0	0
Entada africana	0	0	0	0
Ozoroa insignis	0	0	0	1
Lepisanthes senegalensis	0	0	0	1
Ziziphus mauritiana	0	0	0	1
Acacia nilotica	0	0	0	1
Sarcocephalus latifolius	0	0	0	1
Elaeis guineensis	0	0	0	1

Annexe, suite. Densité moyenne à l'hectare de la régénération naturelles des espèces rencontrées.

Espèces	Dbh < 1 cm	1 cm< Dbh ≤ 5 cm	Régénération	Dbh > 5 cm
Sclerocarya birrea	0	0	0	1
BORDURES DE MARES ET DANS LES PLAINES MARÉCAGEUSES				
Guiera senegalensis	798	76	874	8
Mitragyna inermis	275	238	428	90
Combretum glutinosum	260	49	309	43
Dichrostachys cinerea	223	8	231	1
Acacia seyal	127	3	130	5
Cassia sieberiana	94	33	128	14
Hexalobus monopetalus	89	19	108	13
Pterocarpus erinaceus	110	18	107	33
Mimosa pigra	67	21	88	0
Piliostigma thonningii	48	16	63	11
Ziziphus mucronata	54	8	63	3
Annona senegalensis	48	13	61	2
Combretum micranthum	33	19	52	4
Ziziphus mauritiana	45	6	51	3
Borassus aethiopum	47	0	47	2
Grewia flavescens	38	6	44	0
Strychnos spinosa	31	6	37	7
Piliostigma reticulatum	29	6	35	6
Diopyros mespiliformis	14	20	34	3
Vitex madiensis	24	7	31	1
Terminalia macroptera	20	9	29	8
Lannea acida	23	4	28	11
Combretum nigricans	18	2	19	3
Bombax costatum	8	4	13	3
Securinega virosa	7	7	13	1
Maytenus senegalensis	12	0	12	0
Allophylus africanus	5	3	8	3
Lannea velutina	3	5	8	0
Anogeissus leiocarpus	3	4	7	10
Hymenocardia acida	3	3	6	1
Trichilia emetica	5	1	6	0
Feretia apodanthera	4	1	5	0
Acacia macrostachya	2	3	4	0
Saba senegalensis	2	1	3	3
Acacia sieberiana	3	1	3	3
Crossopteryx febrifuga	3	1	3	2
Tricalysia okelensis	2	1	3	0
Pterocarpus lucens	3	0	3	0
Daniellia oliveri	2	0	2	0
Detarium microcarpum	2	0	2	0
Dombeya quinqueseta	2	0	2	0
Terminalia laxiflora	2	0	2	0
Prosopis africana	1	1	2	0
Tamarindus indica	1	1	2	0
Sarcocephalus latifolius	0	1	1	2
Pericopsis laxiflora	1	0	1	0
Xeroderris stuhlmannii	1	0	1	0
Baissea multiflora	0	1	1	0
Boscia angustifolia	0	1	1	0
Capparis tomentosa	0	0	0	1
Terminalia avicennioides	0	0	0	1

Etude des contraintes à la régénération naturelle de neuf espèces ligneuses du Burkina Faso

Joseph Issaka BOUSSIM, Daniel GAMPINE et Jean-Baptiste ILBOUDO

Résumé
Boussim, J.I., D. Gampine et J.-B. Ilboudo. 1998. Etude des contraintes à la régénération naturelle de neuf espèces ligneuses du Burkina Faso. *AAU Reports* **39**: 289—301. — Des placeaux ont été délimités dans des peuplements de 2 espèces de Combretaceae et 7 de Caesalpiniaceae toutes autochtones du Burkina Faso dans les différentes zones climatiques du pays afin d'estimer l'état de la régénération naturelle de ces espèces et identifier, quand la régénération est faible ou nulle, les facteurs responsables.

Mots clés: Régénération naturelle - Caesalpiniaceae; Combretaceae - Burkina Faso - Contraintes.

Introduction
Depuis la sécheresse des années 1970, de grands changements sont intervenus dans la végétation des paysages soudano-sahéliens; beaucoup de populations vieillissantes d'arbres ont été sensiblement réduites et leur renouvellement est faible ou nul. De ce fait, certaines espèces ont disparu. Si on ne prend garde, certains génotypes seront perdus à jamais. Cette étude, qui est préliminaire à la conservation des ressources génétiques, a pour objectifs d'apprécier la capacité de régénération naturelle de 9 essences locales communes à plusieurs milieux écologiques du Burkina Faso et de dégager les différents obstacles à cette régénération. Elle a été menée dans des zones parcourues ou non par les feux. Ainsi, les observations sur l'état de la régénération naturelle, les modes de cette régénération, la densité des plantules, leur état sanitaire et enfin la dynamique des peuplements sont des éléments d'appréciation pouvant concourir à atteindre ces objectifs.

1. Matériel et méthodes d'étude

1.1. CHOIX DES SITES

Les sites (fig.1) sont choisis en fonction des aires de répartition des espèces et sur la base des études de prospections réalisées pour certaines espèces par Neya (1988) et Bationo (1990). Ainsi, en fonction du découpage phytogéographique de Guinko (1984), le territoire du Burkina Faso a été subdivisé en trois zones de parcours que sont:

1. zone n°1 (secteurs phytogéographiques sahélien et sub-sahélien);
- zone n°2 (secteur phytogéographique soudanien septentrional);

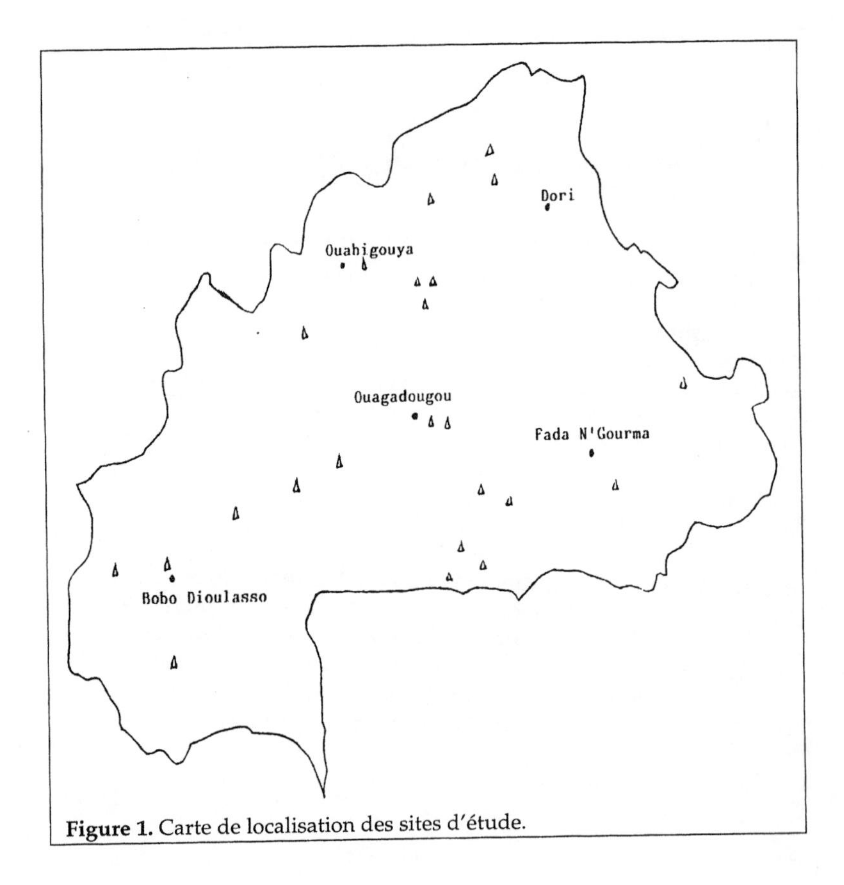

Figure 1. Carte de localisation des sites d'étude.

- zone n°3 (secteur phytogéographique soudanien méridional). La zone d'étude est formée de peuplements naturels dont des forêts classées. Les espèces étudiées y sont bien représentées. Le tableau 1 présente ces espèces et les sites prospectés.

Un site est retenu pour une espèce donnée lorsqu'on peut y dénombrer au moins trente pied-mères. Au moins un dixième de la superficie du site doit être couverte de placeaux de 100 m^2 chacun.

1.2. COLLECTE DES DONNÉES

A l'intérieur du placeau matérialisé par quatre piquets reliés par une corde, nous effectuons un relevé systématique des plantules observées. Les données suivantes sont collectées dans chaque placeau:

- le nombre de pied-mères (NPM) et de plantules (NPl);
- l'état de la régénération; elle est absente (Ra) si $NPl \leq 1$, mauvaise (Rm) si $1 < NPl \leq 10$, bonne (Rb) si $10 < NPl \leq 100$, très bonne (Rb+) si $NPl > 100$;
- la distribution des plantules; elle est codifiée D1 lorsque les plantules sont distribuées uniformément dans le placeau et par D2 lorsque les plantules sont localisées sous les pied-mères;
- la sociabilité des plantules; elle est codifiée par S1 lorsque les plantules sont isolées (moins de 3 plantules/m^2) et par S2 lorsque les plantules sont groupées (plus de 3 plantules/m^2);
- l'état sanitaire des plantules; il est caractérisé par la présence ou l'absence d'attaques parasitaires et, si possible, l'identification des agents responsables;
- la résistance des plantules au feu; elle est appréciée à partir de leur conformation générale et de leur intégrité après le passage des feux.
- la texture du sol; elle est appréciée par la méthode tactile qui permet de collecter des informations sur l'horizon superficiel du sol, zone de germination des semences. Le procédé consiste à un prélèvement d'une petite quantité de terre qu'il faut mouiller, malaxer et frotter entre les doigts. L'adhésivité de cet échantillon traduit la présence d'argile; le crissement, celle du sable; la douceur et le caractère non collant la présence de limon. Cette texture peut être décrite aussi de visu lorsqu'il s'agit de gravillons.
- la dynamique du peuplement; elle s'apprécie de façon visuelle par le constat d'une stratification de plants de divers âges. Elle

est codifiée par Dy1 en cas de présence de plants d'âges divers et par Dy2 en cas d'absence de plants d'âges divers.

2. Résultats et discussions

2.1. ETAT DE LA RÉGÉNÉRATION NATURELLE

D'une façon générale, la régénération est bonne pour *Bauhinia rufescens, Afzelia africana, Detarium microcarpum* et pour le genre *Piliostigma*. Elle est mauvaise pour *Tamarindus indica, Cassia sieberiana, Combretum micranthum* et souvent absente pour *Anogeissus leiocarpus.*

Le peuplement de *Anogeissus leiocarpus* situé dans la forêt classée de Nazinga comporte plus de 30 plantules par placeau contrairement à celui de Sidéradougou où nous n'avons observé aucune plantule. Dans le peuplement de *Afzelia africana* localisé dans la forêt classée de Dindéresso, nous avons compté plus de 100 plantules par placeau contre environ 60 au niveau du peuplement situé à Nobéré. Ainsi, la régénération est meilleure dans les zones protégées. Guinko (1984) est arrivé au même constat après une étude de la formation boisée "du Cimetière des chefs de terre" de Yabo qui bénéficie d'une protection coutumière intégrale.

La principale voie de régénération de ces espèces reste les semences. Cependant, on note d'autres modes de régénération tel que celui par rejets de souches, très fréquent chez *Detarium microcarpum, Combretum micranthum* et le genre *Piliostigma. Tamarindus indica* drageonne souvent lorsque ses racines affleurent le sol.

2.2. LES CONTRAINTES À LA RÉGÉNÉRATION NATURELLE

Les principaux facteurs limitants de la régénération naturelle que nous avons recensés sur le terrain sont relatifs à la semence elle-même, aux conditions édaphiques et hydriques, aux attaques parasitaires et aux feux de brousse. Les annexes 1 et 2 sont des synthèses des caractéristiques de chaque site et des différentes contraintes liées à la régénération naturelle de ces essences.

Tableau 1. Sites de l'étude.

Familles	Espèces	Localités (sites)
Combretaceae	*Anogeissus leiocarpus*	1. Pk 52 (Fada) 2. Dâ (Tougan) 3. Houndé 4. F.C. Nazinga 5. Kampala (vers Pô) 6. Sidéradougou
	Combretum micranthum	1. Tamponga (Kongoussi) 2. F.C.B.O. 3. F.C. Gonsé 4. F.C. Dindéresso
Caesalpiniaceae	*Afzelia africana*	1. F.C. Dindéresso 2. F.C. Nazinga 3. Nobéré (vers Pô)
	Bauhinia rufescens	1. Boukouma (Arbinda) 2. Djibo
	Cassia sieberiana	1. Womson (Ouahigouya) 2. F.C. Laba 3. Oulo (vers Boromo) 4. Bandougou (Orodara)
	Detarium microcarpum	1. Ougarou 2. F.C. Dindéresso 3. F.C. Nazinga
	Piliostigma microcarpum	1. Liki (Arbinda) 2. F.C. Gonsé 3. Kantchari 4. Niaogho (vers Garango)
	Piliostigma thonningii	1. Guinguette (Bobo) 2. Kaïbo (vers Manga)
	Tamarindus indica	1. Fénégré (Kongoussi) 2. Kodiéna 3. Lac Dem (Kaya) 4. Manni

Légende:
F.C.: Forêt classée; F.C.B.O.: Forêt Classée du Barrage de Ouagadougou.

2.2.1. L'indéhiscence des fruits

Les fruits des espèces étudiées sont des akènes (Combretaceae) ou des gousses (Caesalpiniaceae) indéhiscents sauf ceux de *Afzelia africana*. Le caractère indéhiscent des fruits ne favorise pas un contact des graines avec le sol, ce qui retarde l'intervention des micro-organismes dans le processus de la destruction des téguments des graines et ou allonge le temps de réhydratation. De ce fait, les possibilités de germination des semences sont réduites.

2.2.2. Intégrité et disponibilité des semences

Une blessure ou une attaque parasitaire peut détruire la partie vitale de la semence compromettant ainsi sa germination. Les semences de *Bauhinia rufescens* et du genre *Piliostigma* sont souvent attaquées sur les pied-mères. *Caryedon serratus,* Coléoptère de la famille des Bruchidae est le principal ravageur des semences de *Bauhinia rufescens* (Pierre et Huignard, 1990). Par ailleurs, pendant la saison sèche, l'herbe devient rare et les herbivores se rabattent sur les ligneux dont ils apprécient souvent les fruits et cela peut poser le problème de la disponibilité de semences pour la régénération naturelle. C'est le cas de *Detarium microcarpum* et de *Tamarindus indica* dont les fruits sont bien appétés respectivement par les éléphants, les rongeurs et les singes, de *Bauhinia rufescens* et du genre *Piliostigma* dont les gousses sont fortement consommées par les chèvres, les moutons et les boeufs au Sahel (Geerling, 1982). Si le passage dans le tube digestif des animaux peut faciliter la germination de certaines graines (Come, 1970), ce trajet détruit généralement beaucoup de semences.

Les besoins de l'Homme entraînent quelquefois un problème de disponibilité des semences de certaines espèces. C'est le cas des fruits de *Detarium microcarpum* et de *Tamarindus indica* dans certaines zones qui font l'objet d'un commerce florissant sur les places du marché. Les fruits de *Tamarindus indica* sont utilisés dans l'industrie agro-alimentaire par la société Savana au Burkina Faso pour la fabrication d'une boisson sucrée (Jus de Tamarin). Les peuplements fortement exploités présentent une régénération faible ou nulle.

La faible régénération naturelle de *Anogeissus leiocarpus* est inhérente aux semences elles-mêmes qui sont pour la plupart infertiles. En effet, le test de viabilité au chlorure de tétrazolium chloride et une dissection des fruits montrent que 5,5% seulement contiennent des graines (Kambou, 1992).

2.2.3. Les contraintes édaphiques

Les sols purement argileux offrent peu de conditions favorables à la régénération naturelle. Leurs caractères asphyxiant et inondable sont incompatibles à la germination des graines. C'est le cas des peuplements de *Tamarindus indica, Anogeissus leiocarpus* et *Piliostigma reticulatum* respectivement situés au bord du Lac Dem (Kaya), à Dâ (Tougan) et à Liki (Arbinda).

Les sols argilo-sableux, sablo-argileux et ceux légèrement gravillonnaires sont favorables à la régénération naturelle. C'est le cas des sols sur lesquels poussent les peuplements de *Anogeissus leiocarpus* à Kampala et à Nazinga où la régénération naturelle est satisfaisante. C'est également le cas pour *Afzelia africana* sur les sols sablo-argileux de la forêt classée de Dindéresso.

2.2.4. Les contraintes hydriques

Nous avons observé sur plusieurs de nos sites d'étude des plantules séchées suite au déficit pluviométrique enregistré en 1992 dans certaines régions. C'est le cas des plantules de *Piliostigma reticulatum* à Liki et à Arbinda, de celles de *Anogeissus leiocarpus* à Fada (Pk52) et à Gonsé, et de celles de *Cassia sieberiana* à Womson (Ouahigouya).

Si le manque d'eau est un des principaux facteurs limitants de la régénération au niveau des sites du sahel, dans les peuplements de *Anogeissus leiocarpus* de Dâ et de Houndé et dans celui de *Bauhinia rufescens* de Boukouma au bord du barrage, les semences pourrissent dans les sols inondés en permanence quand elles ne sont pas emportées par les eaux de ruissellement. C'est le plus souvent le cas de *Anogeissus leiocarpus* et de *Combretum micranthum* qui ont des graines légères et qui sont généralement situés dans des bas-fonds, zones à fort ruissellement.

2.2.5. Dégats observés sur les plantules

Au niveau de certains de nos sites, nous avons constaté que les plantules font l'objet d'attaques massives, notamment par des termites, des criquets, des rongeurs et des animaux domestiques.

Un taux élevé de destruction des plantules de *Tamarindus indica* et de *Detarium microcarpum* par des termites a été observé respectivement dans les sites de Mani et de Nobéré.

La destruction presque totale des plantules de *Bauhinia rufescens*, *Piliostigma reticulatum* et *Cassia sieberiana* par les criquets a été observée respectivement dans les sites de Djibo, Liki, Womson et Bandougou où ils dévorent la plantule toute entière.

Les animaux, quand ils sont en divagation, et c'est généralement le cas pendant la saison sèche, constituent de puissants agents destructeurs des plantules. Sur les sites de Djibo, Liki et Niaogo, les plantules de *Bauhinia rufescens* et du genre *Piliostigma* sont systématiquement étêtées par les chèvres et les moutons. C'est le cas également à Mani pour les plantules de *Tamarindus indica*.

Les plantules cotylédonnaires de certaines espèces sont particulièrement consommées par les rats. C'est le cas de celles de *Detarium microcarpum* et de *Afzelia africana* à Nazinga et à Nobéré.

2.2.6. Les feux de brousse

Certains de nos sites d'étude sont des zones de passage régulier des feux de brousse. C'est le cas de Ougarou, Kampala, Pk52 (Fada), Nobéré, Sidéradougou. Au niveau de ces sites, peu de jeunes pousses ou rejets reprennent après le passage du feu. A Kampala et au Pk52 les quelques rares plantules de *Anogeissus leiocarpus* qui s'y trouvaient ont été grillées.

A Nobéré où le feu est passé précocement, nous avons observé des plantules de *Detarium microcarpum* à port tortueux et aux bourgeons brûlés. Ces feux, quand ils sont tardifs, consument systématiquement les jeunes plants déjà flétris par la sécheresse. C'est le cas des sites de Nobéré et de Kampala où il ne restait que les tiges sèches de *Anogeissus leiocarpus* et de *Detarium microcarpum*. Les graines de certaines espèces qui attendent sur le sol les prochaines pluies pour germer sont également grillées.

Les feux précoces (Octobre-Novembre) sont moins nocifs. Les herbacées étant peu sèches et les jeunes ligneux gorgées d'eau à ce moment, le feu a un effet moindre sur la végétation et la majorité des jeunes plants survit.

2.2. DISTRIBUTION DES PLANTULES

Deux modes de distribution des plantules ont été identifiés. Elles sont soit situées sous les pied-mères soit uniformément distribuées dans la zone. Lorsque les plantules sont préférentiellement distribuées sous les pied-mères, il apparaît une relation de regroupement entre elles. Le nombre de plantules rapporté au m^2 nous permet de mettre en évidence cette densité. Le regroupement des plantules sous les pied-mères peut avoir plusieurs justifications:

- les fruits sont indéhiscents et les graines germent en groupe sur place; c'est généralement le cas de *Piliostigma reticulatum* et de *Tamarindus indica;*
- les déjections de certains animaux peuvent contenir des graines issues des fruits consommés; lorsque les conditions nécessaires à la germination sont réunies, ces graines peuvent

donner des plantules groupées (cas de *Tamarindus indica* consommés par les singes);

- le poids des graines peut être à l'origine de la localisation des plantules sous le pied mère. C'est le cas, dans la forêt classée de Dindéresso, des graines de *Afzelia africana* qui sont assez lourdes.

La distribution uniforme des plantules dans une station pourrait être liée au transport des graines par divers agents tels que le vent, les animaux, l'Homme, l'eau etc.. Ces modes de dissémination favorisent une "colonisation" des espaces par les espèces.

Conclusion
La longue saison sèche est la principale entrave à la régénération naturelle de la plupart des essences. Dans le domaine sahélien, le déficit hydrique important aggravé par la structure argileuse, donc asphyxiant, des sols ne permet pas la survie de beaucoup d'espèces. Le tapis herbacé étant presque nul dans cette zone pourtant d'élevage, le bétail broute systématiquement les jeunes pousses des espèces ligneuses.

Dans le domaine soudanien, ce sont les feux de brousse qui complètent et aggravent l'action du manque d'eau. Cette partie du Burkina Faso comporte une strate herbacée parfois très importante dont l'incendie détruit les jeunes plantes, grille les graines et appauvrit les sols. Cette situation de péril entraîne chez les plantes des aptitudes dans le sens de leur pérennisation:

- la production fruitière abondante; la majorité des espèces étudiées ont généralement une production fruitière importante;

- le développement d'un système racinaire important en profondeur à la recherche d'une nappe phréatique afin de minimiser les effets des feux et de la sécheresse;

- la dissémination facile des semences de certaines espèces par des agents divers; les semences sont alors susceptibles d'être abandonnées en des endroits favorables pour leur germination.

Références bibliographiques

Bationo, E. 1990. Etude de la distribution de *Anogeissus leiocarpus* (DC) Guill. et Perr. et de *Khaya senegalensis* (DESR) A. JUSS au Burkina Faso. Mémoire de fin d'Etudes, I.D.R., Option Eaux et Forêts. Université de Ouagadougou, 97 p.

Come, D. 1970. Les obstacles à la germination. Masson et compagnie -Paris, 160 p.

Geerling, C. 1982. Guide de terrain des ligneux sahéliens soudano-guinéens. Université de Wageningen, Pays-Bas, 340 p.

Guinko, S. 1984. Végétation de Haute - Volta Tome I. Doctorat d'Etat es Sciences Naturelles. Université de Bordeaux III, 318 p.

Kambou, S. 1992. Contribution à l'étude de la biologie et de la régénération de *Anogeissus leiocarpus* (DC.) Guill. et Perr. au Burkina Faso. Mém. DEA. Fac. Sciences. Université de Ouagadougou

Neya, B. A. 1988. Prospection de l'aire naturelle de *Acacia raddiana* Savi., *Bauhinia rufescens* Lam., *Ziziphus mauritiana* Lam. au Burkina Faso. Mémoire de fin d'Etudes I.D.R., option Eaux et Forêts. Université de Ouagadougou, 54 p.

Pierre, D. & Huignard, J. 1990. The biological cycle of *Caryedon serratus* Boh (*Coleoptera, Bruchidae*) on one of its host plants *Bauhinia rufescens* Lam. (Caesalpiniaceae) in the Sahelian zone. Acta Ecological, vol 11 (1) Gauthier - Villars, pp. 93—101.

Annexe 1. Principales contraintes à la germination au niveau des différents sites chez les Combretaceae.

Esp.	Secteur phyto-géographique	Sites d'étude	NPM	Texture du sol	Feu	AP	R	Cg	S	D	Dy	Obs.
Combretum micranthum	Secteur subsahélien	Tamponga	18	Sableux	N	N	Rm	Cg1	S2	D2	Dy1	1
Combretum micranthum	Secteur soudanien septentrional	F.C. du barrage de Ouagadougou	15	Sablo-argileux gravillonnaire en surface	N	N	Rm	Cg1	S2	D2	Dy1	2
Combretum micranthum	Secteur soudanien septentrional	F.C. de Gonzé	22	Gravillonnaire en surface	N	N	Rb	Cg2	S2	D2	Dy1	3
Combretum micranthum	Secteur soudanien septentrional	F.C. de Dindéresso	8	Gravillonnaire en surface Sablo-argileux	N	N	Rm	Cg1	S1	D1	Dy1	4
Anogeissus leiocarpus	Secteur soudanien septentrional	Pk52 (Fada)	4	Sablo-argileux gravillonnaire en surface	0	N	Rm	Cg1	S1	D2	Dy2	5
Anogeissus leiocarpus	Secteur soudanien méridional	Dâ (Tougan)	3	Argileux	N	-	Ra	-	-	-	Dy2	6
Anogeissus leiocarpus	Secteur soudanien méridional	Houndé	4	Argileux	N	-	Ra	-	-	-	Dy2	7
Anogeissus leiocarpus	Secteur soudanien méridional	F.C. de Nazinga	3	Gravillonnaire en surface	N	N	Rb	Cg1	S2	D2	Dy1	8
Anogeissus leiocarpus	Secteur soudanien méridional	Kampala	6	Gravillonnaire	0	N	Rb	Cg2	S2	D2	Dy2	9
Anogeissus leiocarpus	Secteur soudanien méridional	Sidéradougou	5	Argileux	0	-	Ra	-	-	-	Dy2	10

Obs. = Observations

1. Sols sablonneux; coupe du peuplement à l'avantage de champs de culture.
2. Peuplement mutilé par les hommes.
3. Déficit hydrique entraînant un dessèchement des plantules.
4. Sols très gravillonnaire.
5. Passage de feux; graines emportées dans le cours d'eau autour duquel se trouve le peuplement.
6. Sols hydromorphes; asphyxiant pour les plants.
7. Sols hydromorphes; stagnation de l'eau.
8. Sols recouvert de d'bris divers.
9. Passage de feux et d'animaux.
10. Sols hydromorphes; passage de feux; vieux peuplement.

Légende

NMP = Nombre de pieds-mères
Feux = Feux de brousse
O = Site parcouru par les feux de brousse
N = Site non parcouru par les feux de brousse
AP = Attaques parasitaires
O = Présence d'attaques parasitaires
N = Absence d'attaques parasitaires
R = Etat de la régénération naturelle
Ra = Régénération absente ($NPl \leq 1$)
Rm = Régénération mauvaise ($1 < NPl \leq 10$)
Rb = Régénération bonne ($10 < NPl \leq 100$)
Rb+ = Régénération très bonne ($NPl > 100$)
Dy2 = Peuplement non dynamique: absence de stratification de plants d'âges divers.

S = Sociabilité des plantules
S1 = Plantules isolées ($NPl \leq 3/m^2$)
S2 = Plantules groupées ($NPl > 3/m^2$)
Cg = Conformation générale des plantules
Cg1 = Plantules normales
Cg2 = Plantules anormales
D = Distribution des plantules
D1 = Plantules uniformément dispersées dans la station
D2 = Plantules préférentiellement localisées sous les pieds-mères
Dy = Dynamisme du peuplement
Dy1 = Peuplement dynamique: présence de stratification de plants d'âges divers

Annexe 2. Principales contraintes à la germination au niveau des différents sites chez les Caesalpiniaceae.

<table>
<tr><th>Esp.</th><th>Secteur phyto-géographique</th><th>Sites d'étude</th><th>NPM</th><th>Texture du sol</th><th>Feu</th><th>AP</th><th>R</th><th>Cg</th><th>S</th><th>D</th><th>Dy</th><th>Obs.</th></tr>
<tr><td rowspan="3">Afzelia africana</td><td rowspan="3">Secteur soudanien méridional</td><td>F.C. de Dindéresso</td><td>4</td><td>Sablo-argileux</td><td>N</td><td>0</td><td>Rb+</td><td>Cg1</td><td>S2</td><td>D2</td><td>Dy2</td><td>1</td></tr>
<tr><td>F.C. de Nazinga</td><td>3</td><td>Sablo-argileux</td><td>N</td><td>0</td><td>Rb</td><td>Cg2</td><td>S2</td><td>D2</td><td>Dy2</td><td>2</td></tr>
<tr><td>Nobéré</td><td>3</td><td>Sablo-argileux</td><td>0</td><td>0</td><td>Rb</td><td>Cg2</td><td>S2</td><td>D2</td><td>Dy2</td><td>3</td></tr>
<tr><td rowspan="2">Bauhinia rufescens</td><td rowspan="2">Secteur sahélien</td><td>Boukouma (Arbinda)</td><td>7</td><td>Argileux</td><td>N</td><td>0</td><td>Rm</td><td>Cg2</td><td>S1</td><td>D1D2</td><td>Dy1</td><td>4</td></tr>
<tr><td>Djibo</td><td>6</td><td>Sablo-argileux et sableux</td><td>N</td><td>0</td><td>Rb+</td><td>Cg2</td><td>S2</td><td>D1D2</td><td>Dy1</td><td>5</td></tr>
<tr><td rowspan="4">Cassia sieberiana</td><td>Secteur subsahélien</td><td>Womson (Ouahigouya)</td><td>12</td><td>Gravillonnaire en surface</td><td>N</td><td>0</td><td>Rm</td><td>Cg2</td><td>S1</td><td>D2</td><td>Dy2</td><td>6</td></tr>
<tr><td rowspan="2">Secteur soudanien septentrional</td><td>F.C. de Laba</td><td>7</td><td>Gravillonnaire en surface Argilo-sableux</td><td>N</td><td>N</td><td>Rm</td><td>Cg1</td><td>S1</td><td>D2</td><td>Dy1</td><td>7</td></tr>
<tr><td>Oulo</td><td>9</td><td>Argileux</td><td>N</td><td>-</td><td>Ra</td><td>-</td><td>-</td><td>-</td><td>Dy2</td><td>8</td></tr>
<tr><td>Secteur soudanien méridional</td><td>Bandougou (Orodara)</td><td>5</td><td>Argileux</td><td>N</td><td>0</td><td>Rm</td><td>Cg2</td><td>S1</td><td>D2</td><td>Dy2</td><td>9</td></tr>
<tr><td rowspan="3">Detarium microcarpum</td><td>Secteur soudanien septentrional</td><td>Ougarou</td><td>24</td><td>Gravillonnaire en surface Argilo-sableux</td><td>0</td><td>0</td><td>Rb</td><td>Cg2</td><td>S1</td><td>D1D2</td><td>Dy1</td><td>10</td></tr>
<tr><td rowspan="2">Secteur soudanien septentrional</td><td>F.C. de Dindéresso</td><td>19</td><td>Sablo-argileux</td><td>N</td><td>N</td><td>Rb</td><td>Cg1</td><td>S2</td><td>D1D2</td><td>Dy1</td><td>11</td></tr>
<tr><td>F.C. de Nazinga</td><td>22</td><td>Gravillonnaire en surface</td><td>N</td><td>0</td><td>Rm</td><td>Cg2</td><td>S1</td><td>D1D2</td><td>Dy1</td><td>12</td></tr>
<tr><td rowspan="3">Piliostigma reticulatum</td><td>Secteur sahélien</td><td>Liki (Arbinda)</td><td>7</td><td>Argilo-sableux; argileux</td><td>N</td><td>0</td><td>Rb+</td><td>Cg2</td><td>S2</td><td>D1</td><td>Dy2</td><td>13</td></tr>
<tr><td rowspan="2">Secteur soudanien septentrional</td><td>F.C. de Gonzé</td><td>14</td><td>Argilo-sableux</td><td>N</td><td>N</td><td>Rm</td><td>Cg1</td><td>S1</td><td>D1</td><td>Dy1</td><td>14</td></tr>
<tr><td>Kantchari</td><td>3</td><td>Gravillonnaire en surface; argilo-sableux en profondeur</td><td>0</td><td>0</td><td>Rb</td><td>Cg2</td><td>S2</td><td>D2</td><td>Dy2</td><td>15</td></tr>
</table>

Annexe 2, suite. Principales contraintes à la germination au niveau des différents sites chez les Caesalpiniaceae.

Esp.	Secteur phyto-géographique	Sites d'étude	NPM	Texture du sol	Feu	AP	R	Cg	S	D	Dy	Obs.
Piliostigma thonningii	Secteur soudanien méridional	Guinguette	8	ArSablo-argileux	N	N	Rb+	Cg1	S2	D1D2	Dy1	16
		Kaïbo	6	Argileux	N	0	Rm	Cg1	S1	D1	Dy1	17
Tamarindus indica	Secteur subsahélien	Fénégré (Kongoussi)	5	Argileux	N	0	Ra	-	-	-	Dy2	18
		Kodiéna	4	Argileux	N	0	Rm	Cg1	S1	D2	Dy2	19
		Lac Dem (Kongoussi)	7	Argileux	N	0	Rm	Cg2	S1	D1	Dy2	20
		Mani	3	Argilo-sableux	N	N	Rb	Cg2	S1	D2	Dy2	21

Obs. = Observations

1. Apparition de criquets défoliateurs.
2. Attaques de rats sur les plantules cotylédonnaires; termites.
3. Passage de feux; plantules tortueuses; rats; termites.
4. Peuplement situé au bord d'un barrage; sol hydromorphe; asphyxiant.
5. Etêtage par les animaux; fruits parasités; criquets.
6. Sols secs; indéhiscence des fruits;criquets défoliants.
7. Fruits indéhiscents; grains non disponibles; criquets; fourrage des animaux.
8. Vieux peuplement; actions anthropiques constantes.
9. Attaques de criquets; sol asphyxiant; hydromorphe.
10. attaques de rats; passage de feux; beaucoup de rejets de souches.
11. Prélèvement de fruits par l'Homme; rejets de souches multiples.
12. Attaques de rats; rejets de souches.
13. Prélèvement par des animaux; criquets défoliateurs;bonne adaptation au milieu.
14. Site fréquemment inondé.
15. Passage de feux; plantules tortueuses; rats; termites.
16. Sol propice à la germination de l'espèce.
17. Sol hydromorphe; fruits parasités, termites.
18. Sol asphyxiant; présence de termites.
19. Attaque de l'hypocotyle, sol lourd; prélèvements / hommes et animaux.
20. Termites; prélèvement broutage; sol asphyxiant.
21. Broutage; bonne adaptation aux prélèvements / hommes.

LES VERBENACEAE: ESPÈCES INTRODUITES AU BURKINA FASO ET LEURS UTILISATIONS

Jeanne MILLOGO-RASOLODIMBY, Odile NACOULMA, Sita GUINKO

Résumé
Millogo-Rasolodimby, J., O. Nacoulma et S. Guinko 1998. Les Verbenaceae: espèces introduites au Burkina Faso et leurs utilisations. *AAU Reports* **39**: 303—310. — Depuis l'époque coloniale, deux espèces d'arbres de la famille des Verbenaceae, *Gmelina arborea* et *Tectona grandis*, ont été introduites au Burkina Faso comme essences de reboisement pour la production de bois de chauffe et de bois d'oeuvre. Le bois de *Tectona grandis* est jaune tandis que celui de *Gmelina arborea* est blanc. *Gmelina arborea* peut atteindre 40 cm de diamètre et la hauteur du fût 5 à 6 m. Le diamètre de *Tectona grandis* peut dépasser 50 cm dans les meilleures stations et la hauteur de son fût varie entre 3 et 4 m. La phénologie de ces arbres est étroitement liée à la qualité du sol. Deux autres espèces plus ou moins sarmenteuses sont utilisées comme plantes ornementales: *Lantana camara* et *Clerodendron spp.* Au fil des années, ces plantes ont été utilisées à d'autres fins, notamment artisanales et médicinales par les populations locales.

Mots clés: Burkina Faso - Espèces exotiques - Usages - Verbenaceae.

Introduction

La famille des Verbenaceae est composée d'espèces tropicales et subtropicales. Ces espèces présentent les caractéristiques générales suivantes: feuilles opposées exstipulées, tiges et rameaux quadrangulaires, fleurs gamopétales à quatre lobes, fruits constitués de baies ou de schizocarpes. Le port des plantes reste par contre très diversifié: arbre (*Gmelina,Tectona,Vitex*), arbuste buissonnant (*Duranta*), arbuste lianescent (*Clerodendrum*), arbrisseau à souche vivace (*Lippia*) ou herbacée (*Phyla* et *Stachytarpheta*). Les genres autochtones sont: *Vitex, Phyla, Lippia, Stachytarpheta* et *Lantana*. Parmi les espèces introduites, les plus connues sont *Tectona grandis, Gmelina arborea, Lantana camara* et

Clerodendrum spp. Elles sont devenues subspontanées et ont leurs utilisations propres au Burkina Faso. La présente communication concerne les quatre espèces introduites les plus répandues au Burkina Faso.

Tectona grandis et *Gmelina arborea* ont été introduites pour des raisons économiques. Les espèces du genre *Clerodendrum* et l'espèce *Lantana camara* sont des plantes ornementales. Vu la place de plus en plus importante que ces espèces occupent au sein de la population, nous avons jugé utile de les inscrire dans le programme d'étude floristique du Burkina Faso.

1. Méthodologie

Notre méthode est basée sur une revue bibliographique de ces espèces introduites, des enquêtes auprès de leurs utilisateurs et sur des observations de terrain. Le document est une synthèse des informations obtenues.

2. Résultats et discussions

2.1. *TECTONA GRANDIS*

2.1.1. Description

C'est un arbre pouvant atteindre 20 m de haut, avec un fût de hauteur et de diamètre très variables suivant les conditions du milieu (sol et climat). La hauteur varie de 2 à 4 mètres et le diamètre de 40 à 80 centimètres.

Les feuilles sont opposées et leurs dimensions varient selon les conditions climatiques (limbe atteignant 40 cm de long à Loumbila et 80 cm à Gaoua). Rouges et soyeuses à l'état jeune, elles deviennent vert jaune et scabres à l'état adulte. Le limbe est décurrent sur le pétiole.

Les inflorescences occupent une position terminale en cyme multipare. Les fleurs sont petites et de couleur blanc bleuâtre.

Les fruits sont enveloppés dans le reste du calice. La graine est recouverte de poils.

2.1.2. Phénologie

L'arbre perd ses feuilles pendant la saison sèche et la nouvelle feuillaison commence au début de la saison pluvieuse.

La floraison a lieu pendant la saison des pluies et l'optimum se situe en Août. Le fruit reste longtemps sur l'arbre; il est caractérisé par un calice accrescent enveloppant complétement une graine poilue.

2.1.3. Répartition géographique et distribution
Originaire de l'Asie du Sud-Est, l'espèce a été introduite au Burkina Faso pendant l'époque coloniale. Elle se développe mieux dans la zone sud-soudanienne que dans la zone nord-soudanienne, notamment sur les sols profonds.

2.1.4. Importance socio-économique

2.1.4.1. Dans la cosmétique et l'artisanat
En cosmétique villageoise, les feuilles sont écrasées pour colorer en rouge la paume de la main et la plante des pieds.

En artisanat, par frottement, les jeunes feuilles donnent au bois, tissu, pot en terre et papier une coloration rouge (Nacro et al., 1993). L'écorce contient 1% de tanins et les feuilles 6%.

2.1.4.2. Dans l'alimentation
Tectona grandis n'est pas utilisé directement dans l' alimentation humaine. Cependant, il fait partie des plantes mellifères. Vu la taille des fleurs, seules les Apioideae de petite taille, butinent le nectar.

2.1.4.3. Dans le reboisement
Arbre d'avenue et de jardin, l'espèce est souvent plantée au bord des routes départementales et dans les jardins des quartiers. Elle est plantée en haie vive et sert à délimiter les champs en brousse ou même les champs de case dans le Sud Ouest du Burkina Faso. Au niveau des villages nord-soudaniens, le but du reboisement est la production du bois de chauffe. Le reboisement extensif a pour objectif la confection de mobilier. Le fût est débité en planche pour la ménuiserie. Selon Bruneton (1993), le Teck possède une résistance aux organismes xylophages (champignons, insectes etc.) grâce à la présence de naphtoquinones antibactériennes et fongicides. Cependant, ces mêmes molécules seraient à l'origine des actions allergisantes qui se manifestent dans les industries de bois exotiques.

2.1.4.4. Dans la pharmacopée locale
Le décocté des feuilles est utilisé pour traiter les séquelles des couches difficiles ou d'avortement, la diarrhée atonique, certaines maladies nerveuses (hystérie) et l'anémie.

2.2. *GMELINA ARBOREA* (MÉLINA)

2.2.1. Description
Le Mélina est un arbre à fût très élancé pouvant atteindre 30 mètres de haut et un diamètre de 60 centimètres dans les conditions optimales.

Les feuilles sont entières et opposées avec deux glandes visqueuses à la base du limbe. Elles présentent un sommet acuminé et une base tronquée.

Les fleurs sont groupées en racème axillaire. De taille assez grande, elles sont de couleur jaune à l'intérieur et brune sur la face externe. Elles présentent quatre lobes inégaux et quatre étamines à anthères introrses.

Les fruits sont des baies ovoïdes, jaunes à maturité et comestibles. Ces baies contiennent une unique graine sphérique.

2.2.2. Phénologie
L'espèce est sempervirente lorsque sa racine atteint la nappe phréatique. Autrement, elle perd ses feuilles pendant la période la plus chaude et la plus sèche de l'année (Mars - Avril).

La floraison est semi-précoce et débute en fin de saison sèche. La fructification prend fin en début d'hivernage.

2.2.3. Répartition géographique et distribution
Originaire d'Asie, spécialement des forêts humides de l'Inde, l'espèce est introduite dans plusieurs pays tropicaux en plantations commerciales. Elle est introduite au Burkina Faso dans un but socio-économique.

2.2.4. Importance socio-économique

2.2.4.1. Dans l'ornementation
L'espèce est plantée comme arbre d'avenue et de haie vive. Elle est utilisée comme plante d'ombrage sur une bonne partie du

pays. Bien taillé, l'arbre rejette et protège contre le vent et la poussière.

2.2.4.2. Dans l'alimentation
Les fleurs produisent une grande quantité de nectar (Guinko et al., 1989). En Gambie, la plantation de l'espèce est liée à un projet pilote pour l'apiculture (N.A.S, 1980).

Les feuilles et l'écorce sont consommées par les ovins et les caprins. Les rejets sont broutés par les ovins, ce qui rend nécessaire une bonne protection des jeunes plants.

La pulpe du fruit est comestible à maturité.

2.2.4.4. En plantation industrielle
Le Mélina a été introduit au Burkina Faso pour la production de planches pour la menuiserie. Les fruits sont utilisés pour la production de colorants.

2.2.4.5. Dans la pharmacopée locale
La graine provoque une allergie chez certaines personnes. Frottée sur la peau, elle provoque des plaies.

2.3. *LANTANA CAMARA*

2.3.1. Description
C'est un arbuste à port sarmenteux ou buissonnant, avec des tiges et des rameaux recouverts d'aiguillons.

Les feuilles sont opposées, tronquées à la base et présentent des bords dentés. Les fleurs de couleur variable mais généralement jaune sont groupées en corymbe axillaire.

Les fruits sont des baies sphériques de couleur bleu-violacé à maturité.

2.3.2. Phénologie
L'arbuste garde ses feuilles toute l'année. Le renouvellement des feuilles, la floraison et la fructification ont lieu pendant l'hivernage.

2.3.3. Répartition géographique et distribution

Originaire d'Amérique et plus précisément du Brésil, l'espèce est introduite dans plusieurs pays tropicaux. La pollinisation se fait par des mouches et la dissémination par des oiseaux (Ivens, 1989). L'espèce est largement répandue en Afrique.

2.3.4. Importance socio-économique

2.3.4.1. Dans la cosmétique et l'artisanat
Plante tinctoriale, les fleurs renferment des dérivés anthocyaniques rouge pourpre (Nacro et al., 1993). L'écorce de la racine et celle de la tige renferment des tanins. Les racines contiennent une résine et une substance voisine du caoutchouc (Quisimbing cité par Bouquet et al., 1974).

2.3.4.2. Dans l'alimentation
Plante mellifère, ses fleurs produisent une grande quantité de nectar. Les fruits sont comestibles à maturité.

2.3.4.3. Dans la pharmacopée locale
Cette plante aromatique renferme une huile riche en caryophyllène, en aldéhydes et en alcool (Bouquet et al., 1974). Le décocté des rameaux feuillés est utilisé contre l'hypertension (Guinko, communication orale). Il en est de même pour les jeunes rameaux utilisés comme cure-dents (Nacoulma, communication orale). La décoction aqueuse des feuilles de l'espèce associées aux tiges feuillées de *Clerodendrum spinescens* est très efficace contre le paludisme (Kérharo et Bouquet , 1950). L'infusion des feuilles mélangées avec celles de *Ocimum* est également utilisée contre la fièvre jaune (Dalziel, 1955). Le suc de la feuille est employé comme collyre pour traiter les ophtalmies (Bouquet et al., 1974). L'infusion des fleurs est utilisée pour soigner l'asthme, la dyspnée, les crises de suffocation, le rhume, la toux et les helminthiases. Deux catégories de produits responsables de la toxicité du végétal, le lantadène A et B et les triterpènes pentacycliques ont été isolées du fruit (Louw cité par Bouquet et al., 1974). Les feuilles et les tiges provoquent aussi une allergie au contact de la peau. *Lantana camara* est un toxique rénal et un photosensibilisant (Nacoulma, communication orale).

2.4. *CLERODENDRUM* SPP.
Deux espèces du genre seraient introduites au Burkina Faso, mais seule *Clerodendrum inerme* est largement répandue.

2.4.1. Description
C'est un arbuste lianescent à feuilles entières et oppposées, de couleur vert glauque (en terrain riche et bien arrosé) à vert jaune (sur sol aride). Mullan cité par Metcalfe et al. (1950) a signalé que les feuilles deviennent épaisses et succulentes dès que la mousson cesse de souffler. Les fleurs, de couleur blanche, sont petites, tubulaires, avec quatre lobes égaux. Les fruits sont des pyrèthres.

2.4.2. Phénologie
L'arbuste présente une croissance rapide: trois mois après le repiquage des jeunes plants, les branches couvrent les murs et se prètent à la taille. La floraison se déroule essentiellement pendant l'hivernage. La fleur est mellifère mais très éphémère.

2.4.3. Répartition géographique et distribution
Originaire des forêts humides de l'Afrique de l'Ouest, l'espèce est introduite au Burkina Faso comme plante ornementale.

2.4.4. Importance socio-économique

2.4.4.1. Dans l'ornementation
Clerodendrum spp. est très utilisé comme plante ornementale dans les villes et comme plante de haie vive. Taillée suivant le goût du propriétaire, la liane embellit de façon remarquable les habitations et protège les populations contre la poussière.

2.4.4.2. Dans la cosmétique et l'artisanat
Les fruits entrent dans la composition de l'encre produite par les marabouts.

2.4.4.3. Dans l'alimentation et la pharmacopée locale
L'infusion de la plante est une boisson rafraichissante (Dalziel, 1955). En Côte d'Ivoire, l'espèce est une plante médicinale utilisée contre les oedèmes (Kérharo et Bouquet, 1950).

Au Burkina Faso, le décocté des rameaux feuillés est utilisé contre les parasites intestinaux, les feuilles contre les irritations de la bouche et de la gorge, les pertes blanches, la dartre et le tabagisme, le suc et l'huile extraits de la plante contre la cellulite.

Conclusion
Les plantes introduites étudiées sont des espèces ligneuses arborescentes ou lianescentes. Les espèces arborescentes ont une

grande importance économique tandis que les lianescentes sont très utilisées dans l'ornementation. Ces espèces s'adaptent aux conditions climatiques du Burkina Faso et deviennent de plus en plus subspontanées.
Faisant partie intégrale de l'environnement burkinabè, elles sont utilisées dans la pharmacopée tradiditionnelle.

Références bibliographiques

Bouquet, A. & M. Debray. 1974. Plantes médicinales de la Côte d'Ivoire. Travaux et documents de l'ORSTOM:172—174.

Bruneton, J. 1993. Pharmacognosie, Phytochimie, Plantes médicinales, 916 p.

Dalziel, J. M. 1955. The useful plants of West Tropical Africa: 453—458.

Guinko, S. 1989. Etudes des plantes mellifères à l'ouest du Burkina faso.

Ivens, G. W. 1989. East African weeds and their control, 2nd Ed. Oxford University Press, Nairobi: 83—85.

Kérharo, J. & A. Bouquet. 1950. Plantes médicinales toxiques de la Côte d'Ivoire et de la Haute Volta: 231—234.

Metcalfe & Chalk 1950. Anatomy of the dicotyledons Verbenaceae: 1030—1041.

Nacro, M. & J. Millogo-Rasolodimby. 1993. Les plantes tinctoriales et les plantes à tannins du Burkina Faso, 152 p.

National Academy of Sciences 1980. Firewood crops, Shrub and Tree for energy production: 46—47.

Steentoft, M. 1988. Flowering plants in West Africa, 344 p.

REPORTS FROM THE BOTANICAL INSTITUTE, UNIVERSITY OF AARHUS

Price: 78 DKr per issue (13 USD). Residents of the EU should add 25% Danish VAT.

1. **B. Riemann:** Studies on the Biomass of the Phytoplankton. 1976.
2. **B. Løjtnant & E. Worsøe:** Foreløbig status over den danske flora. 1977. Out of print.
3. **A. Jensen & C. Helweg Ovesen (Eds.):** Drift og pleje af våde områder i de nordiske lande. 1977. 190 p. Out of print.
4. **B. Øllgaard & H. Balslev:** Report on the 3rd Danish Botanical Expedition to Ecuador. 1979. 141 p.
5. **J. Brandbyge & E. Azanza:** Report on the 5th and 7th Danish-Ecuadorean Botanical Expeditions. 1982. 138 p.
6. **J. Jaramillo-A. & F. Coello-H.:** Reporte del Trabajo de Campo, Ecuador 1977—1981. 1982. 94 p.
7. **K. Andreasen, M. Søndergaard & H.-H. Schierup:** En karakteristik af forureningstilstanden i Søbygård Sø — samt en undersøgelse af forskellige restaureringsmetoders anvendelighed til en begrænsning af den interne belastning. 1984. 164 p.
8. **K. Henriksen (Ed.):** 12th Nordic Symposium on Sediments. 1984. 124 p.
9. **L. B. Holm-Nielsen, B. Øllgaard & U. Molau (Eds.):** Scandinavian Botanical Research in Ecuador. 1984. 83 p.
10. **K. Larsen & P. J. Maudsley (Eds.):** Proceedings. First International Conference. European-Mediterranean Division of the international Association of Botanic Gardens. Nancy 1984. 1985. 90 p.
11. **E. Bravo-Velasquez & H. Balslev:** Dinámica y adaptaciones de las plantas vasculares de dos ciénagas tropicales en Ecuador. 1985. 50 p.
12. **P. Mena & H. Balslev:** Comparación entre la Vegetación de los Páramos y el Cinturón Afroalpino. 1986. 54 p.
13. **J. Brandbyge & L. B. Holm-Nielsen:** Reforestation of the High Andes with Local Species. 1986. 106 p.
14. **P. Frost-Olsen & L. B. Holm-Nielsen:** A Brief Introduction to the AAU - Flora of Ecuador Information System. 1986. 39 p.
15. **B. Øllgaard & U. Molau (Eds.):** Current Scandinavian Botanical Research in Ecuador. 1986. 86 p.
16. **J. E. Lawesson, H. Adsersen & P. Bentley:** An Updated and Annotated Check List of the Vascular Plants of the Galapagos Islands. 1987. 74 p.
17. **K. Larsen:** Botany in Aarhus 1963 - 1988. 1988. 92 p.

AAU REPORTS:

Price: 78 DKr per issue (13 USD). Residents of the EU should add 25% Danish VAT.

18. Tropical Forests: Botanical Dynamics, Speciation, and Diversity. Abstracts of the AAU 25th Anniversary Symposium. Edited by **F. Skov & A. Barfod.** 1988. 46 pp.
19. Sahel Workshop 1989. University of Aarhus. Edited by **K. Tybirk, J. E. Lawesson & I. Nielsen.** 1989.

20. Sinopsis de las Palmeras de Bolivia. By **H. Balslev & M. Moraes.** 1989. 107 pp.
21. Nordiske Brombær (Rubus sect. Rubus, sect. Corylifolii og sect. sect. Caesii). By **A. Pedersen & J. C. Schou.** 1989. 216 pp.
22. Estudios Botánicos en la "Reserva ENDESA" Pichincha - Ecuador. Editado por **P. M. Jørgensen & C. Ulloa U.** 1989. 138 pp.
23. Ecuadorean Palms for Agroforestry. By **H. Borgtoft Pedersen & H. Balslev.** 1990. 120 pp
24. Flowering Plants of Amazonian Ecuador - a checklist. By **S. S. Renner, H. Balslev & L. B. Holm-Nielsen,** 1990. 220 pp.
25. Nordic Botanical Research in Andes and Western Amazonia. Edited by **S. Lægaard & F. Borchsenius,** 1990. 88 pp.
26. HyperTaxonomy - a computer tool for revisional work. By **F. Skov,** 1990. 75 pp.
27. Regeneration of Woody Legumes in Sahel. By **K. Tybirk,** 1991. 81 pp.
28. Régénération des Légumineuses ligneuses du Sahel. By **K. Tybirk,** 1991. 86 pp.
29. Sustainable Development in Sahel. Edited by **A. M. Lykke, K. Tybirk & A. Jørgensen,** 1992. 132 pp.
30. Arboles y Arbustos de los Andes del Ecuador. By **C. Ulloa Ulloa & P. M. Jørgensen,** 1992. 264 pp.
31. Neotropical Montane Forests. Biodiversity and Conservation. Abstracts from a Symposium held at The New York Botanical Garden, June 21–26, 1993. Edited by **Henrik Balslev,** 1993, 110 pp.
32. THE SAHEL: Population. Integrated Rural Development Projects. Research Components in Development Projects. Proceedings of the 6th Danish Sahel Workshop, 6—8 January 1994. Edited by **Annette Reenberg** & **Birgitte Markussen.** 1994. 171 pp.
33. The Vegetation of *Delta du Saloum* National Park, Senegal. By **A. M. Lykke,** 1994. Pp. i—v, 1—88.
34. Seed Plants of the High Andes of Ecuador - a checklist. By **Peter M. Jørgensen** & **Carmen Ulloa Ulloa**, 1994. Pp. i—x, 1—443.
35. The Mosses of Amazonian Ecuador. By **StevenP. Churchill**, 1994. Pp. i—iv, 1—211.
36. Plant Diversity in Forests of Western Uganda and Eastern Zaire (Preliminary Results). By **Axel Dalberg Poulsen**, 1997. Pp. i—iv, 1—76.
37. Manual to the Palms of Ecuador. By **F. Borchsenius, H. B. Pedersen & H. Balslev.** Pp. i—x, 217.
38. Guide de l'Herbier "DAKAR". Avec un inventaire réalisé en Mars 1996 et une liste des collection de J. Bérhaut. By **A. T. Bâ, J. E. Madsen & B. Sambou.** Pp. i—vi, 1—100.
39. Atelier sur Flore, Végétation et Biodiversité au Sahel. By **A. T. Bâ, J. E. Madsen & B. Sambou (eds).** Pp. i—xi, 1—310.

Ordering information:

The **REPORTS FROM THE BOTANICAL INSTITUTE, UNIVERSITY OF AARHUS** and the **AAU Reports** are available from:

Aarhus University Press
Ole Worms Allé, bygn. 170, Aarhus University
DK-8000 Aarhus C., DENMARK
Phone (+45) 8619 7033 • Fax (+45) 8619 8433 • E-mail: ht@unipress.aau.dk
Web-page: http://www.aau.dk/unipress/

Means of payment:

Post Office Giro: This service is available in most European and a number of overseas countries. Our postal giro account number is 7 41 69 54, Copenhagen.

Bank Transfer: Payment may be made by regular bank draft or via SWIFT, the electronic bank transfer system. Our bankers are Den Danske Bank, University Branch, Langelandsgade, DK-8200 Aarhus N, Denmark, and have swiftcode COCO DK. Payment should be made to account no. 4809 4620 219 703.

Checks: All checks must be made out to Aarhus University Press. Checks are accepted without surcharge if issued in US$ (USD), £ Sterling (GBP), European Currency Units (ECU) or Danish kroner (DKK). For checks in other currencies, 30 DKK (5USD) must be added to cover bank charges.

Diners Club: We accept payment by Diners Club Card. Send us your name as it appears on the card, your account number and expiry date.

Please always state your account and invoice number when making a payment.
Terms of payment: within 60 days of invoice date.

Distribution in Great Britain:
Lavis Marketing, 73 Lime Walk, GB-Headington, Oxford OX3 7AD.
Tel. (+44) 1 865 67 575. Fax (+44) 1 865 750 079
Distribution in U.S.A. and Canada:
The David Brown Book Company, P.O.Box 511, Oakville, CT 06779, USA.
Tel. (+1) 800 791 9354 or (+1) 800 945 9329. Fax (+1) 203 945 9368
E-mail: oxbow@patrol.i-way.co.uk

BOOK DATA
All Aarhus University Press publications are contained in Book Data's database. Comprehensive information on all new and backlist titles is available at short notice, using any search criteria you choose.
For full details of Book Data's services, please contact Book Data, Northumberland House, 2 King St., Twickenham TW1 3RZ, UK; tel. (+44) 81 892 2272; fax (+44) 81 892 9109